全局最优化
算法评价与数值比较

刘群锋　严　圆　陈彩凤　景云鹏　著

清华大学出版社
北 京

内 容 简 介

本书探讨全局最优化算法的理论评价与数值性能比较。本书分 3 部分共 11 章。第 1 部分介绍全局最优化的数学模型、基本理论与一些主流算法。第 2 部分系统阐述全局最优化算法的理论评价和数值性能比较，重点介绍用于数值比较的最优化测试问题和主流的数据分析方法。第 3 部分聚焦于数值评价的策略选择与结果解读及分析可能遇到的悖论，介绍两大悖论发生的概率和消除悖论的方法。

本书可作为对最优化方法感兴趣的工程人员和科研工作者的参考书，也可作为数学、计算机、人工智能、经济学、管理科学、自动化等领域相关专业高年级本科生和研究生的教科书。

图书在版编目（CIP）数据

全局最优化：算法评价与数值比较 / 刘群锋等著.

北京 ：清华大学出版社，2024.9. -- ISBN 978-7-302
-67239-5

Ⅰ. O242.23

中国国家版本馆 CIP 数据核字第 2024CA9700 号

责任编辑：陈凯仁
封面设计：傅瑞学
责任校对：薄军霞
责任印制：宋　林

出版发行：清华大学出版社
网　　　址：https://www.tup.com.cn, https://www.wqxuetang.com
地　　　址：北京清华大学学研大厦 A 座　　　　邮　　编：100084
社 总 机：010-83470000　　　　邮　　购：010-62786544
投稿与读者服务：010-62776969, c-service@tup.tsinghua.edu.cn
质量反馈：010-62772015, zhiliang@tup.tsinghua.edu.cn
印 装 者：三河市铭诚印务有限公司
经　　销：全国新华书店
开　　本：185mm×260mm　　　印　　张：14.25　　插　页：2　　字　　数：323 千字
版　　次：2024 年 9 月第 1 版　　　　　　　印　　次：2024 年 9 月第 1 次印刷
定　　价：65.00 元

产品编号：095858-01

序

Foreword

最优化问题是一类非常重要的数学问题, 广泛出现在科学研究、工程设计、经济生产、管理实践和其他各种社会活动中。只要涉及某个能够量化的目标或任务, 而且要求其量化的值尽可能大或尽可能小, 就可以建模成一个最优化问题。鉴于趋利避害是人性的本质, 因此, 人类的活动充满了最优化问题。神奇的是, 抛开人类活动, 宇宙和物理世界也一样充满了最优化问题。比如, 物理学中的熵增原理, 意味着一个封闭的系统是以熵的最大化为目标的。总之, 最优化反映了物理世界和人类社会的共同本质。

然而, 最优化问题并不容易求解。于是, 如何求解出最优化问题的真正最优解 (全局最优解), 已成为数学、计算机、工程、经济、管理等诸多学科的前沿研究课题。在人工智能时代已经到来的今天, 研究人员发现, 各种人工智能算法的核心通常就是学习误差的最小化问题。因此, 求解出最优化问题的全局最优解, 已成为人工智能时代的关键技术之一。

本书关注求解最优化问题的全局最优解的各种算法, 特别是这些算法的理论评价与数值性能的比较。本书首先介绍最优化问题和主流的全局最优化算法, 然后探讨全局最优化算法的理论研究进展, 重点是系统地介绍全局最优化算法的数值性能评价的研究前沿。

本书作者近年来一直研究全局最优化算法的设计、分析与评价, 在全局最优化算法的设计与分析领域的研究成果中, 通过汇总和融通, 已出版在《全局最优化: 基于递归深度群体搜索的新方法》(清华大学出版社, 2021 年)。本书是该书的后续, 主要关注全局最优化算法的理论评价和数值性能比较。

本书共分为 3 个部分 11 章内容。第 1 部分共 2 章, 分别介绍全局最优化问题和算法; 第 2 部分共 4 章, 首先介绍全局最优化算法的理论评价, 然后介绍全局最优化算法的数值性能比较的必要性、可行性, 最后重点论述数值比较要用到的测试问题和数据分析方法; 第 3 部分共 5 章, 详细介绍数值比较策略, 以及不同策略下比较结果的可传递性和相容性问题的研究进展, 特别关注悖论发生的可能性和如何消除悖论, 最后是总结与展望。

本书适合从事全局最优化领域研究的研究人员或工程师阅读, 也适合作为数学、计算机、工程、经济、管理等相关专业研究生和高年级本科生学习全局最优化的教材或参考书。

成书之际, 感谢华南师范大学李董辉教授在数学规划领域的教导, 感谢电子科技大学李耘教授和清华大学王凌教授在智能优化领域的引导, 感谢北京大学谭营教授和南方科技大学史玉回教授在群体智能暑期学校的解惑, 感谢陕西师范大学程适教授、东北大学马连博教授的长期合作与交流, 感谢众多同行前辈和朋友们的帮助。同时, 还要衷心感谢家人的理解和支持! 本书的研究成果得到了国家自然科学基金面上项目 (项目编号: 61773119)、广东省普通高校国家级重点领域专项 (项目编号: 2019KZDZX1005) 的资助, 在此一并感谢!

最后, 由于作者水平有限, 欢迎同行朋友和广大读者不吝指出书中可能的纰漏与谬误, 以携作者日后改进, 甚谢!

作者

2023 年 10 月

目　录

Contents

第 3 部分　数值比较中的策略选择与悖论消除

第1部分

全局最优化问题与算法

第 1 章
全局最优化问题

本书关注的全局最优化算法是用来求解全局最优化问题 (global optimization problem) 的计算方法。因此，首先要解释清楚的概念就是，什么是全局最优化问题。本质上，全局最优化问题就是最优化问题，加上 "全局" 二字是为了与局部最优化问题区分开来 (局部和全局的含义区分详见本章 1.2 节)。局部最优化关注问题的极值，以梯度信息为引导，追求并拥有很好的数学理论支撑。而全局最优化坚持关注问题的最值，虽然数学理论支撑仍不足，但是胸怀宽广，从大自然和人类社会中寻找各种智慧和启发来引导寻优。

本章 1.1 节介绍最优化问题的数学模型和基本理论，1.2 节介绍全局最优化与局部最优化的联系与区别。

1.1 最优化问题的数学模型与解的定义

最优化问题是一类非常重要的数学问题，广泛出现在科学研究、工程设计、经济生产、管理实践和其他各种社会活动中[1-5]。只要涉及某个能够量化的目标或任务，而且要求该量化的值尽可能大或尽可能小，就可以建模成一个最优化问题。鉴于趋利避害是人性的本质，因此，人类的活动充满了最优化问题。神奇的是，抛开人类活动，宇宙和物理世界也一样充满了最优化问题。比如，物理学中的熵增原理，意味着一个封闭的系统是以熵的最大化为目标的。总之，最优化反映了物理世界和人类社会的共同本质，是大自然的选择，也是人类的不舍追求，对最优化问题的研究具有重要的理论意义和实际应用价值。

1.1.1 最优化问题的数学模型

最优化问题有三个要素：目标函数、决策变量和约束条件，它们共同构筑了最优化问题的数学模型：

$$\min_{x} \quad f(\boldsymbol{x})$$
$$\text{s.t.} \quad \boldsymbol{x} \in \Omega \subseteq \mathbb{R}^n \tag{1.1}$$

其中，n 元函数 $f(\boldsymbol{x})$ 称为**目标函数**，$\boldsymbol{x}$ 称为**决策变量** (是一个 n 维向量)；Ω 称为最优化问题的**可行域**，是由所有约束条件共同决定的一个区域。可行域中的点称为该问题的**可行解**，也就是说，决策变量在这个区域里的任何取值都是可行的。如果 $\Omega = \mathbb{R}^n$，称该问题为**无约束最优化问题**，否则称为**约束最优化问题**。如果需要寻求最大化一个目标函数，只要在该目标函数前加一个负号, 即可转化为最小化问题。因此, 本书中的最优化问题除非特别指出一般指最小化问题。

由于可行域是约束条件的交集, 模型 (1.1) 又可进一步把约束表述为

$$\min_{\boldsymbol{x}\in\mathbb{R}^n} f(\boldsymbol{x}) \quad \text{s.t.} \begin{cases} c_i(\boldsymbol{x}) = 0, & i \in \mathcal{E} \\ c_i(\boldsymbol{x}) \geqslant 0, & i \in \mathcal{I} \end{cases} \tag{1.2}$$

其中, $c_i(\boldsymbol{x})$ 称为**约束函数**, 前一类是等式约束, 后一类是不等式约束。如果目标函数和约束函数都是线性函数, 模型 (1.1) 可以改写为

$$\begin{aligned} \min_{\boldsymbol{x}\in\mathbb{R}^n} \quad & \boldsymbol{c}^{\mathrm{T}}\boldsymbol{x} \\ \text{s.t.} \quad & \boldsymbol{A}^{\mathrm{T}}\boldsymbol{x} = \boldsymbol{b} \end{aligned} \tag{1.3}$$

其中, $\boldsymbol{c}, \boldsymbol{b}$ 为 n 维列向量; $\boldsymbol{A}$ 为矩阵; T 代表转置操作。模型 (1.3) 就是著名的线性规划 (linear programming) 模型, 目前已有成熟而高效的求解方法[3-4]。线性规划之外的最优化问题, 称为非线性规划 (non-linear programming) 问题。

非线性规划问题的目标函数和约束函数中, 至少有一个函数是非线性的。它又可以分为凸优化 (convex optimization) 问题和非凸优化 (non-convex optimization) 问题, 前者要求目标函数是凸函数, 而可行域是凸集。目前, 凸优化问题也已经有成熟而高效的求解方法[6]。

最优化模型的以上两类重要分类如图 1.1 所示。其中, 线性规划是一类特殊的凸优化, 非凸优化必定是非线性规划。注意, 此处 "优化" 与 "规划" 二字可混用。除此之外, 还有一些重要区分。比如, 根据目标函数的个数, 可以分为单目标优化和多目标优化; 根据决策变量取值是否连续, 可以分为连续优化、离散优化 (组合优化) 和混合优化; 根据决策环境是否跟时间有关系, 分为静态优化和动态优化; 等等。本书关注的算法主要指的是求解单目标非凸优化问题的全局最优化算法, 但是数值性能评价方面的内容却适用于所有最优化算法。

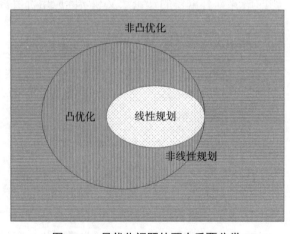

图 1.1　最优化问题的两大重要分类

1.1.2　局部最优解与全局最优解

在为最优化问题建立了数学模型之后, 要做的就是求解数学模型, 得到最优化问题的解 (或称最优方案)。然而, 有一些重要的理论问题要先搞清楚。比如, 这个解存在吗? 不存在的话, 再探讨怎么求解就没有意义了!

(1) 最优解存在吗?

显然, 最优化问题 (1.1) 并不总是存在最优解! 比如可行域为空集的时候, 就不可能有最优解。这也提醒我们, 做决策的时候不能太贪心, 否则就可能无路可走 (没有可行解)。当然, 即使可行域非空, 最优解的存在性也依赖于目标函数的特征。下面的 Weierstrass 定理 (即定理 1.1) 表明, 在一定条件下, 最优解总是存在的[7]。

定理 1.1　*紧集上的连续函数必定存在最大值和最小值。*

紧集指的是有界闭集。该定理的一维版本为 "闭区间上的连续函数必定存在最大值和最小值", 是高等数学中的基本常识了。Weierstrass 定理的两个条件不是很强, 大多数常见问题的目标函数可以认为满足一定的连续性, 而可行域也可以满足一定的有界性和闭性 (从而满足一定的紧性)。所以, Weierstrass 定理为最优化问题的理论研究、算法设计和应用等提供了坚实的基础, 也让本书后续的探讨有了意义和价值。

(2) 最优解的定义

求解最优化问题, 首先要定义什么是最优化问题的解。

定义 1.1　*如果存在 $x^* \in \Omega$, 使得*

$$f(x^*) \leqslant f(x), \quad \forall x \in \Omega$$

则称 x^* 为问题 (1.1) 的**全局最优解**, 简称最优解; 其目标函数值 $f(x^*)$ 称为全局最优目标函数值, 简称最优目标函数值。

这里的符号 "$\forall$" 表示 "任意的"。简而言之, 最优化问题的解是其全局最优解 —— 在整个可行域内没有别的位置的目标函数值比它的更小 (如图 1.2 中的 B 点)。

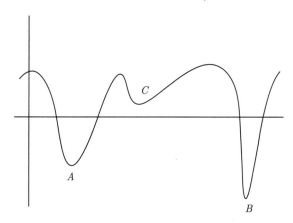

图 1.2　局部最优解 (A, B, C) 和全局最优解 (B)

然而, 很快我们将会看到, 全局最优解是很难找到的, 甚至找到了也很难得到确认! 这一点正是全局最优化的无奈也是迷人之处。于是, 数学家们退而求其次, 努力去寻找最优化问题 (1.1) 的局部最优解。

定义 1.2　*如果存在 $\epsilon > 0$, 使得*

$$f(\bar{\boldsymbol{x}}) \leqslant f(\boldsymbol{x}), \quad \forall \boldsymbol{x} \in B(\bar{\boldsymbol{x}}, \epsilon) \subset \Omega$$

其中,

$$B(\bar{\boldsymbol{x}}, \epsilon) = \{\boldsymbol{x} | \, ||\boldsymbol{x} - \bar{\boldsymbol{x}}|| < \epsilon\} \tag{1.4}$$

则称 $\bar{\boldsymbol{x}}$ 为问题 (1.1) 的**局部最优解**; 其目标函数值 $f(\bar{\boldsymbol{x}})$ 称为局部最优目标函数值。

简而言之, 局部最优解指的是在可行域的某个局部, 没有别的比它更好的位置, 比如图 1.2 中的 A, C 点。

关于局部最优解和全局最优解, 我们需要进一步指出如下事实:

- 定义 1.2 中用到了球形邻域 $B(\bar{\boldsymbol{x}}, \epsilon) \subset \Omega$, 这意味着局部最优解一定在可行域的内部, 而不会在边界上!
- 全局最优解可能出现在可行域的内部, 也可能出现在可行域的边界。如果出现在可行域的内部, 则它一定也是一个局部最优解。
- 寻找全局最优解只需要关注可行域内部的局部最优解以及可行域的边界点。换句话说, 定义 1.2 使得可行域的内点和边界点有了截然不同的定位, 后者只影响全局最优解, 而前者还可能影响局部最优解。

最后, 不得不说, 局部最优解的定义, 绝不仅仅是对全局最优解的退而求其次。它提供了非常丰富的内涵, 大大加深了我们对全局最优解的理解和认知。关注最优化问题的全局最优解, 是无法绕开局部最优解的。在全局最优化算法的设计和改进中, 一个几乎永恒的主题就是, 如何平衡全局搜索 (exploration) 能力和局部开发 (exploitation) 能力。因此, 我们认为, 在最优化领域的众多分类中, 比如凸优化与非凸优化、线性规划与非线性规划等, 局部优化与全局优化是一对最重要的分类。本书虽然更关注全局优化, 但书中大多数内容也适用于局部优化算法。

1.2　最优化问题的最优性条件

在明确了最优化问题的解的定义后, 为了把解找到, 必须依赖于某些指引信息来寻优。这些指引信息与最优化问题的最优性条件密切相关。

1.2.1　局部最优化问题的最优性条件

在定义了最优化问题的最优解后, 就可以探讨如何求解了。事实上, 早在大约 400 年前, 伟大的 "业余数学王子" 费马 (Pierre de Format, 1601—1665) 就用函数的微分或导数得到了下面的 "费马定理" (即定理 1.2)。

定理 1.2　如果 $\boldsymbol{x}^*$ 是最优化问题 (1.1) 的一个局部最优解, 且目标函数 $f(\boldsymbol{x})$ 在该点可微, 那么必有如下一阶必要条件成立:

$$\nabla f(\boldsymbol{x}^*) = \left(\frac{\partial f(\boldsymbol{x}^*)}{\partial x_1}, \frac{\partial f(\boldsymbol{x}^*)}{\partial x_2}, \cdots, \frac{\partial f(\boldsymbol{x}^*)}{\partial x_n}\right)^{\mathrm{T}} = 0 \tag{1.5}$$

定理 1.2 后来成了最优化领域最重要的定理之一[1-2]。满足一阶梯度等于零的点, 也被称为驻点或稳定点 (stationary point)。

定理 1.2 用目标函数的一阶梯度来描述无约束最优化的必要条件, 下面讨论什么样的条件能够保证一个点成为无约束最优解。这需要用到目标函数的二阶梯度信息, 所以被称为二阶充分条件。

定理 1.3　假设目标函数 $f(\boldsymbol{x})$ 在邻域 $B(\boldsymbol{x}^*, \epsilon) \subset \Omega, \epsilon > 0$ 内二阶连续可微。如果一阶梯度 $\nabla f(\boldsymbol{x}^*) = \boldsymbol{0}$, 且二阶梯度

$$\nabla^2 f(\boldsymbol{x}^*) = \begin{bmatrix} \dfrac{\partial^2 f(\boldsymbol{x}^*)}{\partial x_1^2} & \dfrac{\partial^2 f(\boldsymbol{x}^*)}{\partial x_1 \partial x_2} & \cdots & \dfrac{\partial^2 f(\boldsymbol{x}^*)}{\partial x_1 \partial x_n} \\ \dfrac{\partial^2 f(\boldsymbol{x}^*)}{\partial x_2 \partial x_1} & \dfrac{\partial^2 f(\boldsymbol{x}^*)}{\partial x_2^2} & \cdots & \dfrac{\partial^2 f(\boldsymbol{x}^*)}{\partial x_2 \partial x_n} \\ \vdots & \vdots & \vdots & \vdots \\ \dfrac{\partial^2 f(\boldsymbol{x}^*)}{\partial x_n \partial x_1} & \dfrac{\partial^2 f(\boldsymbol{x}^*)}{\partial x_n \partial x_2} & \cdots & \dfrac{\partial^2 f(\boldsymbol{x}^*)}{\partial x_n^2} \end{bmatrix} > 0 \tag{1.6}$$

那么 $\boldsymbol{x}^*$ 是最优化问题 (1.1) 的一个严格局部最优解, 即存在 $B(\boldsymbol{x}^*, \epsilon)$ 内的某个邻域, 在该邻域内的任意 $\boldsymbol{x}$ 都满足 $f(\boldsymbol{x}) > f(\boldsymbol{x}^*)$。

直观地说, 一阶条件说明了该点是个驻点, 而二阶条件说明了该点周围都比它高, 从而局部是个 "碗状", 该点就是 "碗底"。如果没有二阶条件的保证, 驻点也可能不是局部最优解。比如当 $\nabla f(\boldsymbol{x}^*) = \boldsymbol{0}$ 且 $\nabla^2 f(\boldsymbol{x}^*) = \boldsymbol{0}$ 时, 它就只是一个拐点 (knee point)。

定理 1.2 和定理 1.3 只适用于无约束最优化场合, 当存在约束时, 需要进行推广, 详见文献 [1] 和文献 [2]。

上述的一阶必要条件不仅为局部最优解的搜索指明了方向 (借助梯度信息), 还与二阶充分条件一起, 为局部最优解的确认提供了明确指引 (一阶梯度等于 0 且二阶梯度大于 0)。因此, 它们共同获得了局部最优化问题的最优性条件 (optimal conditions) 的 "荣誉称号"。借助这两个条件, 局部最优化获得了强大的理论指引和支持。很快我们将看到, 这是全局最优化所欠缺的。

当然, 上述两个最优性条件并不仅仅服务于获得局部最优解, 它们从理论上也解决了如何求解全局最优解的问题。具体的流程可归纳为算法 1.1。

由于驻点的数量往往是很少的, 当边界点很少时 (如一维问题), 算法 1.1 是一种在理论上和实践中都很有效的方法。在《高等数学》或高中的类似知识点中, 求函数最值的练习题一般都用这类方法。

算法 1.1 (基于一阶必要条件求解全局最优解的算法框架)。
- 利用一阶必要条件, 求解出所有的驻点;
- 比较所有驻点的函数值以及边界点的函数值;
- 输出最小函数值及其对应的解为最优目标函数值及全局最优解。

然而, 算法 1.1 在实践中存在两个严重缺陷: 一个是高维问题的边界点很多, 阻碍了通过跟驻点比较的方法得到全局最优解; 另一个更严重的问题是, 驻点本身难以求解得到。要看清楚这一点, 只需要注意到, 一阶必要条件 (1.5) 在一般情况下是一个多元非线性方程组。而求解多元非线性方程组是一个非常困难的任务, 通常我们只能寻求计算机来数值求解。

以上困难道出了通过数值方法求解最优化问题的根本必要性。当然, 这丝毫没有降低一阶必要条件和二阶充分条件的重要性, 特别是前者。目前, 基于一阶必要条件设计出了大量的局部最优化方法, 它们在求解最优化问题中已经取得了了不起的辉煌成就。这类方法可以统称为梯度型方法, 是数学规划领域的主流。

1.2.2 梯度引领: 局部最优化算法的有限辉煌

梯度型方法的大致理念是: 从一个初始点出发, 沿着一个下降方向搜索, 去寻找比当前初始点更好的点, 然后一直重复这个策略。这类算法有一个统一的迭代格式, 如下所示:

$$x_{k+1} = x_k + \lambda d_k, \quad k = 0, 1, \cdots \tag{1.7}$$

其中, $\{x_k\}$ 为迭代点系列, x_0 为初始位置; d_k 为第 $k+1$ 次迭代的下降方向; λ 为该方向上的搜索步长。只要恰当构建下降方向, 并妥善更新搜索步长, 借助于一阶必要条件, 总能保证设计的算法能收敛到目标函数的一个驻点。

下面介绍基于梯度引领的几类非常重要的算法。比如, 基于负梯度方向是最速下降方向的基本事实, 在迭代格式 (1.7) 中令

$$d_k = -\nabla f(x_k), \quad k = 0, 1, \cdots \tag{1.8}$$

就得到了著名的最速下降法 (或称为梯度下降法), 该算法在一般情况下具有线性收敛速度, 即收敛率为 1(收敛速度和收敛率的定义详见第 3 章)。最速下降法是一个简单而基本的算法, 大量梯度型算法都是其变种。一个应用非常广泛的变种就是用于人工神经网络和深度学习训练网络权重的随机梯度下降法。

如果目标函数的几何形态非常良好, 比如二阶连续可微, 就可以采用收敛速度更快的牛顿方向

$$d_k = -\left(\nabla^2 f(x_k)\right)^{-1} \nabla f(x_k), \quad k = 0, 1, \cdots \tag{1.9}$$

牛顿法是主流算法中唯一一类可以达到二阶收敛率的最优化算法。在求解严格凸的二次函数的最优解时, 只要步长是精确线性搜索得到的, 牛顿法只需要迭代一次即可到达最优解[2]。

虽然牛顿法收敛速度很快, 但要求在每个迭代点计算出目标函数的二阶梯度, 这不是一件容易的事情。著名的拟牛顿法通过采用相对容易计算的正定矩阵 $\boldsymbol{B}_k$ 来近似二阶梯度 $\nabla^2 f(\boldsymbol{x}_k)$, 试图在降低计算成本的同时保持较快的收敛速度。拟牛顿法的下降方向定义如下:

$$\boldsymbol{d}_k = -\left(\boldsymbol{B}_k\right)^{-1} \nabla f(\boldsymbol{x}_k), \quad k = 0, 1, \cdots \tag{1.10}$$

在一定的条件下, 拟牛顿法可以达到超线性收敛速度, 即收敛阶数大于 1 但小于 2。

有不同的方式来定义正定矩阵 $\boldsymbol{B}_k$, 常用的是通过如下的低秩修正来获得。

$$\boldsymbol{B}_{k+1} = \boldsymbol{B}_k + \boldsymbol{\Delta}_k \tag{1.11}$$

其中 $\boldsymbol{\Delta}_k$ 是秩很小 (一般为 1 或 2) 的对称矩阵。比如著名的 BFGS (Broyden-Fletcher-Goldfarb-Shanno) 算法就采用了秩为 2 的如下的 BFGS 修正公式:

$$\boldsymbol{B}_{k+1} = \boldsymbol{B}_k - \frac{\boldsymbol{B}_k \boldsymbol{s}_k \boldsymbol{s}_k^{\mathrm{T}} \boldsymbol{B}_k}{\boldsymbol{s}_k^{\mathrm{T}} \boldsymbol{B}_k \boldsymbol{s}_k} + \frac{\boldsymbol{y}_k \boldsymbol{y}_k^{\mathrm{T}}}{\boldsymbol{y}_k^{\mathrm{T}} \boldsymbol{s}_k} \tag{1.12}$$

其中, $\boldsymbol{s}_k = \boldsymbol{x}_{k+1} - \boldsymbol{x}_k$; $\boldsymbol{y}_k = \nabla f(\boldsymbol{x}_{k+1}) - \nabla f(\boldsymbol{x}_k)$。

非线性共轭梯度法是求解非线性规划的另一类非常高效的方法, 其搜索方向定义如下:

$$\boldsymbol{d}_k = \begin{cases} -\nabla f(\boldsymbol{x}_0), & k = 0 \\ -\nabla f(\boldsymbol{x}_k) + \beta_k \boldsymbol{d}_{k-1}, & k = 1, 2, \cdots \end{cases} \tag{1.13}$$

其中, β_k 要使得搜索方向 $\boldsymbol{d}_k$ 与 $\boldsymbol{d}_{k-1}$ 满足一定的共轭性[2]。β_k 的不同定义方式, 就得到不同的非线性共轭梯度法。一些常用的选择有

$$\begin{aligned} \beta_k^{\mathrm{FR}} &= \frac{||\nabla f(\boldsymbol{x}_k)||^2}{||\nabla f(\boldsymbol{x}_{k-1})||^2} \\ \beta_k^{\mathrm{DY}} &= \frac{||\nabla f(\boldsymbol{x}_k)||^2}{\boldsymbol{d}_{k-1}^{\mathrm{T}}(\nabla f(\boldsymbol{x}_k) - \nabla f(\boldsymbol{x}_{k-1}))} \end{aligned} \tag{1.14}$$

以上只是非常简单地介绍了梯度引领下的四类数学规划算法, 这每一类算法都有许多的变种和发展, 也还有其他类型的数学规划方法[1-2]。总之, 借助于梯度信息的引领, 最优化问题在数学规划领域已经取得了极大的成功。这些成功包括, 开发了大量的适用于多种类型最优化问题的高效算法, 证明了这些算法的收敛性和收敛速度等理论性质, 以及取得了很多的实际应用, 等等。

然而, 相对于我们求解最优化问题 (1.1) 的全局最优解的初心与使命, 以梯度型算法为代表的数学规划方法的辉煌仍然是 "有限的"。首先, 这类方法通常以求解一个局部最优解为目标, 很少去考虑如何进一步去获得全局最优解。主流的做法只是多次尝试多个不同的初始位置, 希望能找到全局最优解或其近似解。其次, 这类方法采用单点迭代的方式, 每次迭代只进行一个方向上的线性搜索, 这相对于后面介绍的种群搜索方式是比较基本的, 可供利用的信息也是相对有限的。

1.2.3 稠密搜索与智能启发：全局最优化的无奈与坚守

不采用梯度引领的思路，是否存在类似于一阶条件和二阶条件的，且确保能找到全局最优解的最优性数学条件呢？很遗憾，就目前的理论研究进展来看，答案一般来说是否定的。除非，目标函数拥有特殊的结构，比如凸性。

当目标函数是某些特殊函数比如凸函数时，上述问题是肯定的。目标函数是凸函数，意味着它在定义域内的二阶梯度都满足 $\nabla^2 f(x) > 0$，从而一阶必要条件就是全局最优性条件[1-2,7]。

定理 1.4 如果函数 $f(x)$ 是凸函数，那么其任意的局部最优解都是全局最优解。进一步，如果 $f(x)$ 是可微的，那么 $f(x)$ 的驻点就是全局最小点。

所以，凸优化是一类非常特殊的最优化问题，目前已经有很成熟高效的求解算法[6]。遗憾的是，对于大多数的最优化问题，目标函数都不是凸的。因此，无法指望通过一阶必要条件来直接得到全局最优解。那么，是否存在其他的全局最优性条件呢？

对于一般的非凸目标函数，要确保找到全局最优解，并不存在类似于一阶条件和二阶条件那样的全局最优性条件。但是，可以通过稠密搜索 (dense search) 的方式确保找到全局最优解。稠密搜索源自于集合论中的稠密子集的概念。

定义 1.3 假设集合 B 是集合 A 的子集，如果对于集合 A 中任意的点 x，集合 B 中都存在点 y，使得两点之间的距离足够小，即 $\|x - y\| < \epsilon, \forall \epsilon > 0$，那么就称集合 B 为集合 A 的稠密子集。

直观但不严谨地解释，稠密子集虽然是原集合的子集，但与原集合几乎是“重叠”的，因为原集合中的任何一个点在稠密子集中都有一个点跟它足够近。因此，在工程实践中，稠密子集可以称为原集合的很好近似或者替代。正是在这个意义上，稠密搜索具有重要意义，其定义如下。

定义 1.4 最优化算法设计中的稠密搜索，是指通过算法能找到可行域的一个稠密子集。

注意区分稠密搜索和完全搜索 (complete search)，两者有时候会混用，但不完全相同。后者在理论上是指搜索到可行域的每一个点，这在连续优化场合是不可能也没有必要的，在组合优化的场合，也不完全必要，只需要搜索到稠密子集就足够了。

下面的定理保证了稠密搜索可以以任意精度，逼近目标函数的全局最优值。

定理 1.5 假设最优化问题 (1.1) 的目标函数 $f(x)$ 在全局最优解 x^* 的某个邻域内连续，则对于任意的 $\delta > 0$，稠密搜索算法总能找到某个点 y 使得 $|f(y) - f(x)| < \delta$。

证明 根据稠密搜索的定义 1.4，算法能找到可行域的稠密子集，从而能找到一个点距离 x^* 足够近。因此，根据目标函数的连续性，结论显然成立。   □

虽然稠密搜索在理论上可以保证无限逼近或找到全局最优值，但是，稠密搜索所需的计算成本巨大，在实践中往往只适合低维问题。目前，稠密搜索已成为某些算法的寻优指引[8-9]，但并没有成为主流的全局最优性条件。随着对智能启发类全局最优化算法收敛性要求的不断提升，稠密搜索策略有望在这些算法的收敛性证明中发挥重要作用。

本书中，智能启发类全局最优化算法是启发式优化和智能优化的统称，是两类发展迅速的随机性全局最优化算法[10-13]，是梯度引领和稠密搜索之外两类重要的寻优范式。它们的描述性定义如下。

定义 1.5　最优化算法设计中的启发式优化，是指通过模拟自然、物理、社会等现象中的寻优过程，来设计得到的最优化算法。

定义 1.6　最优化算法设计中的智能优化，是指通过模拟生物进化和动物的群体觅食等智能现象来设计得到的最优化算法。

事实上，智能优化也是一种广义上的启发式优化。因此，本书称定义 1.5 中的启发式优化为狭义的启发式优化，而广义的启发式优化包括智能优化。

目前，已有至少上百种智能启发式算法被提出来。模拟固体物质降温等自然物理现象的模拟退火算法、烟花算法等，模拟生物进化现象的基因算法，模拟动物觅食等社会行为的粒子群优化算法、蚁群优化算法等，模拟头脑风暴决策过程等社会行为的头脑风暴优化算法，等等，都是其中的代表性算法。更多智能启发类算法的介绍请参阅第 2 章。

总之，为了获得最优化问题真正的全局最优解，在没有合适的数学最优性条件指引的情况下，研究人员探索了稠密搜索等理论支撑较强的严谨路径，也闯荡了智能启发等理论支撑暂时较弱的领域。他们既从数学理论中汲取营养，也努力从大自然和人类社会中寻找智慧，虽无奈于全局最优化是 NP 难问题的极大限制，但仍旧坚守初心，探索出了大量的成功案例。

1.2.4　融合与未来发展

前面介绍了从最优化问题的数学最优性条件出发，衍生出局部最优化和全局最优化两大分支领域。前者依赖一阶必要条件 (1.5) 和二阶充分条件 (1.6)，借助梯度信息进行寻优，能保证收敛到局部最优解。而后者缺乏合适的全局最优性条件，只能采用稠密搜索或智能启发算法。对于稠密搜索，可以保证收敛到全局最优解；而对于大多数智能启发算法，目前还不能证明算法能收敛到全局最优解。那么，这两个分支领域将来会怎么发展呢？

笔者虽然在数学规划领域和多个全局最优化领域都有研究经历，但自感能力和水平不足以全面回答上述问题。因此，在这里只能表达自己的一些体会和感悟，特别侧重于两大领域的各自特点以及融合方向。

首先，可以用表 1.1 来对局部最优化和全局最优化这两个领域的主流算法及其特点做个大致比较。从上往下观察表 1.1 可以发现，越是上面的算法越关注算法的收敛性等理论性质，越往下则越难以得到收敛性的保证。在智能启发类全局最优化算法的发展早期，这个区别是非常明显的，以至于数学规划领域的研究人员和智能启发领域的研究人员是几乎没有交集的。但是，随着智能启发类全局最优化算法在实践中取得了一些显著的成功，两个领域的研究人员都试图搞清楚究竟发生了什么，以及为什么。随着交流越来越频繁，合作越来越多，智能启发类算法的收敛性等理论性质的研究正逐步得到加强。因此，收敛性等理论性质并不是区分局部最优化和全局最优化的根本标准。换句话说，并不是全局最优化不需要收敛性等理论性质的保证, 而只是它们 (特别是智能启发类算法) 更难得到收敛性的保证。相信在不久的未来, 全局最优化领域会像局部最优化一样, 非常关注算法的收敛性, 甚至一点不亚于对数值性能的关注。这是两个领域深度融合的一个十分重要的方向。

表 1.1 最优化领域的组成与各自特点

领域	算法类型	主流算法	算法特点
局部最优化	梯度型算法	最速下降法; 牛顿法; 拟牛顿法; 共轭梯度法	梯度信息引导寻优, 单点迭代, 有收敛性保证, 速度快, 对目标函数要求高
	直接搜索	模式搜索; 单纯形搜索; MADS	属于启发式优化, 单点迭代, 一般有收敛性保证, 不借助任何梯度信息
全局最优化	确定性全局最优化	分支定界; DIRECT; MCS	不借助随机性和梯度信息, 可单点迭代或多点并行迭代, 稠密搜索, 有收敛性保证
	启发式优化	模拟退火	借助随机性和启发信息来寻优
	智能优化	基因算法; 粒子群优化; 蚁群优化; 头脑风暴优化; 烟花算法	种群演化, 信息共享, 借助智能行为启发寻优, 对目标函数要求低, 正在寻找收敛性保证

其次, 在表 1.1 中, 全局最优化领域包含三种类型的算法, 分别是采用稠密搜索的确定性全局最优化、启发式优化和智能优化。在局部最优化领域, 除了传统的梯度型算法以外, 还包括直接搜索算法。直接搜索算法是不利用梯度信息或近似梯度信息的, 但也力图保证算法能收敛到局部最优解。这类算法本质上是一类启发式优化算法。比如, 著名的 Nelder-Mead 的单纯形法, 就借助于单纯形搜索 (simplex search) 这种几何启发来寻优。因此, 局部最优化领域也不仅仅依赖于梯度寻优的, 只要有效 (能收敛到局部最优解), 借助于各种启发信息也是可以的。所以, 广义的启发式寻优是局部最优化和全局最优化的共同技术, 也可能是未来更深度融合的一个重要方向。

再次, 局部最优化和全局最优化在形式上有两个重要差别, 一个是单点迭代与种群演化之间的差别, 另一个是确定性与随机性的差别。总体上, 局部最优化算法一般都是单点迭代的和确定性的, 而多数全局最优化算法都采用了种群演化的策略并借助了随机性。相对于前面提到的采用启发式和寻求收敛性, 这种差别很可能是局部最优化与全局最优化更本质的差别。比如, 当采用局部最优化算法去寻找全局最优解时, 一般是采用多个不同的初始点多次运行算法进行求解, 并输出找到的最好结果。这有两种主流策略, 一种叫多次重启 (multi-start), 另一种叫全局搜索 (global search)。前者根据给定的初始点, 自动并随机生成一些额外的初始点, 然后分别调用局部最优化算法进行求解; 而后者从给定的初始点出发, 先调用一次局部最优化算法进行求解, 并从过程数据中产生新的初始点, 再次调用局部最优化算法进行求解, 重复这一过程, 直到用完给定的求解次数。从这两个主流策略可以看出, 它们要么采用了随机数, 要么在求解过程中进行了信息共享, 类似于种群演化。综上分析, 在局部最优化和全局最优化的融合发展中, 很有必要更多地借助随机性和种群演化策略。

最后, 鉴于局部最优化和全局最优化都需要进行数值实验, 以检验算法在有限成本 (相对于收敛性的无限成本) 下的数值性能, 在数值实验和算法评价领域还有许多深度融合的事情可以做。事实上, 本书大多数的内容都是关于这个融合方向的。

总结以上分析, 我们认为以下是全局最优化算法领域的三个重要研究方向, 其中, 前两个研究方向是本书关注的重点。

(1) 算法的理论评价: 为全局最优化算法建立起类似于局部最优化领域中的坚实理论根基, 特别是算法的收敛性和收敛速度。同时, 根据全局最优化自身的特点, 建立算法稳定性理论以弥补收敛性目标的困境; 建立准确性理论, 以更全面地度量算法的数值性能。这方面的更多讨论详见本书第 3 章。

(2) 算法的数值评估: 数值实验和数值比较是局部最优化和全局最优化融合最深的研究方向之一。这植根于它们都需要进行数值实验, 来检验或评价算法在有限成本下的数值性能。本书第 4 章提供了数值比较必要性和可行性的论述。然而, 在这个方向下, 更多的是"形似"的融合, 要达到"神似"还需要攻克很多理论问题。这些理论问题包括了本书探讨的测试问题 (集) 的代表性研究 (第 5 章), 数据分析方法的设计与优化 (第 6 章), 比较策略 (第 7 章) 对数值比较结果的可传递性和相容性的影响 (第 8 ~ 10 章), 等等。

(3) 最优化算法的设计: 相比前面两个方向, 最优化算法的设计是一个百花齐放、百家争鸣的方向, 可以八仙过海各显神通。但是, 围绕着找到全局最优解的初心与使命, 博采局部最优化的梯度引领、全局最优化的种群演化和智能启发等众长, 同时借助随机性更好地平衡全局搜索和局部寻优, 应该是最可能成功的道路。这要求寻优的搜索不是单一的, 而是多尺度 (多粒度) 和多模式的, 从而是多水平的。在不同的水平上, 可以允许不同尺度、不同模式的搜索, 同时, 在不同水平之间进行信息的交互和反馈。本书的前一论著[5] 就探讨了这一话题, 欢迎有兴趣的读者参阅。

第 2 章
全局最优化算法简介

本章主要介绍几个经典的确定性和随机性全局最优化算法。

第 1 章已介绍过, 基于梯度信息一般很难找到全局最优解, 也不存在合适的全局最优性数学条件来引导寻找全局最优解。除了梯度型算法的重启外, 目前主流的全局寻优范式有三个: 稠密搜索、启发式搜索和智能仿生搜索。它们的描述性定义详见定义 1.4、定义 1.5 和定义 1.6。总体上, 确定性全局最优化算法一般采用稠密搜索方式, 努力确保算法的收敛性, 而启发式搜索和智能仿生搜索一般离不开随机性。

2.1 确定性全局最优化算法简介

确定性全局优化算法不采用随机数, 每次运行的结果都是一样的。这类算法通常采用稠密搜索, 在理论上能保证找到全局最优解。这里只简单介绍分支定界类算法[14-15] 和 DIRECT 算法[8], 其他此类算法请查阅文献 [16] 和文献 [17]。

2.1.1 分支定界算法

分支定界 (branch and bound, BB) 算法是求解旅行商问题 (traveling salesman problem, TSP) 和背包问题 (knapsack problem) 等组合优化问题的一个有效算法[14], 后来成为求解全局最优化问题的一种很好理念和范式, 结合具体问题可以设计出不同的具体算法。这类算法求解最小化问题的伪代码如算法 2.1 所示, 如用于求解最大化问题, 则 "上界" 和 "下界" 字眼要互换。

算法 2.1 (分支定界类算法)   初始化: 获得一个近似解, 并将之作为最优解的上界; 若找不到, 用一个充分大的数作为上界。

当停止条件不成立时, 执行以下循环:

- **分支**: 将当前节点 (或区域) 分成两个或多个子节点 (或子区域);
- **定界**: 对每个分支进行下界估计;
  - **剪支**: 如果某分支的下界估计超过上界, 将这一分支剪除。
- 选择每个分支下界估计的最小值, 作为新的上界。

在组合优化场合, 树形结构是很常用的数据结构。分支定界算法的 "分支" (branch) 概念即来自于树形结构。通过将可行域 (这里是一个有限集合或可数集合) 展开成树形结构,

就会产生很多分支, 每个分支对应一个小的可行集合。图 2.1 是一个简单示意图, 显示了分支定界思想是如何处理背包问题的。假设有五种物品, 质量分别为 8kg, 16kg, 28kg, 13kg, 22kg, 对应的价值分别为 8, 13, 20, 9, 15, 物品已经按价值质量比从大到小排序, 分别编号为 1, 2, 3, 4, 5。对于一个最大载重为 30kg 的包, 选择哪些物品入包才能实现价值最大? 图 2.1 的每一个节点包含了四个信息: 剩余哪些物品可选? 背包里有什么物品? 价值多少? 预估最大价值是多少?

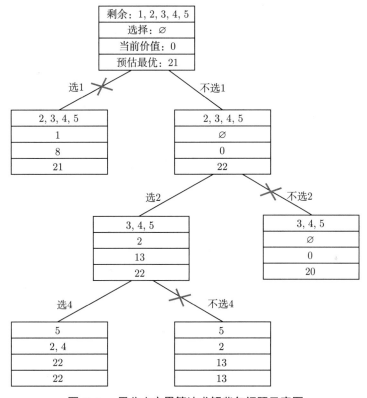

图 2.1　用分支定界算法求解背包问题示意图

理论上, 树形结构的分支过程如果一直做下去, 分支到最下层的叶子节点时, 每个节点只包含一个可行解。这个做法等价于枚举法。分支定界范式的高明之处在于, 把树形结构伸展过程中找到的最好结果记录下来, 并用于指导后续的分支过程。具体来说, 如果某个节点的可能最好结果比已找到的最好结果差, 那么从这一节点开始的所有分支都不需要真正伸展开 (即被 "剪支" 了)。如图 2.1 所示, 由于左下角节点的价值已经达到 22, 其他几个分支就被剪支了。这一策略比单纯的枚举法有效很多, 使得一些计算量巨大的问题有了更多的求解可能性[14-15,18]。

分支定界算法的关键是如何低成本地预估或准确找到各分支节点对应问题 (一般是原问题的某种松弛) 的最优值? 对于根节点可以预估一个值作为最优值的上界 (或最大化问题最优值的下界), 但后续节点则需要尽可能准确找到对应问题的最优解, 否则可能剪掉包含全局最优解的分支。在图 2.1 中, 预估最优值的方法简单设置为编号最小的几个物品价值之和, 只要这些物品重量之和没超重。这个预估方法简单粗暴, 但漏掉了最优解 (1 和 5)。

αBB 算法是传统分支定界算法在连续优化领域的优秀变种, 它能处理一般的二次连续可微函数的全局最优问题[15]。具体来说, αBB 算法采用分支策略将可行域分解成越来越多的小区域。而定界策略则充分利用了目标函数的优良性质, 一方面用局部优化算法求解原问题得到一个解, 并把它作为全局最优解的上界; 另一方面, 用如下凸松弛函数在各个小区域的最小值作为全局最优解的下界 (注意到这个下界一定不大于原问题在该区域的最优解)。如果下界大于上界, 则抛弃该下界所在的小区域。

$$L(\boldsymbol{x}) = f(\boldsymbol{x}) + \sum_{i=1}^{n} \alpha_i (L_i - x_i)(U_i - x_i) \tag{2.1}$$

其中, $\{\boldsymbol{x} \in R^n : \boldsymbol{L} \leqslant \boldsymbol{x} \leqslant \boldsymbol{U}\}$ 为可行域 (是一个超矩形); $f(x)$ 为原始目标函数。当 α_i 都足够大时, $L(\boldsymbol{x})$ 是凸函数, 从而可以低成本地求出其全局最小值。

在分支定界算法的实施过程中, 上界系列是单调非增的, 而下界系列是单调非减的 (被剪支的除外), 这两个系列最终使得算法收敛到全局最优解。由于分支定界类算法的大量成功应用, 目前分支定界算法仍是求解组合优化问题的常用策略。

2.1.2 DIRECT 算法

与分支定界算法一般用于求解组合优化问题不同, DIRECT(DIvinding RECTangle) 算法适用于求解如下的有界约束连续优化问题。

$$\min_{\boldsymbol{l} \leqslant \boldsymbol{x} \leqslant \boldsymbol{u}} f(\boldsymbol{x}) \tag{2.2}$$

其中, $\boldsymbol{l} = (l_1, l_2, \cdots, l_n)^{\mathrm{T}}, \boldsymbol{u} = (u_1, u_2, \cdots, u_n)^{\mathrm{T}}$ 是两个常数向量。该算法起源于 Lipschitz 优化[8]。通过将有界可行域细分成越来越多的超矩形, DIRECT 算法可以保证搜索得到的超矩形中心点集是可行域的稠密子集, 因此是一个稠密搜索算法。

算法 2.2 描述了 DIRECT 算法的大致框架, 其核心是重复 "选择超矩形-分割超矩形" 这一操作。被选择进行下一步分割的超矩形称为潜最优超矩形 (potential optimal hyper-rectangles, POH), 其定义是算法的关键。

算法 2.2 (DIRECT 算法) 初始化: 将有界搜索区域标准化为超立方体, 计算其中心点的函数值。

当停止条件不成立时, 执行以下循环:
- **选择**: 选择潜最优超矩形;
- **分割**: 对每个潜最优超矩形进行分割;
- **更新最好函数值**。

定义 2.1 (潜最优超矩形) 给定常数 $\epsilon > 0$ 和分割得到的所有超矩形的标号集合 $\mathbb{S}$, 记 $f_{\min}$ 为当前最小的函数值, c_i, σ_i 分别为超矩形 i 的中心和大小。如果存在某个常数 $\gamma > 0$ 使得

$$f(c_j) - \gamma \sigma_j \leqslant f(c_i) - \gamma \sigma_i, \quad \forall i \in \mathbb{S} \tag{2.3a}$$

$$f(c_j) - \gamma\sigma_j \leqslant f_{\min} - \epsilon|f_{\min}| \tag{2.3b}$$

成立, 则称超矩形 j 是一个潜最优超矩形。

超矩形的大小有不同的定义方式, 常用的是中心点到顶点的距离或者最长边的长度。从定义 2.1 可以看出, 在具有相同大小的超矩形中, 只有中心点的函数值最小的超矩形才可能成为 POH; 在中心点的函数值相同的超矩形中, 只有最大的超矩形才可能成为 POH。

图 2.2 提供了选择 POH 的图形方法, 即选择图中点集的右下凸包所在的点 (这些点的连线构成了右下闭凸包)。图 2.2 称为 DIRECT 算法的分割状态坐标图, 其中每个点代表一个超矩形, 横坐标表示超矩形的大小, 纵坐标表示中心点的函数值。借助分割状态坐标图, 定义 2.1 中的第一个条件 (2.3a) 等价于在图 2.2 中找出平面点集的右下闭凸包点。而第二个条件 (2.3b) 则排除了闭凸包点中左下角的某些点, 这些点对应的区域很小, 同时中心点的函数值也很小。排除它们可以避免过分的局部搜索, 参数 ϵ 控制着这种避免过分局部搜索的程度, 可以认为是全局搜索和局部搜索的平衡参数, 原始 DIRECT 算法[8] 中取 $\epsilon = 10^{-4}$。

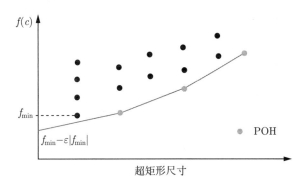

图 2.2　DIRECT 算法选择 POH 的图形方法

在确定了要分割的 POH 后, DIRECT 算法按算法 2.3 对它们进行分割。分割前有一个抽样过程, 抽样得到的点将成为新的更小超矩形小区域的中心。

算法 2.3 (DIRECT 算法中的分割技术)　给定 POH, 记 POH 的中心点为 c, 最长边为 δ, I 为拥有最长边的维度集合。
- **抽样**: 以 c 为中心, 在 I 的每一维度上抽样 $c \pm \dfrac{\delta e_i}{3}, i \in I$。这里, e_i 是第 i 个元素为 1 其他元素为 0 的单位向量。
- **分割**: 优先选择函数值最小的抽样点所在的维度, 对区域进行三等分; 在 I 中尚未分割的维度中, 重复这一操作直至将所有维度三等分。

图 2.3 显示了一个二维分割的例子[8]。在初始迭代中, 选择整个区域 (被标准化为正方形), 抽样中点及每个维度上各两个点。比较得到的函数值, 优先分割最小函数值 2 所在的维度 (纵轴方向), 将正方形在纵轴方向三等分, 然后沿着横轴方向将中间的长方形三等分。这样就完成了第一次迭代, 共抽样 5 个点, 产生 5 个超矩形小区域。第二次迭代开始时, 最

下边的长方形是唯一的 POH。沿着最长边所在的维度 (只有横轴方向) 抽样 2 个点,将长方形三等分。到第三次迭代开始时, 有 7 个小区域, POH 有 2 个, 分别进行分割。

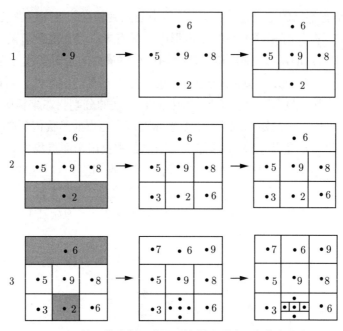

图 2.3　DIRECT 的二维分割示意图 (抽样出黑点, 旁边的数字是其函数值)

DIRECT 算法理论上依赖于稠密搜索来保证全局收敛性 (参阅第 1 章)。虽然稠密搜索在最坏情况下, 需要大量的计算成本才能逼近全局最优解。但是, 大量的数值实验表明, DIRECT 算法具有快速逼近全局最优解所在盆地 (basin) 的能力。图 2.4 提供了一个例子, 用 DIRECT 算法求解 Branin 函数, 在少量的计算成本下, 就能快速定位出该函数的三个全局最优解。这表明 DIRECT 算法同时具有很好的全局搜索能力和局部搜索能力, 特别对于多模函数具有很好的求解能力。

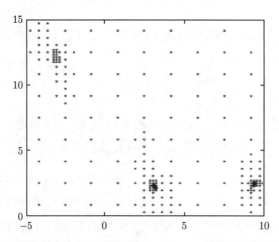

图 2.4　DIRECT 算法抽样的点, 测试函数为 Branin 函数, 函数值计算次数为 290 次

总之, 凭借全局收敛性的理论保证和低成本快速发现最优盆地的良好性能, 加上对目标函数的要求很低, DIRECT 算法吸引了理论和实践两方面研究人员和工程人员的喜爱。感兴趣的读者请参阅算法创始人 Donald R. Jones 博士时隔 25 年以后发表的最新综述文献 [19]。同时, 本书的姊妹篇[5] 也有一半篇幅提供了关于 DIRECT 算法的理论改进和性能提升, 欢迎一并参阅。

2.2 随机性全局最优化算法简介

随机性全局最优化算法通过引入随机数并借助种群搜索, 力图提升算法的全局搜索能力。本节主要介绍本书后面会涉及的几个算法, 包括基因算法[20]、粒子群优化算法[12] 和差分演化算法[21]。基因算法是演化优化的最经典算法, 粒子群优化算法是群体智能优化的主流算法, 差分演化算法是一种基于数学启发的高效启发式算法。

2.2.1 基因算法

基因算法 (genetic algorithm, GA) 是第一个重要的演化优化算法[11,20,22], 为后续大量的演化计算方法和种群优化算法奠定了概念基础和算法框架。通过在微观层面上引入交叉、变异等遗传操作, 在宏观层面上引入种群进化和自然选择, 基因算法成功模拟了生物的进化。基因算法早期用于模拟各种自然系统或人工系统对环境的适应[20], 很快就被当成处理最优化问题和机器学习问题的有效算法[22]。如今, 基因算法仍然是智能优化算法的主流代表, 而其孪生兄弟基因规划 (genetic programming, GP) 算法是演化学习领域的主流代表[23]。

基因算法的框架见算法 2.4。其中适应值函数一般是目标函数的某种变换。比如, 对于最大化问题, 适应值函数可以直接取为目标函数本身; 对于最小化问题, 可以取目标函数的相反数。种群规模 (即种群的大小)s 一般在整个算法运行中保持不变。种群中的每一个个体被看成是一条拥有 m 个基因的染色体, 这里的 m 大于或等于目标函数自变量的个数 n, 大多少则取决于编码方式。

算法 2.4 (基因算法)   初始化: 给定初始种群 $X_0 \in R^{s \times m}$, 计算每个个体的适应值, 记录种群最好的个体及其目标函数值, 令 $k = 0$。

当停止条件不成立时, 执行以下循环:

- **选择父代个体**: 根据一定的规则选择父代个体, 组成集合 $F \subset X_k$;
- **遗传操作**: 对 F 内的个体进行交叉、变异等遗传操作, 产生新个体的集合 F';
- **产生下一代种群**: 从所有个体中选择出一定数量的个体, 组成下一代种群 $X_{k+1} \leftarrow X_k \oplus F'$, 计算每个个体的适应值, 并更新种群最好的个体及其函数值。

输出种群最好的个体及其函数值。

基因算法中的编码, 目的是将最优化问题 "翻译" 成适用于算法能够求解的形式。常用的编码方式有二进制编码、实数编码、整数排列编码、结构编码等。对于组合优化问题, 可以用二进制编码或整数排列编码; 对于连续优化问题, 可以用实数编码; 对于机器学习问题, 则通常用结构编码 (此时 GA 就成了 GP)。

基因算法 2.4 的父代个体选择规则有多种, 常用的有轮盘赌规则、锦标赛规则等。轮盘赌规则模拟了纯粹的自然选择, 即弱肉强食与适者生存。具体来说, 适应值更大的个体拥有更大的概率被选中成为父代个体, 从而有更大的概率遗传个体的基因。锦标赛规则把种群划分成多个 "小组", 在每个 "小组" 范围内分别实行轮盘赌规则。相对于轮盘赌规则, 锦标赛规则更有利于适应值相对较小的个体, 从而更好地保持了种群多样性, 更适合于有多个局部最优解的复杂目标函数。

基因算法 2.4 中的遗传运算, 可以直接模拟生物繁衍过程中的基因操作, 如两个父代个体 (父亲和母亲) 的染色体进行交叉重组等。当然, 也可以超越自然过程, 采用多个个体进行形式多样的交叉重组和变异操作。这就是计算机仿真超越自然进化的优势。其他一些算法要素也可以采用超越自然进化的方式, 产生丰富多样的基因算法变种。

从基因算法的提出到现在, 大量的算法改进和各类应用不断涌现。算法的理论分析结果也得到了一定的发展。早期, 基因算法的提出者 Holland 教授用如下的模式定理 (schema theorem) (即定理 2.1) 来解释简单基因算法 (simple genetic algorithm, SGA) 的有效性。SGA 采用二进制编码, 种群的规模不变, 采用轮盘赌规则选择父代个体, 进行单点杂交和基本的变异。

定理 2.1　确定位数少、定义长度短、适应值高的模式将呈指数式增长。

该定理也被称为 "建筑块 (building blocks) 假设", 简记为 "低阶短距高适应值的模式呈指数式增长"。这里的模式 (schema) 被定义为由 $\{0, 1, *\}$ 三种基因组成的染色体, 其中 0 或 1 表示确定位, $*$ 表示不确定位, 确定位数称为模式的阶数; 第一个确定位和最后一个确定位之间的距离称为定义长度。由于 $*$ 可以是 0 或者 1, 一个包含 $*$ 的模式可以产生多个实例。模式的适应值是指该模式所有实例染色体的平均适应值。因此, 模式定理说明了, 随着 SGA 算法的运行, 一类被称为建筑块的染色体 (即低阶短距高适应值的染色体) 将指数式增长。

模式定理探究了无限种群下优势模式的产生与增长规律, 这一结果并不是严格意义上的最优化算法的收敛结果, 其意义和价值也远没有收敛性结果好。比如, 在理论上, 不存在任何一个模式, 既能够指数式增长又能够高于平均适应值。随后的研究人员分别用马尔可夫链和动力系统两种不同的工具, 对类似的简单基因算法的收敛性进行了探讨[24-25]。相比于模式定理, 马尔可夫链方法探究的是进化无穷代后种群的分布规律, 而动力系统方法探究的是无限种群下的个体比例。这些结果都只是基于一些简单的基因算法的准确描述, 并不能轻松推广到一般的基因算法。

2.2.2　粒子群优化算法

粒子群优化 (particle swarm optimization, PSO) 算法于 1995 年由 J. Kennedy 和 R. S. Eberhart 提出[12,26], 是群体智能 (swarm intelligence) 优化的主流算法。R. S. Eberhart

是美国普渡大学教授工程师; J. Kennedy 是社会心理学家, 受雇于美国人口统计局。因此该算法很自然地融合了自然科学和社会科学的思想, 受到很多领域研究人员和实务人员的喜欢。

粒子群优化算法继承了基因算法的种群演化策略, 模拟了鸟类和鱼类的集体觅食行为。PSO 算法的种群对应一群鸟或鱼, 规模保持不变, 且没有父代个体和子代个体的区别, 每一次迭代只是个体的位置发生了变化。因此, 它没有交叉、变异等遗传操作, 也不需要自然选择功能。另外, 该算法把个体称为粒子, 是一个抽象的存在, 没有大小和质量, 只有位置和速度。

粒子群优化算法的一大特色是用两个方程来描述个体的运动 (或演化), 这一点给 PSO 算法的理论分析带来了很大的便利[27]。如果用 $\boldsymbol{x}$ 和 $\boldsymbol{v}$ 来分别表示个体的位置和速度, 则它们的更新规则由如下的方程来定义:

$$v_{ij}(k+1) = \omega v_{ij}(k) + C_1(p_{ij}(k) - x_{ij}(k)) + C_2(g_{ij}(k) - x_{ij}(k)) \tag{2.4a}$$

$$x_{ij}(k+1) = x_{ij}(k) + v_{ij}(k+1) \tag{2.4b}$$

其中, $x_{ij}(k)$ 和 $v_{ij}(k)$ 分别表示第 i 个粒子的第 j 维在第 k 代的位置分量和速度分量; $C_1 \sim U(0, \phi_1), C_2 \sim U(0, \phi_2)$ 是服从均匀分布的随机数, 且这两个随机数对于不同的 i, j, k 独立生成; $\boldsymbol{p}_i, \boldsymbol{g}_i$ 两个向量是第 i 个个体的个体最优位置和邻域最优位置, 代表了该个体曾经达到过的最好位置和它所在邻域 N_i(包含个体 i 本身) 的最好位置, 分别定义如下:

$$\boldsymbol{p}_i = \arg\min_{t \leqslant k} f(x_i(t)), \quad \boldsymbol{g}_i = \arg\min_{s \in N_i} f(p_s) \tag{2.5}$$

从定义式 (2.5) 可以发现, PSO 算法赋予了每个个体具有记忆能力, 能记住自己曾经达到过的最好位置。同时, 其赋予了每个个体一定的信息处理能力, 使个体能够认知邻域中的最好个体 (拥有邻域中最好历史位置的个体) 并学习其经验。在 PSO 算法中, 每个个体的邻域取决于算法采用的网络拓扑结构。个体所在的邻域和网络拓扑结构指的都是一个图, 由节点 (个体) 和连线 (表示两个个体是否是邻居) 组成。

在 PSO 算法中, 任意形式的拓扑结构都是允许的, 但是, 完全图拓扑 (星形拓扑)、环形拓扑、正则拓扑和它们的某种随机变种是相对更常用的。图 2.5 给出了三种确定性拓扑的示例 (种群规模为 6), 从中可以发现, 在星形拓扑中社会最优经验能够以最快的速度传播到每个个体, 而在环形拓扑中社会最优经验传播速度最慢。正则拓扑是星形拓扑和环形拓扑的一般推广, 每个粒子有 K 个粒子相连, 当 $K = 2$ 对应着环形拓扑, 当 $K = 5$ 时对应着星形拓扑。

粒子群优化算法的大致框架见算法 2.5。

在 PSO 算法的更新方程 (2.4a) 中, 有三个参数 ω, ϕ_1, ϕ_2。它们分别决定了影响速度调整的三种力量强度: 第一种是速度惯性, 第二种是对个体最优经验的学习, 第三种是对邻域最优经验的学习。因此, 它们分别被称为惯性权重系数、自我认知因子和社会学习因子。在

PSO 算法的实施中, 这三个参数可以取值为常数。目前, 比较主流的取值[28] 为

$$\omega = 0.7298, \quad \phi_1 = \phi_2 = 1.49618 \tag{2.6}$$

或者采用标准粒子群优化 (standard particle swarm optimization, SPSO) SPSO2011 中的取值[29]

$$\omega = \frac{1}{2\ln 2} \approx 0.7213, \quad \phi_1 = \phi_2 = 0.5 + \ln 2 \approx 1.1931 \tag{2.7}$$

这三个参数的选择会影响算法的稳定性, 研究表明, PSO 算法三个参数的二阶稳定域应满足如下范围[5,27]。关于稳定性和收敛性的详细定义可见本书第 3 章。

$$\omega \in (-1, 1), \quad \phi_1 = \phi_2 \in \left(0, \frac{12(1 - \omega^2)}{7 - 5\omega}\right) \tag{2.8}$$

当然, 除了常数策略, 还有另一种策略就是动态选择 PSO 算法的三大参数, 特别是惯性权重参数。一种主流的做法是算法初始阶段取值接近 1, 然后线性递减到接近 0 的数[28]。

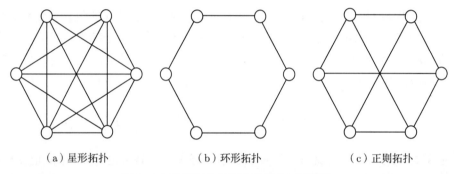

（a）星形拓扑   （b）环形拓扑   （c）正则拓扑

图 2.5   粒子群优化算法常用的三种拓扑

算法 2.5 (粒子群优化算法)   初始化: 给定参数 ω, ϕ_1, ϕ_2 的值; 生成初始种群, 计算每个个体的适应值。根据式 (2.5) 计算每个个体的个体最优位置和邻域最优位置; 记录种群找到的最好位置及其函数值。

当停止条件不成立时, 执行以下循环:

- **位置和速度更新**: 根据方程 (2.4a) 和方程 (2.4b) 更新每个个体的位置与速度;
- **评估适应值**: 计算每个个体当前位置的适应值;
- **信息处理**: 根据式 (2.5) 更新每个个体的个体最优位置和邻域最优位置; 更新种群找到的最好位置及其函数值。

输出种群找到的最好位置及其函数值。

关于 PSO 算法的网络拓扑选择, 大量研究表明, 并不存在适用于所有最优化问题的最优拓扑。事实上, 最优拓扑不仅是问题依赖的, 而且受计算成本的影响。文献 [30] 在正则拓扑的框架下, 探究了计算成本没有足够大到能够找到问题的最优解的前提下, 最优粒子数

(即种群规模) 和最优度数 (每个粒子与多少个粒子共享信息) 的选择问题。结果表明, 存在如下的统计规律:

$$m^* = c_{\mathrm{m}}\sqrt{\mu_{\mathrm{f}}}, \quad r^* = \mathrm{Int}\left(2 + \frac{c_{\mathrm{r}} m(m-3)}{\mu_{\mathrm{f}}}\right) \tag{2.9}$$

式中, m, m^*, r^* 分别表示正则拓扑的粒子数、最优粒子数和最优度数; μ_{f} 是函数值计算次数; $c_{\mathrm{m}} \in [0.4, 0.5], c_r \in [40, 50]$ 是描述问题难度的系数; 函数 $\mathrm{Int}(x)$ 取距离 x 最近的偶数 (当 m 是奇数时) 或奇数 (当 m 是偶数时), 且当 $x < 2.5$ 时取 $\mathrm{Int}(x) = 2$。

式 (2.9) 为 PSO 算法提供了一个经验公式, 去估计最优的种群规模和拓扑选择。比如对于相对简单的问题, 预计 2500 个函数值计算次数内可以找到最优解, 则最优的种群规模大约为 20 ($= 0.4 \times \sqrt{2500}$), 最优度数约为 7; 对于相对困难的问题, 预计 100 万次函数值计算次数才能找到最优解, 则最优的种群规模大约为 500 ($= 0.5 \times \sqrt{1000000}$), 最优度数约为 15。当计算成本 μ_{f} 足够大 (此时表明问题足够复杂) 时, $r^* = 2$, 即环形拓扑是一个最优拓扑。注意这些结果依赖于标准粒子群优化算法 SPSO2011[29] 和文献 [30] 中的测试函数, PSO 算法变化或测试问题变化后, 以上经验公式可能会有所调整。

总之, 作为主流的群体智能优化算法, PSO 算法已经有了相对成熟的参数设置和拓扑选择规则。特别是其稳定性理论已经得到了大量的研究, 只要参数在稳定域内选取, PSO 算法及其主流变种都是稳定的[27,31-34]。这些工作为粒子群优化算法的各种应用提供了参数设置指引和理论保证。

2.2.3　差分演化算法

差分演化 (differential evolution, DE) 算法于 1995 年由 Rainer Storn 和 Kenneth V. Price 提出[21], 刚开始是 GA 的一个变种, 后来发展成为启发式优化算法的重要代表。与 GA 和 PSO 算法不同, 差分演化算法不是模拟生物繁衍或生物的智能行为, 而是受数学经验或直觉的启发。

差分演化算法的框架如算法 2.6 所示。该算法通过不断地产生试验种群并择优更新个体, 来实现种群的演化。其关键是如何产生好的试验种群。正是在这个环节, 利用了数学中的差分思想, 详见算法 2.7。

算法 2.6 (差分演化算法)　**初始化**: 给定参数 F, c 的值; 生成初始种群 $\{\boldsymbol{x}_i\}_{i=1}^N$, 计算每个个体的适应值。

当停止条件不成立时, 执行以下循环:
- **产生试验种群**: 对每一个个体 $\boldsymbol{x}_i \in [1, N]$:
  - 产生试验向量 $\boldsymbol{u}_i$;
- **更新种群**: 对每一个个体 $\boldsymbol{x}_i \in [1, N]$:
  - 如果 $\boldsymbol{u}_i$ 的适应值好于 $\boldsymbol{x}_i$ 的适应值, 令 $\boldsymbol{x}_i = \boldsymbol{u}_i$。

输出种群最优个体及其函数值。

算法 2.7 (差分演化中试验种群的产生方法)　给定算法 2.6 中的种群和参数等信息; 对每一个个体 $x_i \in [1, N]$:

- 选择基向量 $\boldsymbol{x}_{r_1}, r_1 \in [1, N], r_1 \neq i$;
- 计算差向量 $\boldsymbol{x}_{r_2} - \boldsymbol{x}_{r_3}, r_2, r_3 \in [1, N], r_2 \neq i, r_3 \neq i, r_2 \neq r_3$;
- 产生变异向量 $\boldsymbol{v} = \boldsymbol{x}_{r_1} + F(\boldsymbol{x}_{r_2} - \boldsymbol{x}_{r_3})$;

下面的代码用于生成试验向量:

- 首先产生一个随机整数 $J \in [1, N]$;
- 对每一维 $j \in [1, n]$:
  - 产生随机数 $r \in [0, 1]$;
  - 如果 $r < c$ 或 $j = J$, 则 $u_{ij} = v_{ij}$;
  - 否则 $u_{ij} = x_{ij}$。

从算法 2.6 可以看出, 差分演化算法的框架非常简单, 从而易于实现。与 GA 和 PSO 算法一样, DE 算法采用了种群搜索的策略。但这三个算法采用的种群的生产周期不同, 传统 GA 的种群一般只生存一代或很少几代; 而 PSO 算法的种群是不灭的, 可以长期生存; DE 算法的种群介于两者之间, 部分精英个体可能生存很长时间, 但弱势个体可能只生存一代或很少几代。另外, GA 和 PSO 算法都需要额外保存整个种群曾经找到的最好位置及其函数值, 但是 DE 算法不需要, 拥有最好适应值的个体一直在种群中。

在 DE 算法框架 2.6 中, 有两个参数 F 和 c, 它们分别被称为步长参数和交叉参数或交叉率。F 的取值一般在 $[0.4, 0.9]$; c 的取值一般在 $[0.1, 1]$。从子算法 2.7 可以理解这两个参数的作用, F 是步长, 用于产生变异向量; 而 c 决定了变异向量与当前个体的交叉概率。注意在子算法 2.7 中涉及四种向量, 由于种群中的每一个个体也是向量, 在不引起歧义的情况下, "个体" 和 "向量" 可以混用。

由算法 2.6 及其子算法 2.7 搭建的差分演化算法, 称为 DE/rand/1/bin 算法。这是一套精心设计的记号, 用于说明基向量的选择方式、差向量的个数和试验向量的产生方法。具体来说, "rand" 表示基向量是随机选择得到的, "1" 表示只有一个差向量, "bin" 表示采用近似二项分布的方式对变异向量和当前个体进行交叉。前两项容易理解, 为了看明白第三项的含义, 注意到如果没有随机整数 J 的影响, 那么 $\boldsymbol{v}$ 和 $\boldsymbol{x}$ 的交叉就完全是依据二项分布的, 发生概率恰好等于交叉率 c。因此加上随机整数 J 的影响后, 就成了近似二项分布。那为什么要用 J 呢? 其作用是避免发生 $\boldsymbol{u} = \boldsymbol{x}$ 的尴尬局面。

DE/rand/1/bin 算法的记号预示了更多可能的变种。确实如此, 差分演化算法在基向量的选择方式、差向量的个数和试验向量的产生方法这三个算法要素的设计上, 具有很丰富的组合。常用的变化列举如下。

- 基向量的选择方式:
  - rand: 随机选择一个向量;
  - best: 选择最好的向量;
  - current/target/i: 选择当前向量, 即 $\boldsymbol{x}_i$。

- 差向量的个数: 一般 1 个或 2 个。
- 试验向量的产生方法:
  - bin: u 中几乎每个分量有 c 的概率来自 v 的对应分量, $1 - c$ 的概率来自 x;
  - L: 连续 L 个 v 中分量复制给 u 的对应位置, 其余分量来自 x。

以上可以组合出 12 种不同的 DE 算法, 除了经典的 DE/rand/1/bin 算法, 还可以有 DE/best/1/L 算法, DE/current/2/bin 算法, 等等。虽然各策略的优点可能是比较明显的, 比如, "best" 形式的基向量可能有利于产生更好的试验向量, "L" 策略更有利于在试验向量中保存分量之间的相关信息, 但是它们的组合哪一种更好, 则往往是问题依赖的。

由于差分演化算法简洁、易于实施且数值性能较好, 因此其得到了研究者大量的关注。在研究层面, 这些关注主要集中在对 DE 算法性能的改进方面。目前已有大量 DE 算法的变种算法被提出。比如, 自适应 DE 算法 SaDE[35], 利用外部存档信息的自适应 DE 算法 JADE[36], 对成功历史信息进行学习而提出来的 SHADE[37], 在 SHADE 基础上加入迭代局部搜索算子的 SHADE-ILS[38], 等等。这些 DE 算法的改进版本在大规模优化等最优化领域的算法竞赛中, 取得了骄人的成绩[37-40]。在应用层面, DE 算法及其改进算法已经在大量的工程应用中取得了很好的成果, 更多详情请参阅综述文献 [39] 和文献 [40]。

最后, DE 算法作为一个直接使用数学概念 (差分) 的数学启发类算法, 其理论研究也取得了很多进展。特别地, 在 DE 算法的复杂性和收敛性方面取得了一定的理论成果[41-42], 在 DE 算法对自变量线性变换的不变性、种群多样性、种群动态的数学描述 (动力系统、马尔可夫链、高斯逼近) 等方面取得了良好进展[43]。

第2部分

全局最优化算法的理论评价与数值比较

第 3 章
全局最优化算法的理论评价

第 1 章指出了, 在梯度信息的引导下, 局部最优化算法的收敛性相对容易得到保证; 全局最优化算法的收敛性保证要困难很多。本章从 "稳、快、准" 三大指标系统阐述全局最优化算法的理论评价。这里的 "稳" 就是指算法的稳定性和收敛性, "快" 是指算法的收敛率和复杂度, 而 "准" 是指解的准确性和算法的有效性。

需要指出的是, 本章的论述将面向确定性和随机性最优化算法, 除非特别指出, 其评价方式既适用于全局最优化算法也适用于局部最优化算法。

3.1 稳定性与收敛性

收敛性是最优化算法最重要的理论性质, 它探究了算法能否收敛到目标函数的最优解。稳定性是收敛性的一种弱化, 在局部最优化领域很少被考虑, 但在全局最优化领域是一个重要的理论性质。

3.1.1 最优化算法的稳定性

无论是单点迭代算法, 还是种群演化算法, 最优化算法在理论分析时都高度关注一个特殊序列的理论性质, 这个序列就是最好解下降序列。

1) 最好解下降序列

定义 3.1 对任何最优化算法, 令 $\boldsymbol{x}_k^*$ 为一定计算成本 (如 k 次迭代或 k 次函数值计算次数) 内算法找到的最好解, 则该序列满足如下的 "下降" 性质:

$$f(\boldsymbol{x}_i^*) \leqslant f(\boldsymbol{x}_j^*), \quad \forall i > j, \boldsymbol{x}_i^*, \boldsymbol{x}_j^* \in \{\boldsymbol{x}_k^*\}_{k=0}^{+\infty} \tag{3.1}$$

称序列 $\{\boldsymbol{x}_k^*\}_{k=0}^{+\infty}$ 为该算法的最好解下降序列 (descent sequence of the found best solutions), 并简记为 $\{\boldsymbol{x}_k^*\}$。

经典的梯度型优化算法的迭代序列往往就是一个最好解下降序列。然而, 随着最优化算法的种类越来越丰富多样, 后续的大量最优化算法都无法保证其迭代序列本身就是最好解下降序列。比如, 经典梯度型算法加入了 "非单调" 思想后, 序列不再一直下降; 当采用种群搜索进行寻优时, 下降性质更加无法满足。尽管如此, 最优化算法的最好解下降序列仍是容易获得的。

由于 "最好解" 对于最优化算法来说非常重要, 几乎所有最优化算法都会以某种方式保存寻优过程中找到的最好解。一种方式是算法自动保存而不需要额外存储, 例如差分演化算法会一直将最好解保存在种群中。另一种方式更常用, 那就是专门用变量额外存储最好解的信息。这两种方式保存得到的最好解序列都自动满足下降性质, 因此, 最好解下降序列 $\{x_k^*\}$ 在最优化算法的实践中是很容易获得的 (当然在真实的数值试验中只能得到有限截断序列)。

总之, 最好解下降序列 $\{x_k^*\}$ 就像影子, 在算法运行中如影随形; 同时, 它又是核心信息, 对分析算法的理论性质和数值性能具有不可替代的作用。当然, 有些研究人员可能会采用每次迭代找到的最好解序列[44]。但是这些序列不满足下降性质, 在很多场合需要额外说明取其下降子列。因此, 本书推荐采用最好解下降序列, 它是最便于论述的, 也是起关键作用的。

2) 确定性最优化算法的稳定性

下面的定义明确了确定性最优化算法的稳定性和收敛性。把它们放在一起有助于读者更好理解它们的联系和区别, 3.1.2 节会专门探讨收敛性, 本节主要关注稳定性。

定义 3.2 如果最优化算法的最好解下降序列 $\{x_k^*\}$ 收敛到某个解 z, 即有

$$\lim_{k\to+\infty} x_k^* = z \tag{3.2}$$

则称该算法是稳定的。若 z 是目标函数在可行域内的极值点, 则称算法是局部收敛的 (convergent locally); 更进一步, 若 z 是目标函数在可行域内的全局最值点, 则称算法是全局收敛的 (convergent globally)。

从定义 3.2 可以清楚看到, 稳定性是收敛性的基础和前提; 算法是收敛的, 它必是稳定的, 反之则不一定。

3) 随机性最优化算法的稳定性

定义 3.2 虽然很明确, 但对于分析带随机性的全局最优化算法却并不够。由于大量的全局最优化算法普遍采用了随机数, 每次运行的结果往往是不一样的, 因此, 需要用概率和统计的分析方法来推广稳定性的定义。

首先, 要把最好解下降序列推广到随机场合。用 $\{X_k^*\}$ 来描述随机最优化算法在算法运行中产生的最好解下降序列, 这里的 X_k 是一个随机变量, 在不同的独立测试中结果一般不同。因此, 对于采用了随机性的大量全局最优化算法来说, 它们的最好解下降序列 $\{X_k^*\}$ 都是随机过程, 从而可以用随机过程的稳定性理论来研究最优化算法的稳定性。此时, 一般要用到 $\{X_k^*\}$ 的一阶和二阶矩信息。需要指出的是, 有多种不同的方式来定义稳定性, 有些要求比较高, 对多种二阶矩甚至更高阶矩信息都提出了要求[34,45]。下面给出的是一种要求比较低的弱稳定性定义[27]。

定义 3.3 如果最优化算法的最好解下降序列 $\{X_k^*\}$ 的数学期望收敛到某个解 z, 即有

$$\lim_{k\to+\infty} E(X_k^*) = z \tag{3.3}$$

则称该算法是一阶稳定的。进一步, 如果还满足

$$\lim_{k\to+\infty} D(\boldsymbol{X}_k^*) = \boldsymbol{0} \tag{3.4}$$

则该算法是二阶稳定的。

定义 3.3 表明, 如果一个随机最优化算法的最好解下降序列在平均意义上收敛到一个解, 则它是一阶稳定的; 如果加上其最好解下降序列的方差为零, 则它是二阶稳定的。

4) 最优化算法的稳定性与稳定域

根据最优化算法稳定性的定义, 通常可以确定算法中参数的一个范围, 这个范围称为算法的稳定域。

定义 3.4　如果最优化算法使用了参数, 则能够保证该算法 (一阶或二阶) 稳定的所有参数组合, 称为该算法的 (一阶或二阶) 参数稳定域。

全局最优化算法的稳定性是一个重要的理论性质。在寻求稳定性的过程中, 找到算法的参数稳定域, 对于该算法的参数设置和性能提升具有重要的指导价值。比如, 对于经典的粒子群优化算法, 多种不同的稳定性定义都推导出了相同的如下稳定域[27]。该稳定域包含了已知的最好参数组合, 也对寻找其他好的参数组合指引了方向[27]。

$$\omega \in (-1,1), \quad \phi_1 = \phi_2 \in \left(0, \frac{12(1-\omega^2)}{7-5\omega}\right) \tag{3.5}$$

这一研究思路和方向完全可以应用到其他全局最优化算法中去, 为算法的参数设置建立更坚实的理论基础。

5) 随机性最优化算法的动力系统模型

为了证明随机最优化算法的稳定性或收敛性, 经常需要借助一些数学工具来获得最好解下降系列的规律, 其中马尔可夫链和动力系统是两个重要的工具。本小节先介绍动力系统, 下一小节介绍马尔可夫链。

动力系统 (dynamic systems) 的研究对象是随时间而演化的系统, 这样的系统往往可建模为一个微分方程 (组) 或差分方程 (组)。动力系统理论关注的是, 在不求出方程解析解 (事实上这些方程一般也没办法求出解析解) 的情况下, 研究系统的定性性质 (如稳定性、解的形状与结构等性质)。其数学理论可追溯到 "数学界的最后一位全才" 庞加莱和李雅普诺夫。

动力系统已经发展成为一个博大精深的学科, 涉及数学的很多领域。这里只介绍跟本书相关性最强的随机差分动力系统。由于最优化算法一般都是迭代式 (单点迭代或种群演化) 的, 用差分方程来建模比较自然; 加上大量全局最优化算法都具有随机性, 因此可以用随机差分动力系统来描述, 最常用的是二阶随机差分动力系统[46]。

二阶差分动力系统对应着一个二阶差分方程。差分方程是微分方程的 "孪生兄弟", 前者刻画离散问题, 后者描述连续现象。比如下面的二阶微分方程:

$$x'' + ax' + bx = c \tag{3.6}$$

其对应的二阶差分方程为

$$x_{t+2} + ax_{t+1} + bx_t = c \tag{3.7}$$

方程 (3.6) 中的 x 是连续时间 t 的函数, 而方程 (3.7) 中的 x 是离散时间 t 的函数, 如 x_{t+1} 表示 x 在第 $t+1$ 代的值。

方程 (3.6) 和方程 (3.7) 中的 a, b, c 可以是常数, 也可以是 t 的函数。当 a, b 是常数时, 它们是简单的二阶常系数微分 (差分) 方程, 其通解具有良好的结构, 即 "齐次通解 + 特解"。而它们的齐次通解都由特征方程 $r^2 + ar + b = 0$ 的根 r_1, r_2 决定, 对差分方程, 有以下结果:

- 当 r_1, r_2 是不等实根时, $x_t = \lambda_1 r_1^t + \lambda_2 r_2^t$, λ_1, λ_2 为任意常数;
- 当 $r_1 = r_2 = r$ 是相等实根时, $x_t = (\lambda_1 + \lambda_2 t)r^t$, λ_1, λ_2 为任意常数;
- 当 r_1, r_2 是共轭复根 $\alpha \pm \beta i$ 时, $x_t = r^t(\lambda_1 \cos \theta t + \lambda_2 \sin \theta t)$, $r = \sqrt{\alpha^2 + \beta^2}$, $\theta = \arctan(\beta/\alpha)$, λ_1, λ_2 为任意常数;

以上通解一般并不需要真正写出, 重要的是如下的理论结果。该结果对一切齐次线性常系数差分方程都成立, 对最优化算法的稳定性证明具有重要作用。

定理 3.1　对齐次线性常系数差分方程

$$x_{t+q} + a_1 x_{t+q-1} + a_2 x_{t+q-2} + \cdots + a_q x_t = 0 \tag{3.8}$$

其中阶数 q 为正整数, $a_1, a_2, \cdots, a_q$ 是常数, 其通解 x_t 以零为极限的充分必要条件是特征方程 $r^{t+q} + a_1 r^{t+q-1} + \cdots + a_q = 0$ 的根都在单位圆内。

遗憾的是, 在算法分析中 a, b, c 一般都不是常数, 而是随时间而变化且往往带有随机性的, 这就使得方程 (3.7) 成为一个二阶随机差分方程。据笔者所知, 在随机微分 (差分) 方程领域, 目前还在研究系数 a, b 没有随机性、只是非齐次项 c 有随机性的情况, 对于 a, b, c 都有随机性的情况还没有多少研究成果。因此, 一般情况下方程 (3.7) 是非常复杂而难以求解的。结合我们的应用场景, 下面给出三步走的经验性步骤。

(1) **建模成随机动力系统**: 根据具体的最优化算法, 在一定的合理假设下, 特别是某种程度的停滞性假设 (stagnation assumption) 下, 推导出种群中个体 (一般是最好的精英个体) 位置满足的随机差分方程;

(2) **消除模型的随机性**: 在稳定性的定义 (见定义 3.3) 下, 借助数学期望, 将随机差分方程转化为确定性的常系数线性差分方程;

(3) **确定性动力系统推演**: 借助于定理 3.1, 通过证明特征方程的根都在单位圆内, 来证明算法的稳定性, 并据此得到参数稳定域。

下面以文献 [27] 对粒子群优化算法的稳定性证明为例, 说明动力系统的大致应用方式。首先, 文献 [27] 定义了一种弱停滞状态: 如果整个种群的最好位置 $x_d(K)$ 在 $(K, K+M)$ 迭代范围内都没有更新, 则称粒子群优化算法在 $(K, K+M)$ 迭代范围内陷入了弱停滞性状态。这里, $x_d(K)$ 表示粒子 d 在第 K 次迭代中的位置。在这一状态下, 粒子 d 的位置服

从下面的随机差分方程:

$$x_d(k+1) = (1+\omega - C_1 - C_2)x_d(k) - \omega x_d(k-1) + (C_1+C_2)x_d(K), k \in [K, K+M] \quad (3.9)$$

其中参数 ω, C_1, C_2 的含义见 2.1 节。式 (3.9) 就是一个二阶随机差分方程, 且系数具有随机性, 很难求解。但是, 方程 (3.9) 可以推出如下的递推公式:

$$x_d(K+t) = x_d(K) + R(t)\left(x_d(K+1) - x_d(K)\right), t \in [0, M) \quad (3.10)$$

其中系数 $R(t)$ 满足

$$R(t+1) = (1+\omega - C_1 - C_2)R(t) - \omega R(t-1), \quad R(0) = 0, R(1) = 1 \quad (3.11)$$

接下来, 利用二阶稳定性的定义 3.3, 借助数学期望, 可以得到一个三阶常系数线性差分方程。通过证明其三个根都在单位圆内, 就得到了粒子群优化算法三个参数的二阶稳定域 (经典情形如式 (3.5) 所示), 并在此稳定域内保证了粒子群优化算法的二阶稳定性。

6) 随机性最优化算法的马尔可夫模型

本节简单介绍基于马尔可夫过程 (Markov process) 的随机性最优化算法的建模方法。马尔可夫过程, 是最重要的一类随机过程。随机过程是一门研究随时间而改变的一簇随机变量的学问, 诞生于 20 世纪 30 年代。

由于随机过程随着时间而改变, 因此可以看成是随机变量的 "升维"。更具体地来说, 随机过程是无穷多个随机变量组成的集合 $\{X(t)\}$, 给定任何时点 t, X 就是一个随机变量。将那么多随机变量放在一起, 可以从整体上宏观上更好地描述随机现象, 特别是研究不同时间点处随机变量的关系。

通常, 最一般的随机过程是非常复杂的, 很难找到不同时点处随机变量的相互关系规律。幸运的是, 人类遇到的很多随机现象都符合或近似满足几个比较简单的模型。一个最简单的模型基于独立同分布假设, 即不同时间点处的随机变量相互独立且服从相同分布, 这个模型就是伯努利 (Bernoulli) 过程。这意味着, 可以通过研究任何时点处的随机变量来获得整个随机现象的认知, 随机过程并没有带来新的知识。

马尔可夫过程基于另外一个假设, 即著名的马尔可夫性 (Markov property) 假设。该假设认为, 随机现象未来的变化只取决于当前的状态, 而与过去的状态无关, 即 "无记忆性"。很多随机运动形态都可以用马尔可夫过程来刻画, 比如, 布朗运动 (此时的马尔可夫过程也叫作维纳过程)。因此, 在某种意义上, 可以把马尔可夫过程在随机过程中的地位, 类比于牛顿力学在经典物理学中的地位。

根据时间的刻画是连续的还是离散的, 以及状态空间是连续的还是离散的, 马尔可夫过程又可以分为四种不同组合。其中, 跟我们的主题最相关的是时间和状态都离散的情形, 此时的马尔可夫过程又称为马尔可夫链 (Markov chain)。下面给出马尔可夫链分析基于种群的随机性最优化算法的大致流程。首先作以下假设:

- 假设最优化问题的搜索空间可以描述为集合 $S = \{\boldsymbol{x}_1, \boldsymbol{x}_2, \cdots, \boldsymbol{x}_{|S|}\}$, 其中每一个 $\boldsymbol{x}_i$ 是搜索空间的一个点, 集合的元素个数 $|S|$ 通常很大。

- 假设种群的大小为 N, 则集合 S 中任意 N 个 (可重复) 点组成的子集, 就是一个种群。

给定上述假设, 可以用向量

$$\boldsymbol{v} = \{v_1, v_2, \cdots, v_{|S|}\}, \quad \sum_{i=1}^{|S|} v_i = N \tag{3.12}$$

来表示一个种群。其中, v_i 是非负整数, 表示点 $\boldsymbol{x}_i$ 在该种群中出现了 v_i 次。由于种群的构成和取值很好地反映了基于种群的随机性最优化算法的演化状态, 因此, 通常用向量 $\boldsymbol{v}$ 来描述算法的演化状态。记算法的状态总数为 T, 则 T 就是在搜索空间 S 中所有可能的种群的个数, 所以有

$$T = \binom{|S| + N - 1}{N} = \frac{(|S| + N - 1)!}{N!(|S| - 1)!} \tag{3.13}$$

其次, 用马尔可夫链来分析算法, 需要知道任何两个状态之间的转移概率。记 p_{ij} 为算法从当前状态 i 转移到下一个状态 j 的概率, 称下面的矩阵为转移矩阵 (transition matrix):

$$\boldsymbol{P} = (p_{ij})_{T \times T}, \quad \sum_{j=1}^{T} p_{ij} = 1, i = 1, 2, \cdots, T \tag{3.14}$$

关于转移概率, 通常会采用如下的齐次性 (homogeneous) 假设。

假设 3.1　称马尔可夫链 $\{X_t\}$ 是齐次的, 如果转移概率与时间无关, 即若记 v^i 表示第 i 个状态, 则有下式成立:

$$P\{X_{t+1} = v^j | X_t = v^i\} = p_{ij}, \quad \forall t \tag{3.15}$$

下面给出齐次马尔可夫链的一个非常好的性质 (即命题 3.1)。

命题 3.1　若随机过程 $\{X_t\}$ 是一个齐次马尔可夫链, 则从当前状态 v^i 经历 k 次转移到达状态 v^j 的概率, 等于转移矩阵的 k 次方的第 i 行第 j 列元素, 即

$$P\{X_{t+k} = v^j | X_t = v^i\} = \boldsymbol{P}_{ij}^k, \quad \forall t \tag{3.16}$$

命题 3.1 表明, 只要知道了转移矩阵, 齐次马尔可夫链在任何时刻的状态就在概率意义上决定了! 这充分说明了转移矩阵的重要性。由于 T 通常很大, 因此转移矩阵 $\boldsymbol{P}$ 是一个非常庞大的矩阵。也就是说, 用马尔可夫链进行算法分析需要做大量的数据准备。一旦准备好这些数据, 后续的推理可以直接借助马尔可夫链的理论结果, 特别是如下的基本极限定理[47]。

定理 3.2　如果转移矩阵 $\boldsymbol{P}$ 是正规的, 即存在时间 t, $\boldsymbol{P}^t$ 的所有元素都非零。那么, 有以下结果:

- $\lim\limits_{t \to \infty} \boldsymbol{P}^t = \boldsymbol{P}_\infty$;
- $\boldsymbol{P}_\infty$ 的所有行都相同, 记为 $\boldsymbol{p}_\infty$;

- p_∞ 的每个元素都是正数;
- 马尔可夫链在无限次转移后处于第 i 个状态的概率等于 p_∞ 的第 i 个元素;
- p_∞^{T} 是 P^{T} 相应于特征值 1 的特征向量, 正规化后它的元素之和为 1;
- 如果把 P 的第 i 列元素全换成 0 就得到矩阵 $P_i, i \in [1, T]$, 则 p_∞ 的第 i 个元素可表示为

$$p_\infty = \frac{|P_i - I|}{\sum\limits_{j=1}^{T} |P_j - I|} \tag{3.17}$$

其中, I 是单位矩阵; $|\cdot|$ 是行列式。

借助于转移矩阵、齐次性和定理 3.2, 就可以利用马尔可夫链来分析随机性最优化算法了。粗略来说, 可遵循如下的步骤来用马尔可夫链分析随机性最优化算法。

步骤 1　建立马尔可夫链模型: 结合算法内涵, 计算转移矩阵 P;

步骤 2　论证马尔可夫链的齐次性: 证明它或假设它成立;

步骤 3　稳定状态分析: 计算 p_∞, 论证算法的收敛性或稳定性。

早在 20 世纪 90 年代初, 马尔可夫链就已经被用来分析演化算法的收敛性[48-49]。特别地, 清华大学的刘波和王凌等在文献 [50] 中, 提出了一个一般框架, 统一了基于种群的随机性最优化算法。进一步, 作者用马尔可夫链证明了, 这个算法框架下的所有随机性最优化算法都是齐次的, 而在这个框架下采用了精英策略的随机性最优化算法都能收敛到全局最优解。最近, 文献 [51] 利用马尔可夫链证明了果蝇优化 (fruit fly optimization) 算法的全局收敛性。总之, 马尔可夫链一直是随机性最优化算法理论研究的重要工具。

3.1.2　最优化算法的收敛性

前面已论述, 最优化算法的收敛性是在稳定性基础之上的理论性质, 要求最好解下降序列的极限值是最优化问题的一个局部或全局最优解。

1) 确定性最优化算法的收敛性

对于确定性最优化算法, 定义 3.2 就很好描述了收敛性, 即最好解下降序列 $\{x_k^*\}$ 满足

$$\lim_{k \to +\infty} x_k^* = z \tag{3.18}$$

其中 z 是最优化问题的局部最优解或全局最优解, 分别对应局部收敛性 (local convergence) 和全局收敛性 (global convergence)。

然而, 关键的问题是, 如何才能验证或保证 z 是一个最优解呢? 对于局部收敛性, 往往借助一阶必要条件 (定理 1.2) 和二阶充分条件 (定理 1.3) 来验证 z 是一个局部最优解, 即通过判断 z 点处的一阶梯度是否为 0 以及二阶梯度是否大于 0, 来论证 z 点是否局部极小值点。然而, 对于全局收敛性, 要论证 z 点是全局最小值点并不容易, 一般只能通过稠密搜索来保证。

2) 全局收敛性与大范围收敛性

数学规划中对最优化算法局部收敛性的大量研究成果表明, 算法的初始状态 (初始点的位置) 对最终的收敛性具有重要影响。因此, 定义式 (3.18) 的成立有一个默认的前提, 那就是算法的初始点在最优解的附近。这引出了两个容易混淆的收敛性概念, 一个是全局收敛性, 另一个是大范围收敛性。

全局收敛性是指最优化算法能够收敛到真正的全局最优解, 即定义式 (3.18) 中的 z 是最优化问题的全局最优解。反之, 大范围收敛性指的是定义式 (3.18) 对于大范围的 (通常是任意的) 初始状态都成立, 但定义式中的 z 是最优化问题的局部最优解。这两个概念的英文都是 global convergence, 需要加以区分避免混淆。

在基于种群的全局最优化算法的收敛性研究中, 目前尚没有充分的证据表明, 初始种群对最终的收敛性也有重要影响。原因来自两个方面: 一方面, 种群的多样性和信息共享远远超越单点迭代情形; 另一方面, 全局最优化算法采用了大量的策略来保持种群多样性以及跳出局部最优。因此, 有理由相信, 即使初始种群的位置对全局收敛性有一定的影响, 也不可能像局部收敛性那么显著。

3) 随机性最优化算法的收敛性定义

将确定性最优化算法收敛性的定义式 (3.18) 推广到随机情形, 自然的方式是采用某种随机性收敛代替确定性收敛。通常的选择是采用以概率 1 收敛 (convergence with probability 1) (也叫几乎必然收敛 (convergence almost surely) 或几乎处处收敛 (convergence almost everywhere))。由于对于随机性最优化算法来说, 很少关注局部收敛性而主要关注全局收敛性, 所以下面只给出全局收敛性的定义, 其中 $P\{A\}$ 表示随机事件 A 发生的概率。

定义 3.5　随机性最优化算法的最好解下降序列 $\{\boldsymbol{X}_k^*\}$ 若满足

$$P\{\lim_{k\to+\infty} \boldsymbol{X}_k^* = \boldsymbol{z}\} = 1 \tag{3.19}$$

其中 z 是最优化问题的全局最优解, 则称该算法拥有全局收敛性 (global convergence)。

在定义 3.5 中, 也可以用更弱的依概率收敛 (convergence in probability)(或依分布收敛 (convergence in distribution); 由于 z 非随机, 两者等价) 来代替以概率 1 收敛, 即用下式代替式 (3.19)。

$$\lim_{k\to+\infty} P\{|\boldsymbol{X}_k^* - z| \leqslant \epsilon\} = 1, \quad \forall \epsilon > 0 \tag{3.20}$$

由于以概率 1 收敛可以推出依概率收敛, 因此, 若定义 3.5 中全局收敛性满足, 也意味着式 (3.20) 保证的全局收敛性满足; 反之则不然。

无论用以概率 1 收敛还是依概率收敛来定义随机最优化算法的全局收敛性, 它们都是很难得到证明的, 也不是无条件的。接下来介绍两篇重要文献提供的收敛性条件, 一篇为 20 世纪 80 年代初的研究论文 [52], 另一篇为最新的研究论文 [53]。

4) 随机性最优化算法的收敛性条件 I

文献 [52] 把随机最优化算法当成如下的单点迭代式的随机搜索技术 (即算法 3.1), 并提出了如下两个假设条件 (即假设 3.2 和假设 3.3), 以保证全局收敛性。

算法 3.1 (随机搜索算法)

步骤 1　确定初始解 $x_0 \in \Omega$, 令 $k = 0$;

步骤 2　从抽样空间 $(R^n, \mathcal{B}, \mu_k)$ 中生成 ξ_k;

步骤 3　令 $x_{k+1} = D(x_k, \xi_k)$, 选择 μ_{k+1}; 令 $k = k+1$, 返回步骤 1。

假设 3.2　$f(D(x, \xi)) \leqslant f(x)$; 且如果 $\xi \in \Omega, f(D(x, \xi)) \leqslant f(\xi)$。

假设 3.3　对可行域 Ω 中的任意 Borel 集 A, 若其测度非零, 则必有

$$\prod_{k=0}^{\infty} [1 - \mu_k(A)] = 0 \tag{3.21}$$

有了上面这两个假设, 可以得到如下的全局收敛性结果。

定理 3.3　假设目标函数 f 是可测函数, 可行域 Ω 是 R^n 的可测子集, 且假设 3.2 和假设 3.3 均满足。记 $\{x_k\}$ 为算法 3.1 生成的迭代序列, 则有

$$\lim_{k \to \infty} P\{x_k \in R_\epsilon\} = 1 \tag{3.22}$$

其中 $R_\epsilon = \{x \in \Omega | f(x) < f^* + \epsilon\}$, f^* 是最优化问题 (1.1) 的全局最优解或本性下确界 (essential infimum)。

定理 3.3 表明算法 3.1 可以在依概率收敛的意义上找到函数值足够逼近全局最优解的近似解, 从而可以认为满足全局收敛性。借助上述结果, 可以证明粒子群优化算法是不满足全局收敛性的, 但其简单改进版本可以满足全局收敛性[54]。

5) 随机性最优化算法的收敛性条件 Ⅱ

最近的研究表明, 可以通过一种扰动投影 (perturbation-projection) 技术来保证基于种群的随机最优化算法的全局收敛性[53]。

假设 3.4　在每一次迭代 (进化) 中, 所有个体都在最优化问题的可行域 Ω 中。

假设 3.5　给定直到第 t 代的所有信息, 在第 $t+1$ 代中至少有一个个体有可能找到不比当前最好解更差的解。具体来说, 存在一个与迭代 (进化) 代数无关的常数 $\alpha > 0$, 使得对于可行域中的任何 "优质球形区域"$\mathbb{B} \subset \Omega$,

$$f(y) \leqslant \min_{1 \leqslant i \leqslant n} f(x_i(t)), \quad \forall y \in \mathbb{B} \tag{3.23}$$

都有下式成立

$$\max_{1 \leqslant i \leqslant n} P_t\{x_i(t+1) \in \mathbb{B}\} \geqslant \alpha |\mathbb{B}| \tag{3.24}$$

其中, $|\mathbb{B}|$ 是 $\mathbb{B}$ 的体积; P_t 是条件概率。

假设 3.6　算法随迭代 (进化) 不断改进, 即若 $m(t) = \lim_{1 \leqslant i \leqslant n} f(x_i(t))$, 则要求 $m(t+1) \leqslant m(t)$。

下面的定理表明, 若以上三个条件都满足, 则基于种群的随机优化算法是全局收敛的。

定理 3.4 假设问题 (1.1) 的目标函数 f 是可行域 $\Omega \subset R^d$ 上的连续函数, 且可行域是紧集, 那么基于种群的任何算法如果满足假设条件 3.4 ~ 假设条件 3.6, 则该算法在几乎必然的意义下全局收敛, 即

$$P\left\{\lim_{t \to \infty} m(t) = z\right\} = 1 \tag{3.25}$$

其中, z 是全局最优解。进一步, 对任何误差水平 $\epsilon > 0$, 存在依赖于目标函数的常数 $\alpha(\epsilon) \in (0,1)$, 使得下式成立

$$P\{m(t) > z + \epsilon\} < (1 - \alpha(\epsilon))^{t-1} \tag{3.26}$$

3.2 收敛率与复杂度

以演化算法为代表的随机性最优化算法的理论研究从 20 世纪 90 年代开始得到了快速的发展, 除了 3.1 节介绍的算法稳定性和收敛性, 算法的收敛率、复杂度和算法的准确性度量等都受到广泛关注。本节介绍算法的收敛率和复杂度, 3.3 节介绍算法的准确性度量。

3.2.1 最优化算法的收敛率

收敛率 (convergence rate) 又称为收敛速度, 反映了最优化算法在收敛到局部或全局最优解的过程中的速度大小。下面首先定义收敛序列的收敛率, 然后再分别介绍确定性和随机性最优化算法的收敛率。

1) 收敛序列的 Q-收敛率

收敛序列的收敛率通常是指如下的 Q-收敛率[2,55], Q-收敛率又称为商收敛率。

定义 3.6 设序列 $\{x_k\}$ 收敛于点 z, 即满足

$$\lim_{k \to \infty} x_k = z \tag{3.27}$$

那么可以通过无穷小的比较, 来定义序列收敛的速度 (阶数)

$$\lim_{k \to \infty} \frac{||x_{k+1} - z||}{||x_k - z||} = \rho \tag{3.28}$$

这里 $|| \cdot ||$ 表示范数, 在常数序列情况下等价于绝对值。

(1) 若 $\rho = 1$, 则称 $\{x_k\}$ 次线性收敛于 (converge sublinearly to) z, 或称 $\{x_k\}$ 的收敛速度是次线性的。

(2) 若 $\rho \in (0,1)$, 则称 $\{x_k\}$ 线性收敛于 (converge linearly to) z, 或称 $\{x_k\}$ 的收敛速度是线性的。

(3) 若 $\rho = 0$, 则称 $\{x_k\}$ 超线性收敛于 (converge superlinearly to) z, 或称 $\{x_k\}$ 的收敛速度是超线性的。进一步, 若对 $q > 1, \mu > 0$, 有

$$\lim_{k \to \infty} \frac{||x_{k+1} - z||}{||x_k - z||^q} = \mu \tag{3.29}$$

则称 $\{x_k\}$ q 阶收敛于 (converge with order q to) z, 或称 $\{x_k\}$ 的收敛速度是 q 阶的。

定义 3.6 之所以称为序列的 “Q-收敛率” 是由于采用了无穷小的商 (quotient)[55]。收敛阶数有如下的估计式[56]:

$$q \approx \frac{\log \dfrac{||x_{k+1} - x_k||}{||x_k - x_{k-1}||}}{\log \dfrac{||x_k - x_{k-1}||}{||x_{k-1} - x_{k-2}||}} \tag{3.30}$$

从定义 3.6 可知, 二阶收敛的序列必定是超线性收敛的。定义 3.6 给出的收敛速度或阶数比较抽象, 下面给出几个简单的序列例子, 来具体说明序列收敛的速度快慢。不难验证如下的结果:

- 序列 $\left\{\dfrac{1}{k+1}\right\}$ 次线性收敛于 0;

- 序列 $\left\{\dfrac{1}{(k+1)^2}\right\}$ 次线性收敛于 0;

- 序列 $\left\{\dfrac{1}{2^k}\right\}$ 线性收敛于 0, 其收敛阶数为 1;

- 序列 $\left\{\dfrac{1}{2^{(2^k)}}\right\}$ 超线性收敛于 0, 其收敛阶数为 2。

从上面的例子可以看出, 超线性收敛的序列下降非常快; 线性收敛也已经很快了, 达到了指数式下降。

2) 收敛序列的 R-收敛率

序列的 “Q-收敛率” 采用无穷小的比较, 简单且容易理解。但是, 它没有包含一些收敛且速度也很快的序列, 比如

$$\left\{1, 1, \frac{1}{2}, \frac{1}{2}, \frac{1}{4}, \frac{1}{4}, \cdots, \frac{1}{2^{\lfloor \frac{k}{2} \rfloor}}, \cdots\right\} \tag{3.31}$$

其中 $\left\lfloor \dfrac{k}{2} \right\rfloor$ 表示向下取整。该序列收敛于 0, 但偶数项总是没有产生下降, 在 “Q-收敛率” 定义下由于极限式 (3.28) 不存在而无法判定其收敛率。

为了探讨这类序列的收敛速度, 通常在 “Q-收敛率” 的基础上, 进一步建立如下的 “R-收敛率” 定义。R-收敛率又称为根 (root) 收敛率[1]。

定义 3.7　设序列 $\{x_k\}$ 收敛于点 z, 若存在 Q-线性收敛 (Q-次线性收敛、Q-超线性收敛) 于 0 的序列 $\{\epsilon_k\}$ 使得

$$||x_k - z|| \leqslant \epsilon_k, \quad \forall k \tag{3.32}$$

则称序列 $\{x_k\}$R-线性收敛 (R-次线性收敛、R-超线性收敛) 于 z, 且序列 $\{x_k\}$ R-收敛的阶数就等于序列 $\{\epsilon_k\}$ Q-收敛的阶数。

定义 3.7 表明, 论证 R-收敛率的关键就是要找到一个占优序列 $\{\epsilon_k\}$。比如, 对于式 (3.31) 中的序列, 可以取

$$\epsilon_k = \frac{1}{\sqrt{2}^{k-1}} \tag{3.33}$$

显然对任意的 $k = 0, 1, \cdots$, 有

$$\frac{1}{2^{\lfloor \frac{k}{2} \rfloor}} \leqslant \frac{1}{\sqrt{2}^{k-1}} \tag{3.34}$$

由于序列 $\{\epsilon_k\}$ Q-线性收敛到 0, 所以式 (3.31) 中的序列 R-线性收敛到 0, 它们的收敛阶数都是一阶的。

文献 [1] 在 "最优化方法的结构" 部分提出了 R-收敛速度的另一种定义, 该定义不需要去寻找占优序列。因此, 在很难找到占优序列的场合具有优势。不过, 定义 3.7 更好地描述了 R-收敛率与 Q-收敛率之间的关系。

3) 确定性最优化算法的收敛率

前面探讨的是序列收敛的情况下如何度量其收敛速度, 本小节和下一小节分别探讨确定性和随机性最优化算法如果收敛, 该如何度量其收敛率。

最优化算法的运行可以产生很多迭代序列。比如, 不同的测试问题、不同的初始迭代点等都会影响迭代序列。因此, 即使理论上证明了某最优化算法是收敛的, 其收敛速度也可能有不同的度量结果。此时, 一般用最差 (最慢) 的结果来定义该算法的收敛率。

定义 3.8　若最优化算法是收敛的, 其收敛速度是线性 (超线性) 的, 当且仅当其所有可能的迭代序列都至少是线性 (超线性) 收敛的。若最优化算法的某个迭代序列是线性 (超线性) 收敛的, 则只能说该算法最多是线性 (超线性) 收敛的。

定义 3.8 中的收敛可以是 Q-收敛也可以是 R-收敛, 前后一致就行。该定义表明, 要论证一个最优化算法是线性收敛的, 必须从理论上证明对所有可能的迭代序列都是线性收敛的, 而不能仅仅关注部分迭代序列。如果只是基于某个 (些) 迭代序列, 发现它 (们) 具有线性收敛率, 则只能说明该算法最多具有线性收敛率。

4) 随机性最优化算法的收敛率

前面已提过, 随机性最优化算法的迭代序列 $\{X_k\}$ 是一个随机过程。因此, 度量随机性最优化算法的收敛率要比确定性最优化算法更加复杂多样, 原因是随机性最优化算法的迭代序列不仅受测试问题和初始位置等的影响, 还受到随机数的影响。理论上, 有两种度量方式: 一类是借助数学期望消除随机性, 度量其平均行为的收敛率; 另一类是直面随机性来度量收敛率。

第一种方式比较类似于确定性情形。在数学期望的作用下, 随机过程 $\{X_k\}$ 变成了 $\{E(X_k)\}$, 后者是确定性序列。因此, 可以根据定义 3.8 来度量算法的收敛率。当然, 前提是该算法是收敛的。比如文献 [57] 就采用数学期望研究了保留精英个体的基因算法的收敛率。

第二种方式更加适合随机性最优化算法。一种常用做法是用种群的分布序列 $\{\pi_k\}$ 代替迭代序列 $\{X_k\}$, 其中 π_k 表示第 k 代种群的分布 [58-59], 然后研究种群分布与其极限分布 π^* 的差距。如果能够证明

$$\|\pi_k - \pi^*\| \leqslant \lambda e^{-\mu k} \tag{3.35}$$

这里的 λ, μ 都是大于 0 的常数, 则称该算法的收敛率为指数阶。这里的指数阶收敛率本质

上等价于确定性情形下的线性收敛率。要看清这一点，可以对比序列收敛中的例子，其中线性收敛的序列就是指数阶下降的，如 $\{2^{-k}\}$。

以智能优化方法为代表的随机性全局最优化方法能达到线性收敛就是一个良好的理论性质，一般没有必要进行特别的加速设计。也就是说，证明不等式 (3.35) 成立就是在智能优化领域研究收敛率的重要范式。当然，要理解为何没有很大的必要进行收敛率的提速，需要理解 3.2.2 节的算法复杂度。

3.2.2　最优化算法的复杂度

最优化算法的复杂度分析一般包括时间复杂度和空间复杂度，前者反映算法运行需要的 CPU 时间等时间方面的成本，后者反映算法运行需要的内存空间。因此，一个最优化算法的时间复杂度越小越好，同时空间复杂度越少越好。在无法兼顾的情况下，通常时间复杂度的重要性大于空间复杂度，重要原因是存储设备越来越便宜，而研究人员和用户的时间则越来越昂贵。

1) 从收敛率到时间复杂度

首先，解释一下最优化算法的时间复杂度与其收敛率之间的关系。初学者可能会有一个错觉，那就是以为收敛阶数越高算法找到最优解就越快。这其实是不一定的。因为收敛率是基于算法的迭代序列或最好解下降序列，收敛阶数越高意味着需要更少的迭代次数或种群演化代数。但是，每一次迭代或演化需要多少成本则完全没有考虑进来。比如，一个算法如果只需要一次迭代就能收敛 (这种算法也称为直接法)，则其收敛率无疑是最高的，但它需要的总 CPU 时间很可能高于需要 5 次迭代才收敛的迭代算法，因为后者在每次迭代中需要的计算成本可能远小于直接法。因此，在最优化算法领域，很少关注或设计二阶收敛以上的算法，因为每次迭代额外付出的代价往往太大。总之，收敛率衡量的收敛快慢并不是算法运行时间的快慢，时间复杂度才是。

时间复杂度在最优化算法的理论研究中占据重要地位。比如，智能优化算法的理论研究在 20 世纪 90 年代得到了迅猛发展，并在 1998 年的德国达格施图尔 (Dagstuhl) 举办过一场学术研讨会，集中研讨演化算法的理论[60]。当时与会者关注最多的三大主题的第一个就是 "运行时间和复杂度" (runtime and complexity)，可见算法的运行时间和复杂度受重视的程度。

在实践中，最优化算法的运行时间 (runtime) 可以用 CPU 时间来度量。运行时间越短则算法性能越好。为了记录 CPU 时间，只需要在算法开始运行前记录一次 CPU 时间，算法运行结束后再记录一次，两次时间之差就是算法的运行时间。然而，由于不同的机器设备、编程语言和编程方式等都会影响 CPU 时间，这种做法的有效性限制很多。因此，需要从理论上给出算法运行效率的某种度量。

算法的时间复杂度超越了简单的 CPU 时间记录，它试图描述执行算法所需要的计算工作量是如何随着输入规模的增加而增加的。在最优化算法领域，输入规模可以是问题的维数。因此，算法的时间复杂度是一种渐近时间复杂度，它定性描述当输入规模充分大时，算法的计算工作量的大小。由于其采用了大写的 "O" 来度量, 因此又称为大 O 时间复杂度。

2) 时间复杂度的描述性定义

定义 3.9 最优化算法的 (渐近) 时间复杂度记为 $O(c(n))$, 其满足

$$\lim_{n\to\infty} \frac{O(c(n))}{c(n)} = \text{const} > 0, \tag{3.36}$$

其中, const 是一个正的常数, 且 $c(n)$ 描述了该算法在最坏情况下所需的一切计算工作量中最费时间的核心部分。

例如, $O(n^3)$ 可以用来描述一个最优化算法求解 n 个决策变量的最优化问题时的时间复杂度, 并意味着算法的计算工作量是决策变量数的立方的同一数量级。这里同一数量级指的是 n^3 乘以一个正的常数, 该常数依赖于算法本身和最优化问题等多种因素。因此, 大 O 时间复杂度并不具体表示算法真正的运行时间, 而是表示算法运行时间随数据规模增长的变化趋势, 且主要关注数据规模充分大时的情形。这就是为什么严格来说时间复杂度前面要加上 "渐近" 两个字, 虽然经常省略它们来简称。

$O(n^3)$ 是多项式时间复杂度 $O(n^k)$ 的一种。除了多项式时间复杂度, 常见的时间复杂度还有线性时间复杂度 $O(n)$、对数时间复杂度 $O(\log n)$、指数时间复杂度 $O(2^n)$ 等。对于充分大的 n, $O(\log n)$ 比 $O(n^k)$ 高效 (即时间复杂度更小), $O(n^k)$ 又比 $O(2^n)$ 高效。注意当 n 不是充分大时, 由于正常数的存在, 并不能说具有 $O(n)$ 时间复杂度的算法一定比 $O(n^2)$ 时间复杂度的算法更高效。例如, 假设 $O(n) = 100n$, 而 $O(n^2) = 10n^2$, 那么当数据规模 $n < 10$ 时, $O(n)$ 是大于 $O(n^2)$ 的。

最优化算法特别是随机性最优化算法, 其数值性能通常存在最好、平均、最坏三种情况。根据定义 3.9, 本书介绍的时间复杂度只关注最坏情况。

3) 时间复杂度的计算

在定义 3.9 中, $c(n)$ 描述了算法在最坏情况下所需的一切计算工作量中最费时间的核心部分。这句描述指引了该如何去计算时间复杂度。

第一步, 描述计算工作量的大小, 这一般可以写成 n 的一个函数, 称为基本运算次数函数。基本运算次数函数描述了算法的运行需要多少数量的基本运算 (elementary operation)。这里的基本运算一般包括加法、减法、乘法、除法、模运算、布尔运算、比较和赋值运算, 它们的执行时间通常都被一个很小的常数所限定[61]。这个常数跟算法的实现环境 (机器、编程语言等) 有关, 但和 n 无关。这样, 只统计并比较基本运算次数, 就剥离了实现环境的差异性, 实现了对算法复杂度的公平对比。

第二步, 省略非核心部分, 只保留计算量函数中的最高阶项, 并省去最高阶项前面的系数。比如, 假设某算法的基本运算次数函数为 $\frac{1}{3}n^3 + 12n^2 + 2n$, 则其时间复杂度为 $O(n^3)$。因为, 当 n 充分大时, $12n^2 + 2n$ 与 $\frac{1}{3}n^3$ 相比是可以忽略不计的; 此外, 渐近时间复杂度本身包含了正的常数, 没有必要把系数 $1/3$ 表示出来。

从上面的计算方法可以看出, 基本运算的执行时间相当于一个参照单位, 算法的时间复杂度可以看成是, 算法在最坏情形下的运行时间在这个参照单位下的坐标或数值。从这个

角度看, 就很容易产生新的推广。比如有时候, 如果算法的时间复杂度过于复杂, 可以将参照单位放大, 这样时间复杂度的数值下降, 可能更便于对比。这就类似于恶性通货膨胀下一万亿元钱不便于计算, 但在 1:100000000 的新货币下, 这笔钱数额为一万元, 更便于计算和使用。

在最优化算法领域, 一个可行的策略是将一次迭代所需的基本运算次数作为参照单位, 来计算时间复杂度。当不同算法每次迭代所需的基本运算次数相同时, 可以直接用这种方式计算时间复杂度并进行对比。当每次迭代的基本运算次数不同时, 则需要固定某个基本运算次数函数作为参照单位, 各算法的计算量与之对比产生时间复杂度[62]。另一种做法在智能优化算法领域很常用, 那就是取一次目标函数值的计算量为参考单位。这样, 时间复杂度就转换为目标函数值的计算次数。这种做法的依据是, 在最优化算法的运行中, 计算目标函数值是最费时间的, 从而成了算法运行中总计算工作量的核心部分。

4) 空间复杂度

空间复杂度 (space complexity) 是指算法的执行所需要的存储空间大小。具体来说, 包括存储算法本身所占用的存储空间、算法的输入输出数据所占用的存储空间和算法在运行过程中临时占用的存储空间三个方面。第一方面, 在最优化算法领域, 通常存储算法本身所占用的存储空间是很小的。第二方面, 算法的输入输出数据所占用的存储空间取决于要解决的问题, 有时候跟算法本身关系不大。比如本书后面对最优化算法的数值比较, 就涉及存储大量的过程数据以供后续分析。由于过程数据是一个高维矩阵, 这些额外存储对算法运行所需存储空间提出了更高的要求。第三方面, 算法在运行过程中临时占用的存储空间, 往往是空间复杂度的重点。

空间复杂度的度量方式类似于时间复杂度, 也是关注渐近趋势, 一般也采用大 O 表示法, 如 $O(s(n))$。这里的 $s(n)$ 表明存储空间写成了问题规模 n 的函数。空间复杂度虽然没有时间复杂度那么重要, 但仍需要给予关注。

最后, 对于最优化算法, 其时间复杂度和空间复杂度很可能相互影响。此时, 在综合考虑算法的各项性能 (特别是算法的使用频率、算法处理的数据量的大小、算法运行的环境等) 的前提下, 平衡好时间复杂度和空间复杂度。

3.3　准确性与有效性

前面两节的内容阐述了如何在算法 "稳" 的基础上度量算法的 "快", 它们都跟算法的过程有关系, 因此都可以认为是算法效率 (efficiency) 的度量。而本节主要关注算法找到的最好解的准确性, 这是算法的结果, 因此属于算法的有效性 (effectiveness)[44]。简而言之, 本节在 "稳" 和 "快" 的基础上, 进一步追求算法找到解的 "准"。

由于最优化问题 (1.1) 的解是指可行域中的一个点 x 及其函数值 $f(x)$。因此, 可以从两个角度分别论述准确性度量。本节一方面从搜索空间 (决策空间) 的角度, 考查找到的决策变量 x 的准确性; 另一方面从目标空间的角度, 探究找到的目标函数值 $f(x)$ 的准确性。

另外, 由于最优化算法找到的最好解的准确性可以用来控制算法的停止与否, 因此, 本节内容跟最优化算法的停止条件 (stop conditions) 密切相关。

3.3.1 基于搜索空间的准确性与有效性度量

从搜索空间的角度来度量最优化问题解的准确性, 是指如何描述找到的解 x 的好坏。

1) 解的准确性: 搜索空间的理想度量

搜索空间的理想度量方式是找到最优化问题的全局最优解 x^*, 即以下面的要求度量解的准确性。

$$||x - x^*|| \leqslant \epsilon, \tag{3.37}$$

其中, ϵ 是精度参数, 控制它就可以控制解的准确性。

遗憾的是, 最优化问题的最优解一般是不知道的, 而且对于全局最优化问题来说, 即便已经找到了也是无法简单验证的。因此, 上述的理想度量方式并不实用。

2) 解的准确性: 搜索空间的邻距度量

一种可行的替代方案是用相邻两次找到的解的距离来度量解在搜索空间的准确性, 本书称为**邻距度量**, 即满足

$$||x_{k+1} - x_k|| \leqslant \epsilon \tag{3.38}$$

邻距度量得到了如下定理的理论支持。

定理 3.5 如果序列 $\{x_k\}$ Q-超线性或 Q-线性收敛到 x^*, 即

$$\lim_{k \to \infty} \frac{||x_{k+1} - x^*||}{||x_k - x^*||} = c, \quad c \in [0, 1)$$

那么当 k 充分大时, 有

$$\frac{||x_{k+1} - x_k||}{1 + c} \leqslant ||x_k - x^*|| \leqslant \frac{||x_{k+1} - x_k||}{1 - c} \tag{3.39}$$

证明 给定正整数 k, 有

$$||x_{k+1} - x_k|| = ||(x_{k+1} - x^*) - (x_k - x^*)||$$

从而

$$||(x_k - x^*)|| - ||(x_{k+1} - x^*)|| \leqslant ||x_{k+1} - x_k|| \leqslant ||(x_{k+1} - x^*)|| + ||(x_k - x^*)||$$

于是可得到

$$1 - \frac{||(x_{k+1} - x^*)||}{||(x_k - x^*)||} \leqslant \frac{||x_{k+1} - x_k||}{||(x_k - x^*)||} \leqslant \frac{||(x_{k+1} - x^*)||}{||(x_k - x^*)||} + 1$$

对上式取极限, 则有

$$1 - c \leqslant \lim_{k \to \infty} \frac{||x_{k+1} - x_k||}{||(x_k - x^*)||} \leqslant 1 + c \tag{3.40}$$

或写成

$$\frac{1}{1 + c} \leqslant \lim_{k \to \infty} \frac{||(x_k - x^*)||}{||x_{k+1} - x_k||} \leqslant \frac{1}{1 - c}$$

所以, 当 k 充分大时, 式 (3.39) 成立。 □

定理 3.5 表明, 可以通过邻距控制的方式 (3.38) 来间接实现理想度量方式 (3.37). 特别地, 有以下结论成立.

推论 3.1   当序列 $\{x_k\}$ Q-超线性收敛到 x^* 时, 只要 k 充分大, $||x_{k+1} - x_k||$ 就是 $||x_k - x^*||$ 的等价无穷小, 从而邻距度量等价于理想度量.

推论 3.2   当序列 $\{x_k\}$ Q-线性收敛到 x^* 时, 只要 k 充分大, $||x_{k+1} - x_k||$ 是 $||x_k - x^*||$ 的同阶无穷小, 从而邻距度量是理想度量的很好近似. 具体来说, 若邻距度量下误差为 $||x_{k+1} - x_k|| = \epsilon$, 则理想度量下的误差有如下误差界:

$$\frac{\epsilon}{1+c} \leqslant ||x_k - x^*|| \leqslant \frac{\epsilon}{1-c}$$

这里的 c 体现了序列线性收敛的速度.

推论 3.3   当序列 $\{x_k\}$ Q-次线性收敛到 x^* 且当 k 充分大时, $||x_{k+1} - x_k||$ 可能是 $||x_k - x^*||$ 的高阶无穷小, 从而邻距度量可能不是理想度量的很好近似. 具体来说, 若邻距度量下误差为 $||x_{k+1} - x_k|| = \epsilon$, 则理想度量下的误差 $||x_k - x^*|| \geqslant \epsilon/2$, 但上不封顶.

上面的分析表明, 在理想度量无法实施的情况下, 邻距度量是一种很好的替代. 这些分析考查的是一般序列, 当分析最优化算法时, 需要用最好解下降序列.

3) 解的准确性与算法的停止准则

最优化算法在一次运行中找到的最好解的准确性, 跟算法的停止条件密切相关. 事实上, 可以根据邻距度量信息得出算法是否需要停止的判断.

对于确定性最优化算法, 由于其算法的收敛阶一般较高 (一般至少能达到线性收敛), 用邻距度量描述解的准确性并控制算法的停止与否可以取得良好的效果[1]. 当然, 为了消除 x 的具体数值大小的影响, 可以采用相对邻距度量. 一般地, 当 $||x_k|| < \epsilon_1$ 时, 直接用式 (3.38); 否则用

$$\frac{||x_{k+1} - x_k||}{||x_k||} \leqslant \epsilon \tag{3.41}$$

或者统一采用如下的相对邻距度量:

$$\frac{||x_{k+1} - x_k||}{1 + ||x_k||} \leqslant \epsilon \tag{3.42}$$

比如, 在 MATLAB 软件自带的确定性最优化算法中, 对多数算法采用了式 (3.42) 的相对邻距停止准则, 而对部分算法采用式 (3.38) 的邻距停止准则 (详细查阅容差细节 (tolerance details) 的帮助文档). 其中 ϵ 为参数 steptolerance, 一般默认为 10^{-6}.

但是, 对于随机性最优化算法, 由于其算法的收敛阶通常较低 (一般很难达到超线性收敛, 次线性收敛算法也有不少), 因此简单地采用一次邻距度量来控制算法的停止与否可能效果很差. 此时, 更多地依赖于目标空间的状态来判断算法是否停止.

无论对于确定性还是随机性最优化算法, 通常都会进一步结合 3.3.2 节要介绍的目标空间的准确性度量, 来更好地控制算法的停止与否. 主要原因是, 由于全局最优解 x^* 未知, 即便邻距度量很小了, 仍有可能其目标函数值还是远离最优目标函数值, 比如在全局最优解附近高度复杂的目标函数.

4) 算法多次运行及多个问题上的有效性

前面谈到的都是最优化算法在一次运行中找到最好解的准确性, 这反映的是算法在这一次运行中的有效性。然而, 要更好地反映算法的有效性, 需要在多个问题中进行测试, 对随机性最优化算法, 在每个问题上还需要多次运行。下面讨论如何度量一个最优化算法在多个问题及多次运行中的有效性。

先考虑算法在一个测试问题中多次运行的情况, 这适用于随机性最优化算法。在这多次运行中, 由于随机性, 有些运行找到的最好解可能满足 (相对) 邻距度量条件 (3.38)、条件 (3.41) 或条件 (3.42), 有些则可能不满足。因此, 通常采用如下的成功率 (successful rate, SR) 来度量总体的有效性。

$$\text{SR} = \frac{n_{\text{sr}}}{n_r} \tag{3.43}$$

其中, n_{r} 表示独立运行的次数 (number of independent runs); n_{sr} 表示满足邻距度量条件的次数 (number of successful runs)。

然后考虑算法求解多个测试问题的情况。假设最优化算法一共测试了 n_{p} 个测试问题, 在每个问题上的成功率记为 SR_i, 那么该算法的总体有效性度量为

$$\text{SR} = \frac{1}{n_{\text{p}}} \sum_{i=1}^{n_{\text{p}}} \text{SR}_i \tag{3.44}$$

最后要强调, 本节的算法有效性只是从搜索空间解的准确性角度进行探讨的, 这通常是不够的, 还需要结合目标空间的准确性度量。

3.3.2 基于目标空间的准确性与有效性度量

对于最优化问题 (1.1) 的最优解 x^* 及其目标函数值 $f(x^*)$ 来说, 也许用户更关注前者, 而不是后者。因为前者关系着决策时的变量取值, 有了前者就可以做决策, 而后者只是决策后的目标函数值。而且, 有前者就可以算出后者; 反之则不行。

然而, 从最优化算法的有效性度量角度, 多数度量方式和算法停止准则等则更多地依赖于目标空间的函数值[62]。部分原因也许在于目标函数值只是一个常数, 更便于计算, 而决策变量是一个向量, 有些计算没那么方便。

1) 解的准确性: 目标空间的理想度量与邻差度量

类似于搜索空间的理想度量方式, 目标空间的理想度量方式是找到最优化问题的全局最优值 $f(x^*)$, 即以下面的要求度量解的准确性。

$$|f(x) - f(x^*)| \leqslant \delta \tag{3.45}$$

其中, δ 是精度参数, 控制它就可以控制解的准确性。遗憾的是, 最优化问题的全局最优值 $f(x^*)$ 一般是不知道的, 因此, 上述的理想度量方式主要用在人为构造的基准测试 (benchmark) 中, 在实际优化问题的求解中并不实用。

对应搜索空间的邻距度量, 一种常用的替代方案是用相邻两次找到的目标函数值之差来度量解在目标空间的准确性, 本书称这种度量方式为**邻差度量**, 即满足

$$|f(x_{k+1}) - f(x_k)| \leqslant \delta \tag{3.46}$$

如果单纯地采用邻距度量, 难以处理一些决策变量比较近但其目标函数值却相差很大的情形 (如图 3.1 的点 A 与点 B); 反过来, 如果单纯地采用邻差度量, 难以处理一些目标函数值相距比较近但其决策变量却相距甚远的情形 (如图 3.1 的点 C 和点 D). 于是, 通常要结合邻距度量和邻差度量, 协同反映解的准确性, 即满足

$$||x_{k+1} - x_k|| \leqslant \epsilon, \quad |f(x_{k+1}) - f(x_k)| \leqslant \delta \tag{3.47}$$

式 (3.47) 中采用了搜索空间的邻距度量和目标空间的邻差度量, 在它们同时成立的情况下, 只要目标函数是连续的, 就可以很好地度量解的准确性.

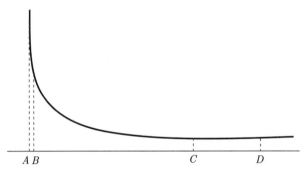

图 3.1　邻距度量与邻差度量的可能陷阱: 点 A 与点 B 相距很近, 但函数值相差很大; 点 C 与点 D 函数值很接近, 但两点相距甚远

2) 解的准确性与算法的停止准则

前面说过, 最优化算法在一次运行中找到的最好解的准确性, 跟算法的停止条件密切相关. 因此, 可以从式 (3.47) 的准确性度量判断出算法是否需要停止. 当然, 为了消除 x 和 $f(x)$ 数值大小的影响, 通常改写为相对度量.

具体来说, 一般地, 当 $||x_k||$ 与 $|f(x_k)|$ 足够小时, 直接用式 (3.47); 否则用

$$\frac{||x_{k+1} - x_k||}{||x_k||} \leqslant \epsilon, \quad \frac{|f(x_{k+1}) - f(x_k)|}{|f(x_k)|} \leqslant \delta \tag{3.48}$$

或者统一采用如下的相对度量:

$$\frac{||x_{k+1} - x_k||}{1 + ||x_k||} \leqslant \epsilon, \quad \frac{|f(x_{k+1}) - f(x_k)|}{1 + |f(x_k)|} \leqslant \delta \tag{3.49}$$

比如, 在 MATLAB 软件自带的确定性最优化算法中, 对多数算法都采用式 (3.49) 作为算法的两个停止准则. 当然还有其他的停止准则, 比如基于停滞 (stagnation) 策略的停止准则. 目前, 停滞策略主要依赖于对目标函数值的监测, 较少监测搜索空间的停滞现象.

比如, 在 MATLAB 软件自带的 GA (基因算法) 等全局最优化算法中, 通常设置如果 50 代演化中最好解的目标函数值的平均相对变化不超过 10^{-6}, 即满足

$$\frac{1}{50} \sum_{k=s}^{s+50} \frac{|f(x_{k+1}) - f(x_k)|}{1 + |f(x_k)|} \leqslant 10^{-6} \tag{3.50}$$

那么, 就认为算法从第 s 代开始陷入停滞并持续了 50 代, 算法可以停止了。

3) 算法的有效性与数值比较

解的准确性考查的是算法在一个测试问题的一次运行中找到的最好解的准确性, 而算法的有效性要考查算法在多个测试问题上的总体准确性能 (overall accuracy)。因此, 究其本质, 算法的有效性通常与算法的数值比较紧密联系在一起。换句话说, 度量算法有效性的目的, 往往是要展示算法的良好性能, 而这不可避免地要与其他算法或某种标准进行比较。

算法有效性通常用一个百分比来度量, 常用的指标包括成功率 (SR)。参照搜索空间中的成功率定义, 可以给出在目标空间的成功率定义, 如下所示:

$$\text{SR} = \frac{1}{n_p} \sum_{i=1}^{n_p} \text{SR}_i, \quad \text{SR}_i = \frac{n_{sr}^i}{n_r^i} \tag{3.51}$$

其中, SR_i 为算法在第 i 个测试问题上的成功率, 由在该问题上的独立运行次数 n_r^i 和成功运行次数 n_{sr}^i 决定。

用成功率来度量算法有效性的关键, 是如何界定 "成功", 也就是 "成功" 的条件是什么。前面介绍的基于解的准确性的算法停止准则, 都可以认为是 "成功" 的条件。因此, 式 (3.47)、式 (3.48) 和式 (3.49) 都可以当作 "成功" 的定义, 再用式 (3.51) 来计算成功率。

然而, 无论是式 (3.47) 或式 (3.48) 还是式 (3.49), 作为 "成功" 的条件有一个共同的缺点, 那就是它们无法预期算法停止前需要多少计算成本。而这一缺点与算法比较场景是不匹配的, 因为算法比较场景往往要求计算成本相同, 那样才能得到公平的比较结果。

总之, 采用式 (3.47)、式 (3.48) 或式 (3.49) 来度量解的准确性, 或者将它们作为最优化算法的停止准则, 都是合适的。但是, 用它们作为 "成功" 的条件直接来计算成功率, 并不合适。此时, 可以采用成本截断策略: 当算法消耗掉给定的计算成本时, 算法停止, 并判断准确性条件如式 (3.49) 是否满足。这样, 既采用了准确性条件, 又考虑到了成本相同原则。

最后需要指出, 除了本节介绍的解的准确性条件, 还有其他一些条件可作为 "成功" 的条件, 用以计算成功率等算法有效性指标。下面介绍本书经常采用的一种 "成功" 条件, 该条件被 performance profile 技术[63] 和 data profile 技术[64] 所采用, 已在数学规划领域广为接受, 也逐渐在智能优化领域传播[65]。具体来说, 该条件以所有参与比较的算法找到的最好函数值 f_L 为参照, 如果某算法找到的最好函数值 $f(x)$ 满足

$$f(x) \leqslant f_L + \tau(f(x_0) - f_L) \tag{3.52}$$

则认为该算法找到了令人满意的解或求解出了测试问题。其中, τ 为精度参数; x_0 为所有算法共同的初始迭代点。这里采用 f_L 保证了至少有一个算法可以求解当前测试问题, 这一点对于复杂的全局最优化问题是有价值的[64]。

　　显然, 条件 (3.52) 并不适合于智能优化算法的比较, 因为智能优化算法一般采用种群搜索, 而不像数学规划算法采用单点搜索, 因此, 无法为所有算法固定一个初始迭代点 x_0。为了解决这个问题, 可以将条件 (3.52) 改写为

$$f(x) \leqslant f_{\mathrm{L}} + \tau(1 + |f_{\mathrm{L}}|) \tag{3.53}$$

注意到上式等价于

$$\frac{f(x) - f_{\mathrm{L}}}{(1 + |f_{\mathrm{L}}|)} \leqslant \tau$$

相当于在式 (3.49) 的相对邻差度量中取 $f(x_k) = f_{\mathrm{L}}$。

　　虽然采用 f_{L} 可以保证至少有一个算法能求解当前测试问题, 但文献 [66] 指出, 这种做法得到的 profile 曲线, 会随着参与比较的优化算法的不同而改变, 从而产生 "传递无效性"。为了解决这个问题, 如果测试问题的全局最优值 $f^* = f(x^*)$ 已知 (如在最优化算法的竞赛等场景), 则可以用 f^* 代替 f_{L}, 从而避免 "传递无效性" 困境。如果 f^* 不知道, 但存在一个值比所有参与比较算法能找到的最好函数值都小, 也可以用该值代替 f_{L}, 一样能避免 "传递无效性" 困境。

第 4 章
数值比较的必要性、可行性与流程

第 3 章系统阐述了如何在理论层面对最优化算法进行评价, 本章将论述数值性能的比较对最优化算法评价的重要性。具体来说, 本章主要回答三个问题: 有了理论评价为什么还需要数值比较? 数值比较是可行的吗? 如何开展?

4.1 从理论评估到数值比较: 必要性

第 3 章介绍的算法理论评估用到了大量的数学推导, 特别是 3.1 节和 3.2 节的稳定性、收敛性、收敛率和复杂度等算法效率方面的内容。3.3 节介绍的解的准确性和算法的有效性, 则已经跟算法的数值性能密切相关了。俗话说 "科学的尽头是数学", 数学的理论支撑是各科学领域的不懈追求, 也被当成是某个领域科学性的反映。那么, 为什么最优化算法有了数学支撑很强的理论评估, 还需要进行数值比较呢?

下面从两对概念的分析入手, 来论证数值性能比较的必要性。这两对概念分别是: 理论上的有效率与实践中的有效性, 以及极限状态 (无限成本) 的性质与有限成本下的性能。

4.1.1 理论的有效率不能代替实践的有效性

第 3 章介绍的算法稳定性、收敛性、收敛率和复杂度都与算法的求解过程相关, 因此是算法效率的度量。另外, 解的准确性和算法的有效性度量的是算法的求解结果。因为理论的有效率 (efficiency) 并不等价于实践中的有效性 (effectiveness), 所以算法的数值比较是必要的。下面从三个方面具体分析。

第一, 稳定性与收敛性并不必然保证算法的有效性。事实上, 从它们的定义就能看出这一点。最优化算法的稳定性和收敛性, 是指算法在经过充分多的迭代或演化后, 能够无限逼近一个解 (可以不是也可以是最优解); 而最优化算法的有效性, 是指算法在大量的最优化问题上找到的最好解都是足够准确的, 也即是能够在这些问题上找到符合精度要求的解。这些定义描述很清楚地表明, 稳定性与收敛性并不必然保证算法的有效性。

实践中也发现了, 有些算法经过改进后可以保证收敛了, 但算法有效性却可能下降。一个有名的例子是 Nelder-Mead 的单纯形法[67], 该算法已经被证明在某些问题中是不收敛的[68], 但其数值性能却可能比其收敛的算法变种更好[69]。

第二, 算法具有高的收敛率并不一定带来高的有效性。根据收敛率的定义 3.6, 高的收敛率往往意味着更少的迭代次数或种群演化代数就能收敛到最优解。然而, 这并没有涉及每一次迭代或演化需要多少计算成本。如果每一次迭代或种群演化的计算成本很高, 即使收敛率高, 总的计算成本也可能高, 从而算法的有效性可能并不高。一个极端的例子是, 数值计算中有些问题存在直接法, 即只需要一次迭代即可求出解, 但这类方法的复杂度通常比迭代法 (需要多次迭代) 更高。

另外, 收敛率是极限性质, 描述的是充分多次迭代或演化以后的性质。而算法的有效性需要在一定的停止条件下, 考查解的准确性, 从而不可能迭代或演化充分多次。所以, 高的收敛率指的是极限状态下 "收敛快", 但并不意味着有限成本下 "收敛快"。关于这一点, 4.1.2 节还有更多论述。

第三, 复杂度低并不能说明算法有效。第 3 章已表明, 无论是时间复杂度还是空间复杂度, 一般都采用大 O 表示法。这意味着复杂度度量的是变量或规模充分大时的性质。比如时间复杂度 $O(n^2)$, 通常关注的是当 n 充分大时的行为, 对于实践中给定的某个规模 n, 其数值性质如何并不很明确。此外, 复杂度的大 O 表示法内含一个常数, 该常数的大小也是不清楚的。所以, 即便一个算法的复杂度比另一个算法低, 在具体的实践中, 也不能说前者的有效性一定比后者好。

总之, 最优化算法在理论层面的有效率是很好的性质, 但并不总能保证算法在实践中的有效性。从这个意义上来看, 算法的数值比较是算法理论评价的很好补充, 是完全必要的。

4.1.2　极限状态性质不能代替有限状态性能

最优化算法进行数值比较的必要性的更重要理由是, 极限状态下的性质不能代替有限成本状态下的性能。

首先注意到, 第 3 章介绍的算法稳定性、收敛性、收敛率和复杂度都是极限状态的性质。算法的稳定性和收敛性关注的是最好解下降序列的极限是否存在, 极限解是否是最优解等。在算法收敛的前提下, 收敛率进一步探究的是最好解下降序列趋近于极限解的速度。而复杂度度量的是最优化问题的规模充分大 (无穷大) 情形下, 算法的总体计算成本的数量级。这些都是计算成本或变量规模无穷大情形下的性质, 是极限状态性质。

其次, 极限状态的性质并不能代替有限状态的性能。这一点是显然的。序列极限的理论告诉我们, 对于一个无穷序列来说, 任意有限多项的数值无论怎么改变, 都不会影响序列的极限性质。因此, 下降序列的极限性质并不能反映前面有限多项的性能。当然, 反过来也一样, 无论有限状态数值性能如何, 都无法反映下降序列的极限性质。

最后, 当采用最优化算法来求解实际问题时, 一般只有有限的计算成本。结合上述论述, 必须在理论评价之外, 关注最优化算法的数值性能比较。总而言之, 最优化算法的理论评价和数值性能比较是最优化算法评价这枚硬币的两面, 它们相辅相成、相互补充, 缺一不可。本书主要关注的是最优化算法的数值比较, 系统研究了流程中的各个重要环节, 介绍了最新的研究进展。

4.2　从理论评估到数值比较：可行性

4.1 节论证了开展数值性能比较对于最优化算法的评价来说是完全必要的。下一个问题是, 最优化算法的数值比较是可行的吗? 首先给出本书的答案: 没有免费午餐 (no free lunch, NFL) 定理表明, 最优化算法数值比较的可行性并不是显而易见和唾手可得的; 但理论也表明, 最优化算法的数值比较总体是可行的。

4.2.1　没有免费午餐定理和数值比较的不可行性

NFL 定理[70] 是最优化算法进行数值比较时无法绕开的一个理论高地, 正是它表明了, 在宏观大势上最优化算法的数值比较是不可行的。这里的 "宏观大势" 指的是 NFL 定理成立的假设环境, 后面将详细阐述。

NFL 定理发表于演化计算和智能优化领域的国际顶级期刊 *IEEE Transactions on Evolutionary Computation* 的创刊号 (1997 年第 1 卷第 1 期), 对黑箱 (black-box) 优化算法甚至整个最优化算法领域的发展产生了持续而深远的影响。文献 [70] 介绍了静态优化和动态优化两种不同版本的 NFL 定理, 本书只介绍静态优化的版本。

1) 数值比较场景下的最优化模型与算法

由于最优化算法的数值比较需要用计算机仿真实现, 而计算机用 32 位或 64 位表示来描述实数, 这使得无论搜索空间还是目标函数值都是离散且有限的。所以, 在数值比较场景中, 即便是连续优化问题, 也可以建模为一个组合优化问题。因此, 文献 [70] 把一切最优化问题看成组合优化问题, 同时把一切最优化算法看成组合优化算法。

定义 4.1　设 α 是求解组合优化问题的一个最优化算法; 最优化问题的搜索空间为 $\mathcal{X}$, 目标函数为 $f: \mathcal{X} \mapsto \mathcal{Y}$; 所有可能的最优化问题可记为空间 $\mathcal{F} = \mathcal{Y}^{\mathcal{X}}$, 其数量为 $|\mathcal{Y}|^{|\mathcal{X}|}$, 其中 $|\mathcal{X}|, |\mathcal{Y}|$ 为集合 $\mathcal{X}, \mathcal{Y}$ 的基数。最优化算法 α 是指一个映射, 它从历史迭代点组成的集合映射到未被访问过的点组成的集合。

在定义 4.1 中, 算法的映射规则意味着其每个迭代点都是不同的。虽然, 实践中的算法可能会多次访问同一个点, 但是只需要过滤掉重复的访问就可以满足这个要求。这一要求在理论分析中可以带来很多便利, 且揭示了算法的真实内核。换句话说, 文献 [70] 关注的 "算法" 是真实算法的 "核心部分", 其迭代序列是算法找到的真实解序列的子集。该子集有点类似于第 3 章介绍的最好解下降序列 (见定义 3.1), 它们的主要区别在于, 后者更关注目标函数值的不同, 而前者更关注决策变量的不同。因此, 本节提到的 "迭代" 指的是经过上述过滤以后的映射, 而并不是算法的真实迭代。

根据文献 [70], 可以将经过 m 次迭代后得到的迭代点集合表示为

$$\boldsymbol{d}_m = \{(\boldsymbol{d}_m^x(1), \boldsymbol{d}_m^y(1)), (\boldsymbol{d}_m^x(2), \boldsymbol{d}_m^y(2)), \cdots, (\boldsymbol{d}_m^x(m), \boldsymbol{d}_m^y(m))\} \tag{4.1}$$

其中, $\boldsymbol{d}_m^x(i)$ 表示第 i 次迭代找到的可行域中的点, 通常是多维向量; 而其目标函数值的集合为

$$\boldsymbol{d}_m^y = \{\boldsymbol{d}_m^y(1), \boldsymbol{d}_m^y(2), \cdots, \boldsymbol{d}_m^y(m)\} \tag{4.2}$$

2) 静态优化的 NFL 定理

文献 [70] 考查一切能写成如下形式的算法性能度量:

$$\Phi(\boldsymbol{d}_m^y) \tag{4.3}$$

也就是说, 依据找到的目标函数值序列来定义算法的数值性能。注意到, 这一度量的结果是一个常数 (比如求解出的最优化问题比例)。在实践中, 大量的性能度量方式都符合这一定义, 然而, 仍有些性能指标是被排除在外了, 比如常用的 CPU 时间。这意味着 CPU 时间等算法性能度量是不在文献 [70] 研究范围内的。

给定任何最优化算法 α, 在目标函数 f 上 "迭代"m 次后, 搜索得到目标函数值的集合为 d_m^y 的概率可表示为如下的条件概率:

$$P(\boldsymbol{d}_m^y|f,m,\alpha) \tag{4.4}$$

NFL 定理指的就是上述条件概率在考虑了一切目标函数 f 后, 对任何两个算法都相等[70]。

定理 4.1　设 α_1, α_2 是任意两个算法, 则对任意的自然数 m, 都有下式成立。

$$\sum_f P(\boldsymbol{d}_m^y|f,m,\alpha_1) = \sum_f P(\boldsymbol{d}_m^y|f,m,\alpha_2) \tag{4.5}$$

推论 4.1　当考虑一切可能的最优化问题时, 任意两个算法 α_1, α_2 在任意性能度量指标 $\Phi(d_m^y)$ 下的平均性能都相等。

证明　任意算法 α 在性能度量指标 $\Phi(d_m^y)$ 下的平均性能为

$$E\left(\Phi(\boldsymbol{d}_m^y)\right) = \sum_f \Phi(\boldsymbol{d}_m^y) P(\boldsymbol{d}_m^y|f,m,\alpha) \tag{4.6}$$

由定理 4.1, 可得

$$\sum_f \Phi(\boldsymbol{d}_m^y) P(\boldsymbol{d}_m^y|f,m,\alpha_1) = \sum_f \Phi(\boldsymbol{d}_m^y) P(\boldsymbol{d}_m^y|f,m,\alpha_2) \tag{4.7}$$

也就是任意两个算法 α_1, α_2 在性能度量指标 $\Phi(d_m^y)$ 下的平均性能都相等。　□

上述结论虽然考虑的是确定性的算法, 然而很容易将证明过程推广到随机优化算法。因此, NFL 定理对确定性优化算法和随机性优化算法都成立[70]。

3) NFL 定理与数值比较的不可行性

NFL 定理表明, 在某类优化问题中, 如果某个算法比另一个算法更好, 那么在其他优化问题中前者必定比后者更差。特别地, 如果某个算法在某类优化问题中性能好于随机搜索算法, 那么, 它必定在其他类型的优化问题中比随机搜索性能更差。

这是一个乍看上去很难理解的结论: 当考虑一切可能的最优化问题时, 没有任何一个最优化算法的数值性能会超过随机搜索。这个定理意味着, 选择一些测试问题, 通过比较几个算法在这些问题中的数值表现, 然后下结论说某个算法比其他算法性能更好, 这种做法的价值很有限。正是在这个意义上，我们认为在宏观大势上，最优化算法的数值比较是不可行的。

4) NFL 定理的一些发展

NFL 定理是最优化领域特别是黑箱优化领域的一个重要理论成果，深刻影响着最优化算法的设计、分析、应用与数值比较。下面简要介绍该定理的一些后续研究发展。这些后续研究主要围绕着 NFL 定理是否真正成立、什么情况下成立，以及 NFL 定理的一般化和如何应用等问题展开。

文献 [70] 在论证 NFL 定理时 (比如推论 4.1)，采用了等可能性假设，即每个最优化问题有相同的概率在实践中出现。然而这个隐含假设并不必要，只是为了理论证明的简化，NFL 定理可以在非等可能性假设下成立[70-71]。

文献 [70] 提出 NFL 定理时，采用的是概率方法。概率方法被认为产生了一些歧义或误解，导致一些研究提出了存在免费午餐的情形，比如认为连续优化是存在免费午餐的[72-73]。文献 [74] 采用集合论的方法重新证明了 NFL 定理，并从对称性的角度解读了 NFL 定理的一般性和威力。文献 [75] 纠正了文献 [73] 中的一个不必要假设，证明了连续优化也不存在免费午餐。

除了原始 NFL 定理，后续研究还提出了针对不同场合的变种。比如，有限步停止的 k 步 NFL 定理，考虑停止条件的 NFL 定理，针对有限问题集的 Sharpened NFL 定理，针对有限算法集的 Focused NFL 定理，考虑反例构造和复杂性的 Almost NFL 定理，考虑有限性能指标的 Restricted Metric NFL 定理，以及多目标优化 NFL 定理，基于块状均匀分布 (block uniform distributions) 的 NFL 定理，等等。详情请参阅最近的综述文献 [76]，里面提供了许多简单的例子，是研究 NFL 定理的极好文献。另一篇综述文献 [77] 则更多地展示了 NFL 定理在优化、搜索和机器学习领域的应用。

综合目前的研究结果，可以肯定的是，NFL 定理在很广泛的意义上均成立。具体来说，目前被广泛接受的关于 NFL 定理的论述是：在最优化问题集合 $\mathcal{F}$ 上，所有的黑箱优化算法的数值性能都相同的充分必要条件是，集合 $\mathcal{F}$ 对任意的置换 (permutation) 都是封闭的[74-75]。这里的置换是一个数学术语，用于将集合的元素排成一个序列或打乱序列的顺序。也就是说，只要函数被置换后还在集合 $\mathcal{F}$，NFL 定理就在 $\mathcal{F}$ 中成立。

$$f \in \mathcal{F} \subseteq \mathcal{Y}^{\mathcal{X}} \Longrightarrow \sigma f \in \mathcal{F} \tag{4.8}$$

这里函数的置换 σf 定义为自变量逆置换的函数[74]，即

$$\sigma f = f\left(\sigma^{-1}(x)\right) \tag{4.9}$$

为便于后续讨论，把上述研究结果总结为如下的命题。

命题 4.1 没有免费午餐定理成立的充分必要条件是：(1) 参与比较的算法为黑箱优化算法，即不利用最优化问题的任何信息的最优化算法；(2) 最优化问题集合 $\mathcal{F}$ 对任意的置换 σ 是封闭的，即满足条件 (4.8)。

根据命题 4.1, 只要两个条件中的任意一条不满足, NFL 定理都不会成立。因此, 最优化算法的数值比较要有可行性, 就必须想办法破坏这两个条件。

4.2.2　免费午餐: 超越黑箱优化和置换封闭性

没有免费午餐定理及其发展已经表明, 任意两个黑箱优化算法, 在满足置换封闭性的最优化问题集合中的平均性能都是相等的。从而, 这种情况下的数值比较是不可行的。要使得数值比较可行, 至少必须超越黑箱优化或置换封闭性[76,78], 前者关注最优化算法, 而后者关注最优化问题。

1) 黑箱优化

黑箱优化 (black-box optimization) 也被翻译为黑盒优化, 是指不利用最优化问题的任何先验知识或结构性信息, 只是通过计算目标函数的函数值来认知该问题, 并实施寻优行为的一类最优化算法。在数值最优化的发展历史中, 黑箱优化并不是求解最优化问题的首要手段, 反而是一种无奈之举。

要用最优化方法来解决实际问题, 通常的流程是: 先建立具体的最优化模型 (1.1), 然后设计或采用合适的最优化算法来求解它, 根据得到的最优解的合意程度, 反馈回最优化模型并考虑是否需要调整模型。这个闭环流程可能需要循环几次, 最后才稳定下来, 然后可以将整个流程做成软件, 以求解所有同样类型的问题。可以看到, 这个过程的第一步是建立具体的最优化模型, 也就是要确定最优化问题的决策变量、目标函数、约束函数等。对于大多数问题, 目标函数和约束函数都是可以明确写出来的, 从而可以根据它们的特点来设计或选择合适的最优化算法。这些算法都不是黑箱优化算法。

为什么会提出黑箱优化算法呢? 可以归结为三种原因。第一, 不少工程人员并不擅长梯度的计算, 使得梯度型算法的应用受到影响, 而黑箱优化恰好解决了这个问题, 深受这类实践人员的喜欢。当然, 随着自动差分等梯度逼近工具的普及, 这个原因已经影响不大了。第二, 在某些场景中, 最优化模型中的目标函数或约束函数很难明确表述出来。比如, 有些工程优化 (如某些助听器设计[79]) 的目标函数或约束函数本质上并不是数值型的, 从而无法写出。再比如, 在模拟优化 (simulation-based optimization) 中, 其函数值的计算来自于复杂的计算机仿真或物理实验, 目标函数或约束函数都很难明确表述。而且, 在这类仿真和实验中, 各种噪声或误差大量存在, 使得梯度型算法难以真正发挥作用[79]。第三, 梯度型算法难以求解全局最优化问题, 各种启发式优化算法和智能优化算法却能取得良好效果, 而这些算法多数都是黑箱优化算法[5]。

总之, 黑箱优化通常都不是求解最优化问题的首选方法, 而是梯度型算法难以应用或无法发挥作用的场景 (如非数值优化、模拟优化、全局最优化等) 中的无奈选择。

2) 超越黑箱优化

即便是在非数值优化、模拟优化、全局最优化等场景中, 直接采用黑箱优化也往往不是最佳做法, 而是想方设法地利用最优化问题本身具有的一些特性或先验信息, 设计或改进黑箱优化。也就是说, 努力超越黑箱优化是实践中的应有之义。那么, 如何超越黑箱优化呢?

一般来说, 并不存在通用的方法, 可以各显神通地利用最优化问题中的任何有价值信息。

最常用的信息就是最优化问题的梯度信息。直接利用梯度信息的算法一般称为梯度型算法, 是经典的数学规划方法; 而间接利用梯度信息的算法, 通常指的是采用数值梯度或近似梯度的算法, 很多无导数优化算法都属于这一类。

除了梯度信息, 目前还没有被广泛使用的其他单一类型信息。因此, 只能具体问题具体分析, 结合问题的类型和特点, 恰当融合进算法中。比如, 分支定界类算法需要根据最优化问题的特点, 恰当构建树形结构, 以及估计分支节点对应问题的最优值, 以用于高效 "剪支"。通过这些努力, 分支定界类算法都不属于或称超越了黑箱优化。

3) 置换封闭性

下面从最优化问题集合的角度, 看看如何让 NFL 定理成立或不成立。根据式 (4.8) 和式 (4.9), 最优化问题集合 $\mathcal{F}$ 的置换封闭性 (closed under permutation) 要求集合中的函数具有很强的对称性。为了看清楚这一点, 先要明白置换 $\sigma: \mathcal{X} \mapsto \mathcal{X}$ 是一个双射, 即一一映射。因此, 求函数 f 的置换 σf, 首先要通过 σ 在搜索区域 $\mathcal{X}$ 的点之间建立一个双射, 然后用 x 的原像的函数值作为 σf 的函数值。所以, 函数 f 及其置换函数 σf 有完全相同的函数值集合, 但函数值与 x 的对应关系不同。

例 4.1 设 $\mathcal{X} = \{1, 2, 3\}$, $\mathcal{Y} = \{0, 1\}$。令 $\mathcal{F} = \{f_1, f_2, f_3\}$, 其中第一个函数将 1, 2, 3 分别映射为 1, 0, 0, 并简记为 $f_1(\mathcal{X}) = [1, 0, 0]$, 类似地, $f_2(\mathcal{X}) = [0, 1, 0]$, $f_3(\mathcal{X}) = [0, 0, 1]$。那么, 由这三个函数组成的集合 $\mathcal{F}$ 满足置换封闭性, 即无论自变量被如何置换, 其置换函数都在 $\mathcal{F}$ 内。

从上述例子可以看到, 最优化问题的置换封闭性意味着 NFL 定理可能在很小的最优化问题集合中成立[80]。这个结论意味着, 即使不考虑一切可能的最优化问题, NFL 定理也可能成立。这使得通过数值比较来评价最优化算法的性能变得更加不可行。

为了进一步搞清楚 NFL 定理成立的可能性, 需要计算满足置换封闭性的子集在一切最优化问题组成的集合的所有子集中占多少比例。文献 [81] 的研究结果表明, 这个比例接近于 0。也就是说, 从所有可能的子集中, 随机挑选一个, 满足置换封闭性的可能性接近 0。从这个意义上来看, 通过子集满足置换封闭性来保证 NFL 定理成立还是很难的。然而, 必须注意到, 由于一切最优化问题有无穷多个, 其子集就更多, 因此即使是接近零的比例, 满足置换封闭性的子集仍然有无穷多个。换句话说, 要想办法使得置换封闭性不成立, 还得更多地理解这个性质。

4) 置换封闭性与块状均匀分布

文献 [82] 证明了, NFL 定理成立的充分必要条件是最优化问题要呈现出块状均匀分布。这里的块状均匀分布是指, 对于最优化问题集合 $\mathcal{F}$ 中的任意函数 f 和任意的函数置换 ϕ, 满足

$$P(f) = P(f_\phi) \tag{4.10}$$

其中, $f_\phi(x) = f(\phi(x))$。

根据以上结论, 置换封闭性也等价于块状均匀分布, 从而可以用更直观的块状均匀分布

来间接描述置换封闭性。下面提供了一个简单的例子 (改编自文献 [76]), 但对于理解两者及其关系很有帮助。

例 4.2　设最优化问题集合为 $\mathcal{F} = \{f : \mathcal{X} \mapsto \mathcal{Y} | \mathcal{X} = \{1, 2, 3\}, \mathcal{Y} = \{0, 1\}\}$, 则图 4.1 描述了块状均匀分布与置换封闭性之间的一些关系, 其中第二行表示 8 个函数, 框中数字表示自变量分别取 1, 2, 3 时的函数值; 第一行表示对应函数的概率。

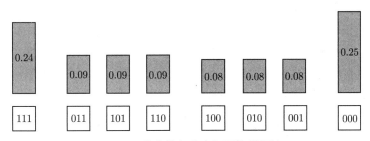

图 4.1　块状均匀分布与置换封闭性

从图 4.1 中可以发现, 块状均匀分布蕴含了四个子集, 且它们都是置换封闭的。因此有以下性质 (即命题 4.2), 该性质借助块状均匀分布更深刻地刻画了置换封闭性。

命题 4.2　NFL 定理在最优化问题集合 $\mathcal{F}$ 成立, 当且仅当 $\mathcal{F}$ 满足以下条件之一:

- $\mathcal{F}$ 是一个置换封闭的集合, 且集合中的每个问题都来自等可能的概率分布 $P(f) = \frac{1}{p}$, 其中 p 为集合中问题的个数;

- $\mathcal{F}$ 包含多个置换封闭的子集, 这些子集来自等可能的概率分布 $P(f) = \frac{1}{s}$, 其中 s 为子集的个数; 同时, 每个子集中的问题都来自等可能的概率分布 $P(f) = \frac{1}{p_i}$, 其中 p_i 为第 i 个子集中问题的个数。

总而言之, 满足置换封闭性的函数集合, 要么函数均匀分布; 要么包含多个子集, 每个子集的函数均匀分布, 且子集与子集之间均匀分布。

5) 超越置换封闭性

让 NFL 定理不能发生作用的第二种策略是, 想办法破坏最优化问题集合的置换封闭性。首先, 我们不考虑测试函数集为一切可能的最优化问题这种极端情形 (这种情形似乎只适合理论研究, 与通常的数值比较无关)。

根据前面的分析, 置换封闭性对应着测试集合中函数服从块状均匀分布。因此, 任何其他分布都可以超越置换封闭性, 从而保证 NFL 定理不成立。事实上, 由于最优化算法的数值比较关注的是有限的计算成本以及常见的数量很少的评价指标, 在这类场景下, 即使测试函数集满足块状均匀分布也不能一定保证 NFL 定理成立[76]。

总而言之, 在最优化算法的数值比较场景中, 超越置换封闭性或块状均匀分布是很容易实现的事情。也就是说, 免费午餐总体是存在的。正是这一前提的存在, 激发了大量数值实验和性能比较的开展以及相关方法和理论研究[83-87], 当然也激发了本书后面章节的研究。

6) 数值比较的可行性与测试函数集的性质

通过超越黑箱优化或者置换封闭性等手段, 使得 NFL 定理不能发挥作用, 最优化算法的数值比较就有了可行性。通过前面的分析可以发现，这种可行性总体都是成立的。我们把它总结为以下结论 (即命题 4.3)。

命题 4.3 当最优化算法不是黑箱优化算法时，NFL 定理不成立，算法的数值比较是可行的。即使最优化算法都是黑箱优化算法，它们的数值比较在通常情况下也都是可行的。这里的通常情况指的是不包含如下极端情况的其他所有可能情况：① 考虑了一切可能的最优化问题的测试函数集；② 测试函数集是 ① 中集合的子集，但满足块状均匀分布。

前面通过对 NFL 定理的深入探讨，论证了最优化算法的数值比较总体上是可行的。以上分析也发现了，对测试函数集的性质研究非常重要。理由至少包括以下几点：首先，基准测试问题的构造和设计应当能够比较好地代表实际问题；其次，通过数值比较来评估最优化算法时，应当充分结合测试问题的分布规律，避免采用块状均匀分布；再次，最优化算法的数值比较的目的，不仅仅是给出算法的一个排序，而是帮助发现算法的特点，特别是它适合求解什么样的问题；最后，测试函数应当具有一定的平滑性，以保证最优化算法如果擅长于某个问题它也能擅长于类似的其他问题。

4.3 最优化算法数值比较的流程

4.1 节指出了最优化算法的数值比较是必要的，4.2 节论证了通过数值比较来评价最优化算法的性能总体上是可行的。本节将介绍如何开展最优化算法的数值比较，包括数值比较的具体目的和流程。

最优化算法的数值比较的具体目的包括：① 在选定的测试问题集合中，某个重点关注算法的性能是否跟其他算法不相上下，甚至更好？ 这个目的通常适用于新算法的提出或原有算法的改进，此时重点关注的算法就是提出或改进的算法。② 在给定的最优化算法和测试问题集合中，算法的性能排序是怎样的，特别地，哪个算法性能最好？ 这个目的通常适用于算法竞赛场景。可以看到，这两个目的都需要对这些算法的性能进行排序。要实现这两个具体目的，首先要选定最优化算法和测试问题集合，然后进行数值实验并记录过程数据，最后通过分析过程数据得到算法的最终性能排序。

图 4.2 给出了最优化算法数值比较的流程图。从图 4.2 中可以看到，整个流程主要包括三大步骤：最优化算法与测试问题选择、数值实验与数据收集及数据分析与结果解读。下面分别进行介绍。

4.3.1 最优化算法与测试问题选择

最优化算法的数值比较，首先要搞清楚 "谁跟谁比"，然后要搞清楚 "裁判是谁"。前者决定了最优化算法的选择，而后者决定了选择什么样的测试问题以及选择多少。

1) 确定参与比较的最优化算法

"谁跟谁比" 的问题通常取决于数值比较结果的应用场景。一般有两类应用场景，一类是算法竞赛，另一类是算法改进或新算法提出。这两类场景都很普遍。

算法竞赛场景主要包括在主流的国际会议中每年举行的算法竞赛，如 CEC (IEEE

Congress on Evolutionary Computation) 算法竞赛和 GECCO(Genetic and Evolutionary Computation Conference) 算法竞赛; 也包括在最优化和机器学习相关的问题或数据平台上举办的算法竞赛, 如 COCO(http://numbbo.github.io/coco/), Kaggle (https://www.kaggle.com/) 和阿里云天池 (https://tianchi.aliyun.com/)。第二类场景, 即最优化算法的改进或新算法的提出, 是最优化领域的研究热点。据本书笔者的不完全统计, 在数学规划领域有数十种算法, 在智能优化领域则更多, 至少有数百种算法。每年还有大量的论文讨论如何提升这些现有算法的数值性能。

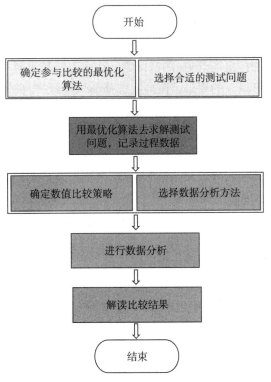

图 4.2　对最优化算法进行数值比较的流程框架

在第一类应用场景中, "谁跟谁比" 的问题是相对简单的: 对所有参赛算法进行数值比较。也就是说, 任何一个参赛算法都会跟所有其他参赛算法进行比较。当然, 也有研究人员指出, 不能仅仅是对每年参赛的算法进行比较, 还应该跟往年的获胜算法进行比较, 以更好地发现和推动最优化算法的持续性能提升[88-89]。总之, 在算法竞赛场景中, 所有 (本年度甚至跨年度) 参赛算法都需要进行数值比较。

在第二类应用场景中, 即在算法改进或新算法提出中, 一般只会将改进的算法或所提出的算法跟其他相关算法进行数值比较。这里的相关算法具有较大的灵活性, 但通常是跟所提出或改进算法同类型的主流算法。比如, 如果对某算法进行了改进, 则应当跟改进前的版本进行比较; 同时, 要想论证这一改进具有良好效果, 还应当跟该算法同类型的主流且性能最好的 (state of the art) 算法进行比较[90-91]。

2) 选择测试问题

最优化算法的数值比较可以类比成一场选举 (voting), 其中, 最优化算法是 "候选人", 而测试问题是 "选民"[92]。因此, 在确定了参与比较的最优化算法后, 需要确定谁来做 "裁判", 也即 "选民是谁"。这里仍要考虑应用场景是算法竞赛还是新算法提出或算法改进。

在最优化算法竞赛场景中, 测试问题通常由主办方给定。比如, 在 CEC 算法竞赛中, 由郑州大学的梁静教授的研究团队发布每年的竞赛测试问题[93]; 而在 COCO/BBOB 以及 GECCO 的 BBOB 算法竞赛中, 由法国巴黎理工学院的 Nikolaus Hansen 教授带领的 Randopt 研究团队发布[86,94]。以上两类测试问题都属于基准 (benchmark) 测试, 不直接来源于实际问题。在 Kaggle 和阿里云天池等平台的算法竞赛中, 竞赛测试问题由所在平台提供, 且往往来自企业的实际问题。

在算法改进或新算法提出场景中, 测试问题往往由算法提出者自主选择, 当然部分测试问题也可能来源于匿名审稿人的要求。在自主选择测试问题时, 并不能完全自由选择, 通常需要遵从一定的 "行规"。首先, 需要根据最优化算法的类型选择相应类型的测试问题, 比如连续优化算法一般不能直接测试组合优化问题, 而应该选择连续优化测试问题。其次, 通常要选择整个测试集合, 而不是挑选集合中的部分测试问题。后一种情况往往会被视为故意挑选了对所提出算法有利的测试问题, 而忽略了其他问题。此外, 根据最近关于最优化算法数值比较悖论研究的结果, 选择奇数个而不是偶数个测试问题组成的测试集合有利于显著降低循环排序悖论的发生[92]。最后, 选择测试问题的最重要原则应该是, 所选的测试问题集合能够充分代表所关注的最优化算法能够求解最优化问题。然而不幸的是, 目前尚没有成熟的理论指引如何度量测试问题集合的代表性。

本书第 5 章将介绍现有的一些测试问题及其集合 Gaviano-Kvasov-Lera-Sergeyev-2003, 特别是本书多处会用到的 Hedar 测试问题集[95]、CEC 测试问题集[96] 以及 BBOB 测试问题集[97-98]。同时, 第 5 章将详细介绍度量测试问题 (集) 的代表性的前沿研究进展。

4.3.2　数值实验与数据收集

最优化算法的数值比较, 除了 4.3.1 节的 "谁跟谁比" 和 "裁判是谁" 问题, 还要搞清楚 "评价指标是什么", 这涉及在数值实验中收集什么数据的问题。

1) 数值实验

假设有 n_s 个最优化算法参与数值比较, 选择了 n_p 个测试问题, 则这里的数值实验是指, 用这 n_s 个最优化算法中的每一个去求解所有 n_p 个测试问题。为了服务于数值比较的目标, 开展数值实验的首要原则就是要保证公平性。下面介绍保证数值实验公平性的几点注意事项。

首先, 在代码选用上, 要选择主流的代码。各个最优化算法通常都有多种不同的代码实现版本, 有的是算法提出者实现的, 有的是后续的改进版本, 有些优秀的算法还有商用软件的实现版本。因此, 在数值比较中, 需要选用算法提出者编写的版本或商用软件版本等主流版本, 且在论文或报告中要给出明确说明。

其次, 在参数设置上, 应当采用默认参数或者主流的参数值。这样做的目的是让各个算法都发挥最佳性能, 以保证数值比较的公平性。重要的参数设置也应当在论文或报告中明确说明。

再次, 对于随机性最优化算法, 需要在每个测试问题中独立测试多轮 (independent runs)。这样做的目的是度量随机波动, 以更好地反映该算法的数值性能。为了在后续的数据分析中能够借助于中心极限定理, 通常要求独立测试次数在 30 次以上, 在时间和成本允许的条件下通常越多越好。本书默认用 n_r 来表示独立测试次数。

最后, 也是最重要的是, 要确保每个算法求解同一个测试问题时花费的计算成本是相同的。为了数据分析的方便, 这个要求通常会推广到每个算法在每次求解每个测试问题时, 所花费的计算成本都是相同的。这里的计算成本一般采用目标函数值的计算次数 (number of function evaluations) 来度量, 这是因为在最优化算法的数值测试中, 目标函数值的计算往往是最费时间的。本书默认用 n_f 来表示所花费的目标函数值计算次数。为了确保每个最优化算法在每次测试中都是因为花光了 n_f 个函数值计算次数才退出的, 需要关闭其他所有退出通道, 也即让算法的其他停止条件都失效。

2) 数据收集

在保证公平性的基础上实施数值实验的同时, 还要加入专门的代码, 来收集测试数据并用于后续的分析。收集哪些数据才能最好地度量最优化算法的数值性能呢?

根据第 3 章的理论评价, 最优化算法的性能可以归纳为稳、快、准三类指标, 它们又都可以用计算成本、目标函数值以及 CPU 时间来反映。“准” 是指找到的近似解距离真正的最优解近, 越近则越准, 可以用目标函数值来反映; “快” 是指迅速地找到符合精度要求 (即准) 的近似解, 可以用目标函数值的计算次数及其函数值的配对来反映; 而 “稳” 可以理解为最优化算法求解出的测试问题越多则越稳, 也可以用目标函数值来反映。也就是说, 计算成本和目标函数值的配对就可以很好地描述稳、快、准三大指标。再加上 CPU 时间受机器影响而不同等缺陷, 主流的方式就只用计算成本和目标函数值的配对来描述最优化算法的数值性能, 从而也只记录这两类数据。

具体来说, 在数值实验中, 需要记录每一次计算得到的目标函数值。对于某些基于梯度下降的经典算法, 记录的目标函数值序列是自动下降的, 即后一个值小于或等于前一个值。但是, 对于多数最优化算法, 由于采用了非单调 (非贪婪) 以及种群搜索等策略, 记录得到的目标函数值序列不是下降的。为此, 通常会对这个序列进行过滤: 如果后一个值比前一个值大则过滤掉 (用前一个值替换), 从而得到下降序列。

最后, 如果 n_s 个最优化算法在 n_p 测试问题中进行测试, 且每个问题独立测试 n_r 次 (对随机性最优化算法), 每次用光 n_f 个目标函数值计算次数, 记录得到的过程数据可用如下的一个 $n_f \times n_r \times n_p \times n_s$ 的高维矩阵 (张量) 来存储。

$$\boldsymbol{H}(1:n_f, 1:n_r, 1:n_p, 1:n_s)$$

其中, $\boldsymbol{H}(i,j,k,s)$ 是第 s 个算法求解第 k 个问题时在第 j 轮测试中截止到第 i 次函数值计算次数的最好目标函数值。矩阵符号 $\boldsymbol{H}$ 是 history 的首字母。矩阵 $\boldsymbol{H}$ 记录的数据很好地

刻画了这 n_s 个算法在这些 n_p 个问题中的数值表现, 是后续数据分析的基础。

4.3.3 数据分析与结果解读

在获得了数值实验的过程数据 (矩阵 H) 后, 就可以通过分析这些数据推断算法的数值性能了。相对于 "谁跟谁比" "裁判是谁" 以及 "评价指标是什么" 这些问题, "如何分析数据" 更困难也更重要, 本书的第 3 部分内容将主要围绕 "如何分析数据" 这个问题展开深入分析。这里我们先给出粗略的介绍。

1) 选择数据分析方法

用于分析矩阵 H 的数据分析方法目前有很多, 根据这些方法的操作对象, 可以分为面向单个测试问题的方法和面向整个测试问题集的方法两大类。前一类方法只能先在一个测试问题上进行分析, 然后再汇总成整个测试问题集上的分析结果。这类方法包括 L 形曲线法 (见图 4.3 的示例)、绝大多数基于假设检验的方法以及部分统计图形方法。后一类方法可以面向整个测试问题集, 直接得到整个集合上的分析结果, 主要包括基于累积分布函数的统计综合方法, 如 performance profile 方法[63] 和 data profile 方法[64] (见图 4.4 的示例)。换句话说, 第一类方法需要从个体 (单个测试问题) 排序汇总成集体 (测试问题集) 排序, 而第二类方法直接产生集体排序。

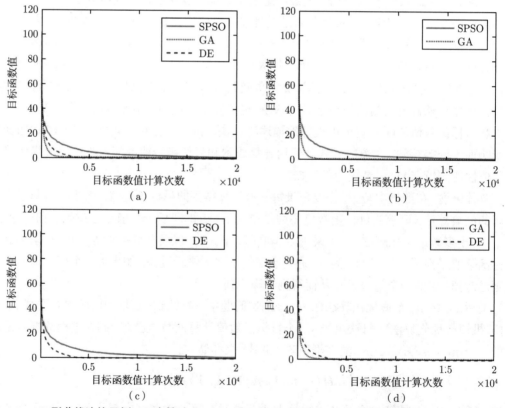

图 4.3　L 形曲线法的示例。三个算法 SPSO、GA 和 DE 在 Hedar 测试集的第 40 号问题上的平均表现, 50 次独立运行, 每次运行的计算成本为 20000 次目标函数值计算次数

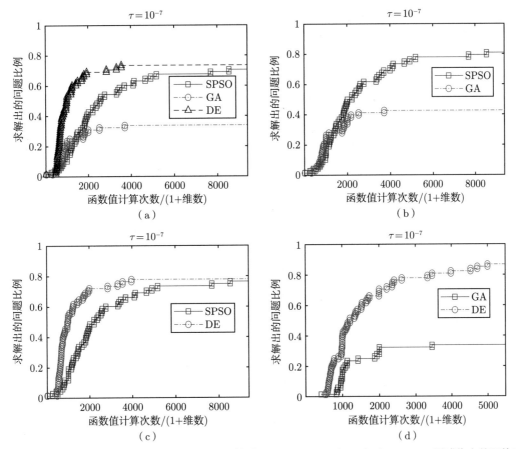

图 4.4 data profile 方法的应用示例。三个算法 SPSO、GA 和 DE 在 Hedar 测试集上的平均表现, 50 次独立运行, 每次运行的计算成本为 20000 次目标函数值计算次数

当然, 也可以将数据分析方法分成静态分析方法和动态分析方法两大类。前者关注单一时点处的寻优结果 (通常是最终结果), 而后者关注整个寻优过程。基于假设检验的方法都属于静态分析方法, 而 L 形曲线法和基于累积分布函数的统计综合方法属于动态分析方法。当然, 静态分析方法也可以在一定程度上动态化, 比如考虑多个不同时点处的比较结果[96]。当考虑了充分多时点处的结果时, 就逐渐逼近动态分析方法了。

虽然迄今为止, 并没有一种数据分析方法在各方面都比其他方法好, 但总体上, 呈现出从静态到动态、从面向单个测试问题到面向整个测试问题集合的趋势。早期的数据分析方法比较简单, 常用 L 形曲线法显示求解某个测试问题时的目标函数值下降历史 (随机时显示目标函数值的平均下降历史), 以及给出在一定计算成本下找到的最好目标函数值 (随机时提供均值和标准差)。对于随机性最优化算法, 随后加入了假设检验等统计推断方法来判断数值性能差异的显著性[65]。到 21 世纪初, performance profile 技术在数学规划中成为最主流的数据分析方法[63], 并由 data profile 技术推广到无导数优化领域[64]。这两大技术都已被进一步推广到了适用于随机性最优化算法[65], 并在智能优化等领域得到了很好的认可。最近的综述文献 [99] 在其 6.3 节第一段指出, 用很大的表格提供最小值、最大值、平均值等描述性统计结果只能用于提供信息, 还应该提供更丰富的可视化分析结果以及突出数值比较的最重要发现, 而 data profile 等技术及其改进版本提供了这种可能性。

对数据分析方法的选择通常依赖于研究人员 (算法竞赛的组织者、算法的提出者或改进者以及工程实践人员) 的知识储备和方法惯性。对于数值最优化领域的研究生或其他新加入的研究人员, 顺应上述趋势并掌握一种动态的、面向测试问题集合的数据分析方法, 可以更好地适应未来的研究环境。

本书第 6 章提供了对主流数据分析方法的系统介绍, 包括前沿发展和不同方法之间的优势与劣势分析等内容。对这些内容的深入理解将有助于选择出合适的数据分析方法。

2) 确定比较策略

一直以来, 比较策略的选择都被隐含在数据分析方法的选择中, 并没有得到足够的重视。最近的研究[92] 表明, 所有的数据分析方法可以根据采用的比较策略分为两大类, 第一类方法每次只能比较两个算法, 称为采用 "C2" 策略的方法; 另一类可以一次比较两个以上的算法, 称为采用 "C2+" 策略的方法。比如, 基于假设检验的方法通常都采用了 "C2" 策略, 而 L 形曲线法和 data profile 技术等都采用了 "C2+" 策略。

当然, 采用 "C2+" 策略的数据分析方法, 也可以每次只比较两个算法, 分多次完成比较。比如, 如果用 L 形曲线法来比较三个算法 A_1, A_2, A_3, 则对每个测试问题, 可以一次性将三个算法比完, 如图 4.3(a) 所示; 也可以分三次完成, 每次分别比较 A_1 和 A_2, A_1 和 A_3, A_2 和 A_3, 如图 4.3(b)~(d) 所示。图 4.4 的四幅子图有类似含义, 其中图 4.4(a) 采用了 "C2+" 策略, 图 4.4(b)~(d) 采用了 "C2" 策略。

于是, 如果选择了采用 "C2" 策略的数据分析方法, 如 Wilcxon 的秩和检验, 其比较策略只能是 "C2", 不需要再选择。但是, 如果选择了采用 "C2+" 策略的数据分析方法, 如 data profile 技术等, 是可以进一步选择比较策略为 "C2" 还是 "C2+" 的。

不同的比较策略有何不同的影响呢? 文献 [92] 的研究结果表明, 不同的比较策略可能带来不同的悖论。具体来说, 采用 "C2" 策略的数据分析方法可能导致循环排序 (cycle ranking) 悖论, 而采用 "C2+" 策略的数据分析方法可能导致非适者生存 (survival of the non-fittest) 悖论[92]。这表明, 比较策略对于最优化算法的数值比较具有深层次的影响。图 4.5 描述了 "C2" 和 "C2+" 两大比较策略与数据分析方法以及可能导致的对应悖论。

数据分析方法	t 检验 近似t 检验 Wilcoxon秩和检验	L 形曲线法 performance profile data profile
比较策略	"C2"策略	"C2+"策略
可能悖论	循环排序	非适者生存

图 4.5　比较策略与数据分析方法以及可能导致的悖论的对应

本书第 3 部分将系统研究不同的比较策略所带来的影响, 深入探究循环排序悖论和非适者生存悖论产生的原因, 悖论发生的可能性有多大, 以及如何消除这两大悖论。

3) 数据分析与结果汇总

选好了数据分析方法并确定了比较策略后, 具体的数据分析过程主要是数值计算与结果汇总。这里的数值计算是指, 根据数据分析方法的需要, 对矩阵 $\boldsymbol{H}$ 中的数据进行各种处理, 然后代入或导入数据分析方法, 得到比较结果。这里的比较结果如果是个体 (单个测试问题) 上的, 还得将它们汇总到整体 (测试问题集合) 上, 这被称为结果汇总。

比如, 选择了 Wilcoxon 秩和检验, 则只能在每个测试问题上对两个算法进行统计检验, 得到的结果是这两个算法在该测试问题上是否有显著差异。对每个测试问题和任意两个算法都检验完毕后, 得到的是大量成对的显著差异关系, 每一对要么有显著差异要么没有显著差异。结果汇总就是要将这些个体层面的显著差异关系汇总到整个测试问题集合上的显著差异关系或性能排序。

不难看出, 结果汇总并不是一件简单的事情。比如, 上面例子中的一种处理办法是打分汇总: 在个体层面, 如果有显著差异, 显著好的算法打分为 2, 显著差的打分为 0; 如果没有显著差异, 则两个算法都打分为 1; 将每个算法的得分加起来, 就得到该算法的最终得分, 分值越高算法越好。然而, 这种处理方法合适吗? 是否会带来什么问题呢? 本书第 6 章开始将深入分析这些问题。

幸运的是, 有一类数据分析方法不需要进行结果汇总, 它们能够直接得到算法在整个测试问题集合上的性能排序。这类方法就是面向测试问题集合的数据分析方法, 包括 performance profile 技术和 data profile 技术等。如图 4.4(a) 所示, data profile 技术如果采用了 "C2+" 策略, 则直接得到了在 Hedar 测试问题集合 (68 个问题) 中的动态排序结果。

4) 解读数值比较结果

在结果汇总完成后, 就获得了所有参与数值比较的算法在整个测试问题集合上的性能排序。这个排序就是数值比较的结果, 其呈现形式通常是表格或图形, 它可能是动态的, 也可能是静态的。如何解读这个比较结果呢?

首先, 解读数值比较结果最重要的原则是要实事求是, 不能任意延拓结果的适用范围。这里的适应范围至少应包括以下几个要素。

- 参与比较的算法: 如果这些算法发生变化 (新加入、退出或替换), 排序结果都可能发生变化。
- 选择的测试问题集合: 选择不同的测试问题集合, 排序结果很可能发生变化。
- 数值性能指标的度量依据: 通常关注最优化算法的 "稳、快、准" 等指标, 但用什么数据来度量却有不同的选择。常用的是不同计算成本下找到的最好目标函数值。如果换别的数据来度量, 比较结果可能发生变化。比如, 用 CPU 时间来度量算法的 "快", 与用目标函数值计算次数度量的 "快", 结果可能不一样。
- 采用的数据分析方法: 给定数据矩阵 $\boldsymbol{H}$, 采用哪一种数据分析方法来分析它, 得到的比较结果很可能是不一样的。
- 采用的比较策略: 即便采用同一种数据分析方法, 在不同的比较策略下, 比较结果也可能不同。本书第 3 部分将深入讨论这些问题。

- 个体排序到整体排序的汇总方式: 研究表明, 如何将单个测试问题上的个体排序汇总到测试问题集合上的整体排序, 对于比较结果有重要影响, 有些汇总方式甚至会产生悖论[92]。

总而言之, 不同于演绎的证明, 数值比较本质上是一种归纳方法, 其比较结果的成立离不开具体的条件。脱离这些条件谈数值比较结果是非常不妥的。

其次, 要尽可能围绕最优化算法评价的 "稳、快、准" 三大指标来解读比较结果。这是因为 "稳、快、准" 是评价一个最优化算法最重要的三大指标体系, 所以数值性能比较也得围绕它们来解读。这三类指标中, "快、准" 本来就可以归属到数值性能, 是指 "尽可能快地找到尽可能好的近似解"。"稳" 虽然一般是指算法的收敛性或稳定性, 但也可以体现在数值性能中, 是指 "尽可能多地求解出测试问题"。因此, 在形式上, "稳、快、准" 分别对应着 "多、快、好"。在解读比较结果时, 要尽可能去回答 "哪个算法以最快的速度、最好的精度求解出最多的测试问题?"。而且, 可能不存在某个算法在这三大指标中都最好, 此时需要聚焦于两个甚至一个指标, 分别加以解读。

最后, 数值比较的目的不仅仅是给出最优化算法的性能排序, 也要注重从结果中分析或推断算法为什么好或不好。换句话说, 要知其然, 也要知其所以然。这一点要求比较高, 通常要结合算法的具体要素 (也称算子) 或者参数来分析。比如, 如果没有这个算子或参数, 性能有多大的影响; 如果参数值发生变化, 性能有多大的影响 (即灵敏度分析), 等等。从中可以发现影响算法数值性能的关键算法和参数设置, 并进一步指导后续的算法设计与分析。

第 5 章
测试问题

近几十年来, 以智能优化算法为代表的大量全局最优化算法被提出来[99-100], 它们都需要进行数值比较才能论证其性能。在进行数值比较之前, 需要选择一组测试问题, 通过测试算法在这些问题上的性能表现, 来判断算法的好坏[44,101]。4.3 节给出了最优化算法数值比较的流程 (见图 4.2) 及三大步骤, 即最优化算法与测试问题选择, 数值实验与数据收集, 以及数据分析与结果解读。本章将深入探讨测试问题的选择, 第 6 章将详细介绍数据分析方法。

5.1 节介绍基准测试问题集, 它们经常被用于测试并评估数值最优化算法。由于这些测试问题集多数都是人为构造出来的, 因此, 一个非常重要的问题是, 它们有没有充分的代表性来充当基准测试问题集合? 从 5.2 节开始, 我们将深入探讨如何来定义和计算这些测试问题集的代表性, 这是本领域的前沿研究课题。

5.1 常用测试问题集

由于数值性能比较对于评估最优化算法是必要的, 研究人员和工程实践人员都需要一些现成的最优化问题来供算法测试。久而久之, 有一些最优化问题集就成了常用的测试对象, 它们被称为基准测试问题集 (sets of benchmark test problems)。目前, 已有不少基准测试问题集可供各种类型的最优化算法选用。

表 5.1 给出了笔者经常使用的一些基准测试问题集合, 它们主要来自两个重要的最优化算法竞赛: CEC 算法竞赛和 BBOB 算法竞赛。CEC 算法竞赛由郑州大学梁静教授的团队主持, 从 2005 年开始, 每年在演化计算领域的国际主流会议 IEEE Congress on Evolutionary Computation (CEC) 开展。而 BBOB 算法竞赛由法国巴黎理工学院的 Nikolaus Hansen 教授带领的 Randopt 研究团队主持, 从 2009 年开始在演化计算领域的另一主流会议 Genetic and Evolutionary Computation Conference (GECCO) 举办, 后也在 IEEE Congress on Evolutionary Computation 开展。这两个算法竞赛的一大区别是, CEC 算法竞赛的测试集往往每年有所不同, 同一年也有不同赛道 (比如单目标、多目标等); 而 BBOB 算法竞赛的测试集合每年保持不变, 单目标优化算法只区分有无噪声, 多目标优化专注于双目标情形。

表 5.1 一共给出了 21 个基准测试问题集合, 其中 12 个适用于单目标无约束或有界约束优化 (无约束在实践中等价于有界约束), 4 个适用于单目标约束优化, 另外 5 个适用于多目

标优化。可以发现,某些年份的 CEC 算法竞赛有多个赛道。对 CEC 和 BBOB 测试问题集合感兴趣的读者,可进一步查阅郑州大学计算智能实验室主页 http://www5.zzu.edu.cn/cilab /Benchmark.htm, 以及 Nikolaus Hansen 教授的 COCO 平台 http://numbbo.github.io/ coco/testsuites。对 Hedar 测试集感兴趣的读者可查阅日本京都大学系统优化实验室 (System Optimization Libraryt) 主页 http://www-optima.amp.i.kyoto-u.ac.jp/member/ student/hedar//Hedar_files/TestGO.htm。郑州大学计算智能实验室主页中列出了很多其他的一些集合,感兴趣的读者请自行查阅。

表 5.1　　一些常用的基准测试问题集

名称	目标函数个数	问题个数	维数	问题类型
CEC2005	单目标	25	10, 30, 50	无约束
CEC2006	单目标	24	2~24	有约束
CEC2007	多目标	13	根据问题而定	—
CEC2009	多目标	23	根据问题而定	—
CEC2010	单目标	18	10, 30	有约束
CEC2013	单目标	28	10, 30, 50	无约束
CEC2014	单目标	30	10, 30, 50, 100	无约束
CEC2015	单目标	15	10, 30, 50, 100	无约束
CEC2016	单目标	15	10, 30	无约束
CEC2017	单目标	29	10, 30, 50, 100	无约束
CEC2017	单目标	28	10, 30, 50, 100	有约束
CEC2019	单目标	10	9~18	无约束
CEC2020	单目标	10	5, 10, 15, 20	无约束
CEC2020	多目标	24	根据问题而定	—
CEC2021	单目标	10	10, 20	无约束
CEC2021	多目标	50	根据问题而定	—
BBOB	单目标	30	2, 3, 5, 10, 20, 40	有噪声
BBOB	单目标	24	2, 3, 5, 10, 20, 40	无噪声
BBOB	双目标	92	根据问题而定	—
Hedar	单目标	68	2~48	无约束
Hedar	单目标	16	2~20	有约束

表 5.1 列出的基准测试集主要用于单目标和多目标优化,问题类型涵盖了无约束和有约束、有噪声和无噪声。这些测试集合包含的问题数量最少有 10 个,最多达到 92 个,但多数在 10~30 个。测试问题的维数最低为 2 维,最高固定维数为 100 维,另外部分测试问题的维数可变。相对来说,CEC 测试集合的问题维数要高一些,而 BBOB 和 Hedar 测试集合的问题维数要低一些。

一般来说,一个测试集会包含多个种类的测试问题,以及从低到高不同维数的问题,以更好地检验算法的鲁棒性 (robustness)。此外,一个重要提醒是,在使用这些基准测试集来测试全局最优化算法时,通常要求将测试集中的问题视为黑箱问题。换言之,虽然这些测试问题都有显式的数学表达, 但不能利用它们的任何结构信息, 只能去计算它们的函数值。这是全局最优化算法和局部优化算法的一大区别。

介绍完基准测试集, 一个自然的问题是, 这么多基准测试集, 在实践中究竟该如何选择呢? 很遗憾的是, 这个问题并没有明确的答案。除了根据最优化算法的类型 (单目标或多目标, 离散或连续变量, 无约束或有约束等) 进行必要的筛选外, 目前通常的做法仍然是经验性的: 选择比较主流的或自己熟悉的基准测试集。本章的后续内容, 将专注于介绍测试问题集合代表性度量方面的前沿研究成果及相关进展, 希望有助于读者朋友们更好地选择合适的基准测试集合。

5.2　度量测试问题的代表性: 理论与方法

用数值比较的途径来论证一个最优化算法是否有效, 往往依赖于一个基本假设: 所选择的测试问题具有足够的代表性。这涉及如何度量测试问题的代表性。根据文献 [102], 本节先定义什么叫作一个测试问题 (集) 的代表性, 然后介绍如何计算这种代表性。

5.2.1　三个不同层级的代表性问题

一个好的测试问题集合应该有良好的代表性, 代表测试的最优化算法能够遇到的所有最优化问题。比如, 对于有界约束的单目标优化算法来说, 一个好的测试问题集合应该能够代表所有可能的具有有界约束的单目标优化问题。然而, 如何度量这个代表性呢? 考虑到所有可能的具有有界约束的单目标优化问题是一个无穷集合, 且是一个实无穷集合, 这显著增加了代表性的度量难度。

为了推进测试问题集合的代表性度量研究, 文献 [102] 把研究问题分解成为如下的三个子问题, 并提出了三个不同层次的代表性定义。

- 代表性问题 1: 在所有可能的**优化问题**中, 所选择的测试问题集的代表性如何?
- 代表性问题 2: 在所有可能的**实际优化问题**中, 所选择的测试问题集的代表性如何?
- 代表性问题 3: 在所有可能的**测试问题**中, 所选择的测试问题集的代表性如何?

上述三个子问题的区别在于"总体"不同, 从问题 1 到问题 3, "总体"越来越小。为了论述方便, 分别记所有可能的优化问题、所有可能的实际优化问题和所有可能的测试问题为集合 $\mathbb{P}_1, \mathbb{P}_2, \mathbb{P}_3$。由于优化问题包括实际优化问题和虚构的优化问题, 前者指的是人类在各类实践活动中能够遇到的最优化问题, 而后者指的是除了前者之外的所有其他最优化问题, 所以 $\mathbb{P}_2 \subset \mathbb{P}_1$。另外, 所有可能的测试问题肯定是实际优化问题的一个子集, 因为这些测试问题要么来自生产实践, 要么来自科学研究, 所以有 $\mathbb{P}_3 \subset \mathbb{P}_2$。优化问题、实际优化问题以及测试问题三个集合的关系如图 5.1 所示。此外, 第一个和第二个"总体"都是实无穷集合, 而第三个"总体"却很可能是有限集合或者可数无穷集合。这意味着这三个代表性问题的难度是单调递减的。

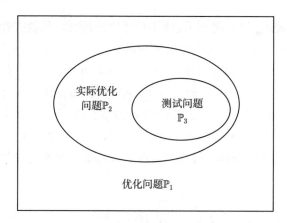

图 5.1　优化问题、实际优化问题和测试问题三个集合的关系图

针对上述三个问题, 文献 [102] 定义了与之对应的三种代表性问题, 它们分别被称为 I 型、II 型以及 III 型代表性问题。下面分别进行详细论述。

1) I 型代表性问题

定义 5.1　I 型代表性问题试图研究的是, 所选的测试问题集在所有可能的优化问题集合 $\mathbb{P}_1$ 中具有多大的代表性。

理想情况下, 选择的测试问题集应该能够代表所有可能的优化问题, 其中包括人类可能遇到的以及不可能遇到的优化问题。换句话说, I 型代表性问题可以认为是测试问题代表性研究领域的终极目标。显然, I 型代表性问题的研究是非常困难的, 其困难主要体现在两个方面。集合 $\mathbb{P}_1$ 的不可数性质带来了第一个困难; 而人类在各种活动中都不可能遇到的优化问题, 可能超越了我们的想象, 是第二方面的困难。

2) II 型代表性问题

定义 5.2　II 型代表性问题试图研究的是, 所选的测试问题集在所有可能的实际优化问题集合 $\mathbb{P}_2$ 中具有多大的代表性。

虽然度量 I 型代表性问题是一个理想目标, 但是超越人类实践的最优化问题可能有些虚构和玄幻。因此, 比较符合实际需要的目标是去度量 II 型代表性问题。然而, 遗憾的是, II 型代表性问题的研究仍然很困难。集合 $\mathbb{P}_2$ 仍然是不可数的, 要收集到所有这些测试问题仍然超出了我们当前的能力, 哪怕只是去描述或刻画这些问题的某种性质也极其困难。

3) III 型代表性问题

前面的分析表明, I 型和 II 型代表性问题的困难都跟 “总体” 的不可数性质密切相关。要克服这个困难, 必须找到一个最多可列无穷的 “总体”, 而且它必须是集合 $\mathbb{P}_2$ 的一个合理近似。基于此, 文献 [102] 定义了如下的 III 型代表性问题。

定义 5.3　III 型代表性问题试图研究的是, 所选的测试问题集在所有可能的测试问题集合 $\mathbb{P}_3$ 中具有多大的代表性。

到目前为止, 许多研究人员已经提出了各种各样的测试问题用于检验算法的性能。这些测试问题有些是人为设计的, 也有一些来自现实世界的优化建模。因此, 所有可能的测试问题集合 $\mathbb{P}_3$ 是 $\mathbb{P}_2$ 的一个合理近似, 这一点也是这些测试问题集合存在的价值所在。基于这一理由, Ⅲ 型代表性问题在理论上是 Ⅰ 型和 Ⅱ 型代表性问题的一种良好逼近。另外, 由于集合 $\mathbb{P}_3$ 是可以收集得到的, 或者说是可以比较充分描述的, 因此 Ⅲ 型代表性问题是可计算的。

总而言之, 在以上三种代表性问题中, Ⅰ 型代表性问题是理论上的终极目标, Ⅱ 型代表性问题是实践中的终极目标, 而 Ⅲ 型代表性问题则是当前的研究目标。5.2.2 节将介绍基于 Ⅲ 型代表性问题定义的度量方法。

5.2.2 度量测试问题 (集) 的代表性: 基于 Ⅲ 型代表性问题的方法框架

Ⅲ 型代表性问题要度量所选的测试问题集在所有可能的测试问题中的代表性, 这里的 "总体"$\mathbb{P}_3$ 是要根据最优化算法的类型来收集的, 并不是各种不同类型测试问题的简单堆砌。因此, 至少在理论上, 集合 $\mathbb{P}_3$ 是可以完全收集的, 在实践中也是有希望充分收集的。本节介绍的度量方法就基于充分收集得到的集合 $\mathbb{P}_3$, 分两阶段完成代表性分析。第一阶段, 构建一个能够描述集合 $\mathbb{P}_3$ 的特征矩阵; 第二阶段, 计算单个测试问题或一个测试问题集合的代表性。图 5.2 总结了这两个阶段的主要步骤。注意, 本节介绍的是方法框架, 5.3 节将以无约束单目标场景为例给出具体的计算结果。

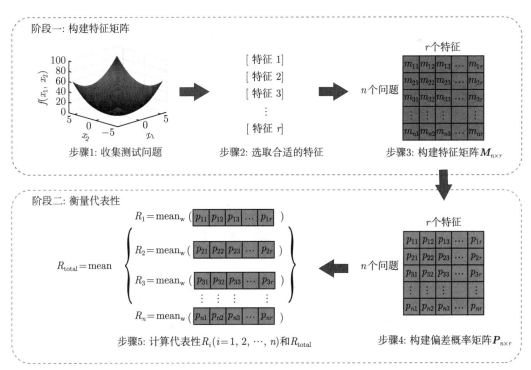

图 5.2 Ⅲ 型代表性问题的计算流程图 (见文后彩图)

1) 阶段一: 构建特征矩阵

首先, 收集测试问题。为了处理 Ⅲ 型代表性问题, 收集所有可能的测试问题是一个首要任务。在收集测试问题之前, 必须根据最优化算法的特征和类型, 确定测试问题的相应类型。比如, 根据决策变量类型区分连续优化、离散优化或混合优化问题; 根据目标函数的数量, 区分单目标优化问题或多目标优化问题; 根据是否存在约束条件, 区分无约束问题或有约束优化问题, 等等。在明确了测试问题的类型之后, 尽可能收集现有的所有此类测试问题, 并记录每个测试问题的基本信息 (维度、搜索空间、最优值等)。

其次, 选取合适的特征。收集完测试问题后, 需要提取它们的特征信息。理论上, 每个测试问题都有很多特征, 包括外部特征或内部特征、数值特征和非数值特征, 等等。选取哪些特征来描述这些测试问题, 既要顾及测试问题自身的规律, 也要考虑最优化算法和问题的类型等各种约束。前者涉及测试问题的构成要素及方式、可分性、多模态等, 后者涉及多目标优化、约束优化、离散优化等的特定特征。

最后, 构建特征矩阵。根据选取的特征, 计算每个测试问题在每个特征上的值, 这可能涉及对非数值特征 (如可分性等) 的数值化。在数值化处理结束后, 可以得到一个特征矩阵, 记为 $M = (m_{ij})_{n \times r}$, 其中 n 表示测试问题的数量, r 表示特征的个数, m_{ij} 指的是第 i 个测试问题的第 j 个特征值。

第一阶段得到的特征矩阵是后续所有计算的基础, 也是 III 型代表性问题度量方法的关键。需要指出的是, 特征矩阵具有可扩展性, 包括行可扩展性和列可扩展性。行可扩展性也称为问题可扩展性, 是指当有了新的测试问题或者发现漏掉了部分测试问题时, 只需要补充这些测试问题对应的特征数据 (每个测试问题对应一行), 并不会影响矩阵已有的数据; 列可扩展性也称为特征可扩展性, 是指当需要加入某个新的特征时, 只需要补充一列数据即可, 同样不会影响矩阵已有的数据。

当特征矩阵构建完成后, 就实现了对现有所有测试问题的重要特征的刻画。如果抛开"哪些特征是重要特征"的争议, 特征矩阵的构建意味着对所有测试问题组成的"社会"进行了普查, 普查数据足以对单个测试问题或某些测试问题的代表性进行度量。下一节的任务就是在特征矩阵的基础上, 介绍如何度量单个测试问题的代表性, 并进一步度量测试问题集的代表性。

2) 阶段二: 衡量代表性

在社会科学中, 度量个体对群体的代表性通常借助于统计学, 分析该个体对群体中心的偏离程度, 偏离越小说明该个体越接近群体的中心, 从而在群体中越有代表性; 反之, 偏离程度越大则表明该个体越没有代表性。阶段二的偏差概率矩阵 P 就起着度量个体对群体中心偏离程度的作用。

下面详细描述如何从特征矩阵 M 计算出偏差概率矩阵 P。对于数值特征和非数值特征, 其偏差概率值的计算方式有所不同。

- 数值特征的偏差概率值计算。要计算个体对群体中心的偏离, 需要给定特征。具体来说, 对任意给定的一个特征, 先计算所有测试问题在该特征下的中心, 然后才能计算出个体的特征对该中心的偏离。目前, 对于任何类型的测试问题, 现有的测试问题数量通常都足够大, 可以借助中心极限定理来计算个体对中心的偏离。根据中心极限定理, 对给定的特征, 所有测试问题的平均值分布近似于正态分布。因此, 可以采用经典的归一化方法——z 值 (z-score) 来描述偏差值。

$$z_{ij} = \frac{m_{ij} - \bar{m}_j}{s_j} \tag{5.1}$$

其中, m_{ij} 是测试问题 i 的第 j 个特征值; $\bar{m}_j$ 和 s_j 是所有测试问题在第 j 个特征上的平均值和标准差, 也即是特征矩阵 $\boldsymbol{M}$ 的第 j 列的平均值和标准差。由于 z_{ij} 可能为正值, 也有可能是负值, 为便于分析, 可以将 z_{ij} 转化成标准正态分布下的 p 值, 注意是单边 p 值的两倍, 即

$$p_{ij} = 2(1 - \varPhi(|z_{ij}|)) \tag{5.2}$$

其中, $\varPhi(|z_{ij}|)$ 是 z_{ij} 对应的标准正态分布值。因为 p_{ij} 表示了偏差 z_{ij} 的概率值, 所以称 $\boldsymbol{P}$ 为偏差概率矩阵。显然, p_{ij} 取值在 $[0,1]$ 范围内, 值越小, 表明偏差 z_{ij} 的绝对值越大, 也即特征 m_{ij} 相对平均值的偏差越大, 从而数据就越异常或者说越没有代表性。反之, p_{ij} 越大表明 m_{ij} 越有代表性。

- 非数值特征的偏差概率值计算。非数值特征的取值一般是离散的, 如果采用上述基于中心极限定理的偏差概率计算方法, 误差可能会很大。文献 [102] 建议直接采用每个取值占总体的比例来代表偏差概率值。具体来说, 先把非数值特征的所有可能取值列出, 计算每种取值的比例, 然后定义每个测试问题在该特征上取值的比例就是其偏差概率值, 即

$$p_{ij} = \frac{\text{特征矩阵第 } j \text{ 列中 } m_{ij} \text{ 的出现频数}}{\text{特征矩阵的行数}} \tag{5.3}$$

根据这一定义, p_{ij} 取值也在 $[0,1]$ 范围内, p_{ij} 越小, 说明取值为 m_{ij} 的频数越少, 从而该值就越异常。

综合以上步骤, 就实现了从特征矩阵 $\boldsymbol{M}$ 到偏差概率矩阵 $\boldsymbol{P} = (p_{ij})_{n \times r}$ 的计算, 其中 n 和 r 分别表示测试问题的数量和特征的数量。每个元素满足 $0 \leqslant p_{ij} \leqslant 1$, 其值越小就说明特征 m_{ij} 越异常或越没有代表性, 反之越大则越正常或越有代表性。

最后, 衡量测试问题的代表性。给定偏差概率矩阵, 每个测试问题的代表性可以通过其特征值的加权平均来确定[102]。

定义 5.4　给定偏差概率矩阵 $\boldsymbol{P}$, 设第 i 个测试问题的偏差概率值为 $p_{ij}, j = 1, 2, \cdots, r$, 则该测试问题相对于所有测试问题的代表性定义为

$$R_i = \frac{\sum\limits_{j=1}^{r} w_j p_{ij}}{\sum\limits_{j=1}^{r} w_j} \tag{5.4}$$

其中, w_j 表示第 j 个特征的权重。

也就是说, 一个测试问题的代表性等于其各个特征的偏差概率的加权平均。由于 $0 \leqslant p_{ij} \leqslant 1$, 所得到的代表性也有 $0 \leqslant R_i \leqslant 1$, 且越接近 1 表示该测试问题越有代表性, 反之越接近 0 则表示越没有代表性。我们把它归纳为如下的性质 (即命题 5.1)。

命题 5.1 一个测试问题的代表性取值在 $[0,1]$ 上, 越接近 1 则该测试问题越有代表性, 反之越接近 0 则越没有代表性。

更进一步, 一组测试问题的代表性可以用各个测试问题代表性的平均值来描述。

定义 5.5 假设一个测试问题集合有 k 个测试问题, 各个测试问题的代表性为 $R_i, i = 1, 2, \cdots, k$, 则这个测试问题集合的代表性为

$$R = \frac{1}{k} \sum_{i=1}^{k} R_i \tag{5.5}$$

类似地, 有如下的性质 (即命题 5.2)。

命题 5.2 一个测试问题集合的代表性取值在 $[0,1]$ 上, 越接近 1 则该测试问题集合越有代表性, 反之越接近 0 则越没有代表性。

通过以上两个阶段五个步骤, 就实现了对任何给定类型的测试问题 (集) 的代表性度量。这些计算的前提是获得特征矩阵 M, 方法的关键是偏离概率矩阵的计算。总之, 只要选定测试问题的类型, 收集到所有的或充分多的此类测试问题, 然后选择它们的重要特征, 就可以遵循以上方法框架来度量这些测试问题 (集) 的代表性了。5.3 节以单目标无约束或有界约束优化为例, 介绍如何完成具体的计算。

5.3 度量测试问题 (集) 的代表性: 单目标无约束条件下的实践

5.2 节介绍了三个不同层次的代表性问题, 指出了 III 型代表性问题是 I 型和 II 型代表性问题的一个可计算的近似, 并介绍了一种两阶段五步骤的计算方法, 用以实现对任意给定类型测试问题的代表性度量。本节依据这种计算方法, 以无约束单目标连续优化测试问题为对象, 进行代表性的度量分析。

由于无约束单目标连续优化算法是一切最优化算法的重要基础, 所以本节的内容不仅仅是 5.2 节方法的一个计算示例, 也是最优化算法的测试问题代表性研究的重要组成部分。本节的研究结果既可以推广到度量其他各种类型的测试问题, 也可以对无约束单目标连续优化算法的数值评估产生基础性的影响。

在介绍后续的具体计算步骤之前, 需要再次指出, 本节的无约束优化问题包含了简单的有界约束优化问题。

5.3.1 现有测试问题的特征矩阵

这一节介绍如何得到无约束单目标连续优化所有测试问题的特征矩阵, 即图 5.2 中第一阶段的三个步骤。首先介绍对测试问题的收集情况, 然后阐述这些测试问题最重要的特征描述, 最后报告得到的特征矩阵。

1) 步骤一: 测试问题的收集

根据定义 5.3, Ⅲ 型代表性问题要度量某个测试问题或测试问题集合在所有测试问题集合 $\mathbb{P}$ 中有多大的代表性。因此, 收集到充分多甚至所有可能的测试问题是首要任务。由于测试问题 (集) 是动态变化的, 很难保证一个不漏地收集到所有同类型的测试问题。所以, 根据文献 [102], 收集到充分多的测试问题也就有较强的说服力了。

本章的研究依赖于收集到的 1000 多个无约束单目标连续优化测试问题, 它们主要来自流行的测试问题集, 如 CEC 测试集[96,103-108], BBOB/COCO 测试集[97-98], Hedar 测试集[95], 以及文献 [109-116] 提供的测试问题。注意, 可变维数的测试问题其不同维度被视为是不同的测试问题。表 5.2 给出了这些测试问题的名称和维数信息。这些测试问题可以大致分为以下四种类型。

表 5.2　收集的测试问题的名称以及维度

名称	维度	名称	维度	名称	维度
Ackley	2, 5, 10, 20	Bohachevsky2	2	Continuous Inte-grand Family	2
Ackley2	2	Bohachevsky3	2		
Ackley3	2	Booth	2	Corana	4
Adjiman	2	Box-Betts	3	Corner Peak Inte-grand Family	2
Alpine1	2	Branin	2		
Alpine2	2	Branin2	2	Cosine Mixture	2, 4
Aluffi-Pentini	2	Brent	2	Cross	2
AMGM	2	Brown	2	Cross-in-Tray	2
B2	2	Bukin2	2	Cross-Leg-Table	2
BartelsConn	2	Bukin4	2	Crowned Cross	2
Beale	2	Bukin6	2	Csendes	2
BiggsExp2	2	Camel3	2	Cube	2
BiggsExp3	3	Camel6	2	Currin1988_1	2
BiggsExp4	4	CarromTable	2	Currin1988_2	2
BiggsExp5	5	Cheng2010	2	Currin1991	2D
BiggsExp6	6	Chichinadze	2	Dcs	4
Bird	2	Chung Reynolds	2	Deb1	2
Bratley1992	2	Cigar	2	Deb3	2
Bohachevsky1	2	Colville	4	Decanomial	2

名称	维度	名称	维度	名称	维度
Deckkers-Aarts	2	Friedman	2	Langerman	2
Deflected Corrugated Spring	2	Gaussian Peak Integrand Family	2	Leon	2
Dejong	3	Gear	4	Levy3	2, 5, 10, 20
Dejong4	2	G-function	2	Levy5	2
Dejong5	2	G-function	4	Levy8	3
Dette2010	8	G-function	20	Levy13	2
Dette2010 Curved	3	Giunta	2	Li1997	2
Dette2010 Exponential	3	Griewank	2, 5, 10, 20	Lim2002 Nonpolynomial	2
DeVilliers Glasser1	4	Gramacy2008	2	Lim2002 Polynomial	2
DeVilliers Glasser2	5	Gramacy2009	2	Linkletter2006 Decreasing Coefficients	10
Discontinuous Integrand Family	2	Gulf Research	3	Linkletter2006 Simple	10
Discus	2	Hansen	2		
Dolan	5	Hartmann3	3	Linkletter2006 Sinusoidal	10
Dixon-Price	2, 5, 10, 20	Hartmann4	4		
Dixon-Price		Hartmann6	6	Loeppky2013	10
Drop	2	Helical Valley	3	Matyas	2
Dutta	2	Himmelblau	2	McCormick	2
Easom	2	Holder Table	2	Michalewicz_m1	2, 5, 10
Egg Crate	2	Hosaki	2	Michalewicz_m10	2, 5, 10
Egg Holder	2	Hump	2	Michalewicz_m100	2, 5, 10
Eldred2007 Lognormal Ratio	2	HyperEllipsoid	30	Miele	4
		Inverted Consine-Wave	5	Mishra1	2
Ellipsoid	30	Ishigami	3	Mishra2	2
Exp2	2	Jennrich-Sampson	2	Mishra3	2
Exponential	2	Judge	2	Mishra4	2
Floudas	5	Katsuura	2	Mishra5	2
Franke	2	Keane	2	Mishra6	2
FreudensteinRoth	2	KoonF3	3, 30	Mishra7	2
		Kowalik	4		

名称	维度	名称	维度	名称	维度
Mishra8	2	Park1991_2　Lower Fidelity	4	Rosenbrock	2, 5, 10, 20
Mishra9	2	Parsopoulos	2	Rosenbrock Modified	2
Mishra10	2	Pathological	2	Rotated Ellipse1	2
Mishra11	2	Paviani	10	Rotated Ellipse2	2
Moon2010　High-dimension	20	Penalty1	2	Rotated HyperEllip-soid	2
Moon2010_C1 High-dimension	20	Penalty2	2		
		PenHolder	2	Salomon	2
Moon2010_C2 High-dimension	20	Periodic	2	Sargan	2
		Perm1	2, 4	Scaffer F6	2
Moon2010_C3 High-dimension	20	Perm2	2, 4	Schaffer1	2
		Pinter	2	Schaffer2	2
Moon2010　Low-dimension	3	Plateau	2	Schaffer3	2
		Powell	4, 12, 24, 48	Schaffer4	2
Morokoff1995_1	2	Powell2	4	Schmidt	3
Morokoff1995_2	2	PowellSum	2	Schumer	2
Morris2006	30	PowerSum	4	Schwefel1	2
MultiGaussian	2	Price1	2	Schwefel2	2
Multimodal	2	Price2	2	Schwefel4	2
NeedleEye	2	Price3	2	Schwefel6	2
Neumaier2	4	Price4	2	Schwefel20	2
Neumaier3	10, 15, 20, 25, 30	Product Peak Inte-grand Family	2	Schwefel21	2
				Schwefel22	2
NewFun1	2	Qing	2	Schwefel23	2
NewFun2	2	Quadratic	2	Schwefel26	2, 5, 10, 20
Oakley2002	2	Quartic	2		
OddSquare	2, 10	Quintic	2, 4, 30	Schwefel36	2
Oscillatory Inte-grand Family	2	Rana	2	Shekel5	4
		Rastrigin	2, 5, 10, 20	Shekel7	4
Park1991_1	4			Shekel10	4
Park1991_1　Lower Fidelity	4	Ripple1	2	Shubert1	2
		Ripple25	2	Shubert2	2
Park1991_2	4	Roos1963	2	Shubert3	2

续表

名称	维度	名称	维度	名称	维度
Shubert4	2	Venter	2	CEC2005 (25 个测试	10, 30, 50
SineEnvelope	2	Sobiezcczanski-		问题)	
Sobol1999	2	Sobieski		CEC2013 (28 个测试	10,30,50
Sodp	2	Vincent	2	问题)	
Sphere	2, 5, 10, 20	Wavy	2	CEC2014 (30 个测试	10,30, 50,100
		Wayburn Seader1	2	问题)	
Step	2	Wayburn Seader2	2	CEC2015 (15 个测试	10, 30,
Step2	2	Wayburn Seader3	2	问题)	50, 100
Step3	2	Welch1992	20	CEC2016 (15 个测试	10, 30
Stochastic	2	Weierstrass	2	问题)	
StrechedV	2	Whitley	2	CEC2017 (29 个测试	10, 30,
StyblinskiTang	2	Williams2006	3	问题)	50, 100
SumSquare	2, 5, 10, 20	Wolfe	3	CEC2019 f1	9
		Wood	4	CEC2019 f2	16
Testtube Holder	2	Xin-sheyang1	2	CEC2019 f3	18
Trecanni	2	Xin-sheyang2	2	CEC2019 f4	10
Trefethen	2	Xin-sheyang3	2	CEC2019 f5	10
Trid	6, 10	Xin-sheyang4	2	CEC2019 f6	10
Trigonometric1	2	XOR	9	CEC2019 f7	10
Trigonometric2	2	Yao-Liu7	2	CEC2019 f8	10
Tripod	2	Yao-Liu9	2	CEC2019 f9	10
Typical Multimodal	2	Zakharov	2, 5, 10, 20	CEC2019 f10	10
Ursem1	2			BBOB noiseless (24	2, 3, 5,
Ursem3	2	ZeroSum	2	个测试问题)	10, 20, 40
Ursem4	2	Zett1	2	BBOB noisy (30 个测	2, 3, 5,
Ursem4	2	Zhou1998	2,9	试问题)	10, 20, 40

- 基本问题: 基本测试问题指的是单个函数构成的测试问题, 如 Sphere 函数, Rastrigin 函数和 Rosenbrock 函数, 等等。对单个函数进行平移或旋转操作之后得到的新测试问题也可以看作是基本测试问题, 如 Shifted Sphere, Rotated Rastrigin 和 Shifted and Rotated Rosenbrock 等。利用基本测试问题, 可以组成更加复杂的测试问题。

- 混合问题: 混合测试问题的决策变量会被随机划分成几个组 (称为子组件)。每个子组件由不同的基本测试问题混合构成。该设计理念源自现实世界优化问题的启发, 对于一个完整的供应链问题, 其包括了供应商、制造商、分销商、零售商以及消费者五个主体, 不同主体之间的决策目标也不同。那么可以认为实际中的优化问题, 不同的子组件中决策变量的属性可能也不同。一个混合测试问题的例子, 如 10 维的 CEC2014 的第 18 号测试问题, 是由 3 个基本测试问题混合构成的, 分别是 Bent Cigar, HGBat 和 Rastrigin, 把 10 个决策变量按一定的比例随机分成三组, 每一组使用不同的基本测试问题生成, 最后形成混合测试问题。注意, 混合注重的是由多个部分组成整体的过程。

- 组合问题: 与混合测试问题不同的是, 组合问题是两个或两个以上的基本测试问题 (或混合测试问题) 以线性组合的形式构成的, 比如 CEC2014 的第 24 号测试问题, 其使用了三个测试问题, 给三个测试问题分配一定的比重, 进行线性组合。

- 其他测试问题: 这里是指 BBOB/COCO 测试集中的有噪声和无噪声测试问题。

2) 步骤二: 测试问题的特征选取

本节介绍文献 [102] 中采用的用于分析无约束单目标连续优化测试问题的特征。这些特征一共有 11 个, 包括 5 个数值特征和 6 个非数值特征。其中, 数值特征是一些定量特征, 从几何或代数的角度描述了测试问题的适应度地形 (fitness landscape) 特征[117]; 而非数值特征是一些定性特征, 通常只能取有限个值。

表 5.3 列出了这 11 个特征的名称及其所刻画的内涵。下面对各个特征详细描述, 先介绍外部特征和非数值特征, 然后介绍内部特征和数值特征。这里的外部特征是指这个测试问题 "长相如何", 具体来说是由哪些基本初等函数组成? 以何种形式构建? 而内部特征描述测试问题的 "内在性格和特质", 比如可分吗? 多峰吗? 崎岖吗? 对凸性的偏离程度如何? 搜索难度如何? 等等。

(1) 五种基本初等函数

要描述一个测试问题的特征, 首先要关心其外在的 "长相" 特征, 即由哪些函数以何种方式构建。由于所有测试问题都是初等函数, 因此理论上可以用 6 个基本初等函数 (含常数), 经过有限次四则运算和有限次复合构建出来。所以, 关注其函数表达式中是否有 5 个基本初等函数 (不含常数) 以及是否以复合形式出现是可以描述其大致的外部 "长相" 特征的[102]。

具体来说, 将每个基本初等函数都看作是一个特征, 于是有指数函数 (exponential function, EF), 幂函数 (power function, PF), 三角函数 (trigonometric function, TF), 反三角函

数 (inverse trigonometric function, ITF), 对数函数 (logarithmic function, LF) 五个特征。这五个特征都是非数值型特征, 只能取值 0, 1 或 2 含义分别如下:

表 5.3　5 个数值特征和 6 个非数值特征的概括描述

特征名称	刻画的性质	特征类型	内涵与取值
指数函数 幂函数 三角函数 反三角函数 对数函数	外部特征	非数值型	描述了该问题由哪些基本初等函数以何种方式组成。取值为 {0, 1, 2}: 0 表示该初等函数不存在; 1 表示该初等函数以非复合形式存在; 2 表示该初等函数以复合形式存在
可分性	可分性	非数值型	描述测试问题是否可分, 取值为 {0, 1, 2}: 2 表示完全可分; 1 表示部分可分; 0 表示不可分
分散度	多模性	数值型	取值可正可负; 负值表示测试问题比较近似单峰结构, 而正值则表示更接近多峰结构; 偏离 0 越大, 结构越明确
平均绝对梯度	陡峭性	数值型	取值正数; 值越高, 说明地形陡峭程度越厉害; 反之则越平坦
绝对梯度标准差	崎岖性	数值型	取值正数; 值越高, 说明地形的陡峭性变化越大, 即地形越崎岖; 反之值越低则地形越不崎岖
凸性偏离的信息地形	凸性	数值型	取值于 [0, 1]; 值越接近 0 表示凸性越好; 反之, 值越接近 1 则凸性越差
适应值距离相关系数	搜索难度	数值型	取值于 [−1,1]; 数值越接近 1, 说明测试问题的搜索难度较低; 反之则越高

- 0: 表示该基本初等函数没有出现在这个测试问题中;
- 1: 表示该基本初等函数存在于这个测试问题中, 但不是以复合的形式出现;
- 2: 表示该基本初等函数存在于这个测试问题中, 且以复合的形式出现。

通过对每个测试问题的 "长相" 特征进行统计, 从而可以用直观的数据描述测试问题的外在特点。为了便于理解, 下面提供了两个简单的例子。

例 5.1　Rastrigin 函数是一个具有很多波峰波谷的测试问题, 其数学表达式如下:

$$f_{\text{Rastrigin}}(\boldsymbol{x}) = 10D + \sum_{i=1}^{D}\left[x_i^2 - 10\cos\left(2\pi x_i\right)\right] \tag{5.6}$$

其中, D 是维度参数。从数学表达式可以发现, Rastrigin 函数是由幂函数 (取值为 1) 以及三角函数构成的, 值得注意的是, 三角函数是以复合的形式出现的, 取值为 2。指数函数、反三角函数以及对数函数没出现, 所以都取值为 0。因此, Rastrigin 函数的五个基本初等函数特征取值为 [指数函数 (EF), 幂函数 (PF), 三角函数 (TF), 反三角函数 (ITF), 对数函数 (LF)] = [0,1,2,0,0]。

例 5.2　Vincent 函数也是一个具有多峰结构的测试问题, 其数学表达式如下:

$$f_{\text{Vincent}}(\boldsymbol{x}) = -\sum_{i=1}^{D} \sin(10\log(x)) \tag{5.7}$$

其中, D 是维度参数。Vincent 函数的 "长相" 特征相对比较简单, 由幂函数 (取值为 1)、三角函数以及对数函数 (取值为 1) 构成。其中, 三角函数嵌套了一个对数函数 $10\log(x)$, 所以取值为 2。其他未出现的函数取值为 0。因此, Vincent 函数的五个基本初等函数特征取值为 [指数函数 (EF), 幂函数 (PF), 三角函数 (TF), 反三角函数 (ITF), 对数函数 (LF)] = [0,1,2,0,1]。

(2) 可分性

可分性 (separability, Sepr) 是测试问题的一个内部特征, 描述测试问题中变量与变量之间的关系是否有某种独立性。

定义 5.6　一般地, 如果一个 D 维测试问题可以写成 m 个函数之和, 其中 $2 \leqslant m < D$, 且这些函数的自变量没有交集, 则称该测试问题是部分可分的。进一步, 如果测试问题可以写成 D 个单变量函数之和的形式, 即 $m = D$,

$$F(x) = F_1(x_1) + \cdots + F_n(x_D), \quad x = (x_1, x_2, \cdots, x_D) \in \mathbb{R}^n \tag{5.8}$$

则称测试问题 $F(x)$ 是完全可分的。

可分性也是一个非数值特征, 只能取值 0, 1 或 2。取值为 0 时表示不可分; 取值为 1 时, 表示部分可分; 取值为 2 时表示完全可分。可分问题可以通过求解几个更低维的子问题来寻优, 通常比不可分问题更容易求解。

下面举 3 个关于可分性特征的例子, 以加深理解。

例 5.3　Sum Squares 测试问题的表达式为

$$f_{\text{Sum Squares}}(\boldsymbol{x}) = \sum_{i=1}^{D} i x_i^2 \tag{5.9}$$

其中, D 是维度参数。可以发现, 通过对 Sum Squares 测试问题进行展开, 就可以拆成 D 个单变量函数之和的形式。故 Sum Squares 函数是一个完全可分函数, 其可分性特征的值为 2。

例 5.4　5 维 Friedman 测试问题的表达式如下:

$$f_{\text{Friedman}}(\boldsymbol{x}) = 10\sin(\pi x_1 x_2) + 20(x_3 - 0.5)^2 + 10x_4 + 5x_5 \tag{5.10}$$

可以看到, 自变量 x_1 和 x_2 是相互影响无法分开的, 但是自变量 x_3、x_4 和 x_5 却是可分的。因此, Friedman 测试问题属于部分可分问题, 其可分性特征的值为 1。

例 5.5　Booth 测试问题是一个二维问题, 其表达式为

$$f_{\text{Booth}}(\boldsymbol{x}) = (x_1 + 2x_2 - 7)^2 + (2x_1 + x_2 - 5)^2 \tag{5.11}$$

显然, 在求解问题的最优解时, x_1 与 x_2 之间的关系是相互依赖的, 故 Booth 函数是一个完全不可分函数, 其可分性特征值为 0。

(3) 分散度: 多模性度量

分散度 (dispersion metric, DM) 是 Lunacek 和 Whitley 提出的作为分析适应度地形潜在多峰或多模结构的指标[118]。它试图通过计算大小相同的两组样本的平均距离之差, 来判别是否有潜在的多峰结构。这两组样本的一组是均匀分布的小样本, 另一组则是从一组均匀分布的大样本中选择适应值最好的少数几个。前者得到的平均距离可以看成是一个标准, 不随适应值而变化, 也即与测试问题无关; 而后者通过适应值与测试问题密切相关, 对于单峰函数, 其平均距离一般很小, 而对多峰函数, 其平均距离一般较大。通过这种比较, 就可以大致判断出测试问题是否具有潜在的多峰结构。

具体来说, 每个测试问题的分散度计算遵循以下步骤:

- 首先, 将搜索空间归一化成超立方体, 然后在超立方体中选取两组均匀分布的随机样本, 一组有 $100D$ 个点, D 为测试问题 (也即搜索空间) 的维数, 另一组只有 $5D$ 个点。
- 计算小随机样本每两个点之间的距离, 取其平均值, 记为 Disp'。
- 计算大随机样本每个点的适应值, 确定适应值最好的 $5D$ 个点, 并计算它们两两之间的距离, 取其平均值记为 Disp。
- 令 $\mathrm{DM} = \mathrm{Disp} - \mathrm{Disp}'$。
- 重复上述步骤 30 次, 计算 30 个 DM 的平均值, 即得到该测试问题的分散度。

按照前面的分析, 分散度 DM 比较低 (负值) 时, 测试问题很可能是单峰的, 或者多峰但是最高的几个波峰是相距比较近的。反之, 分散度 DM 比较高 (正值) 时, 通常表明该测试问题有潜在的多峰结构, 而且最高的几个波峰相距比较远。分散度偏离零越远, 上述结构特性就越明确。

例 5.6 以 Sphere、Griewank 以及 Holder Table 三个测试问题为例, 来说明分散度的计算及其效果。这三个问题的函数图像见图 5.3, 对应的分散度特征计算结果如表 5.4 所示。

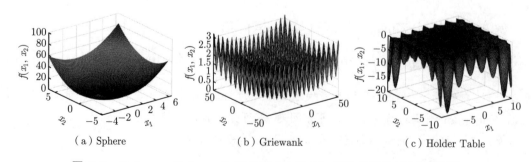

图 5.3　Sphere、Griewank 和 Holder Table 函数的图像 (见文后彩图)

表 5.4　三个测试问题的分散度特征 (独立测试 30 次的平均值)

测试问题	单/多峰	维度	小样本个数	大样本个数	Disp$'$	Disp	DM
Sphere	单峰	2	10	200	0.5196	0.1631	-0.3565
Griewank	多峰	2	10	200	0.5193	0.1680	-0.3513
Holder Table	多峰	2	10	200	0.5293	0.7060	0.1767

Sphere 是典型的单峰测试问题, 计算得到的 $\mathrm{DM}_{\mathrm{Sphere}}$ 比较低 (负值), 符合前面的分散度分析。Holder Table 是一个多峰测试问题, 从图 5.3 可以发现, 它的主要高峰分散在搜索空间的四个角落, 相隔的距离比较远。不出意外, Holder Table 函数的分散度值相对较高。

Griewank 函数的分散度结果比较有趣, 虽然它是一个多峰测试问题, 但是其分散度计算结果与 Sphere 函数非常类似。结合图 5.3, Griewank 函数的波峰波谷都不高, 可以看成是 "噪声", 因此在更粗的尺度上 Griewank 函数和 Sphere 函数是很类似的。这一点从它们的函数表达式 (5.12) 和式 (5.13) 可以看得更清楚。

$$f_{\mathrm{Sphere}}(\boldsymbol{x}) = \sum_{i=1}^{D} x_i^2, \tag{5.12}$$

$$f_{\mathrm{Griewank}}(\boldsymbol{x}) = \sum_{i=1}^{D} \frac{x_i^2}{4000} - \prod_{i=1}^{D} \cos\left(\frac{x_i}{\sqrt{i}}\right) + 1 \tag{5.13}$$

这一观察表明, 分散度 DM 具有 "抹平" 噪声, 发现测试问题宏观结构的能力。

上述案例表明, 分散度 DM 确实可以较好地度量测试问题的多峰结构, 特别是远距离多峰结构。同时, 分散度 DM 的这一效果是建立在宏观结构基础上的, 也即它对于噪声不敏感, 具有良好的鲁棒性。

(4) 平均梯度和标准差梯度: 陡峭性与崎岖性度量

函数的陡峭性与崎岖性都对算法寻优有显著影响。这两个几何性质都可以用函数的梯度信息来刻画。对于有界约束优化问题, 可以从超矩形搜索空间的某个顶点出发, 随机选择一些点, 并计算其梯度信息。为了让这些点具有更好的代表性, 文献 [102] 采用曼哈顿渐进随机游走 (Manhattan progressive random walk) 方式[119] 来选择点。计算流程描述如下:

- 随机选择超矩形搜索空间的一个顶点, 作为随机游走的起始位置, 记为 $x(0)$。
- 以给定的步长 s 进行曼哈顿渐进随机游走, 游走 T 步, 产生 T 个点。计算这些点处的适应值 $f(x(0)), f(x(1)), \cdots, f(x(T))$。
- 按下列公式计算每个点处的近似梯度:

$$g(t) = \frac{[f(x(t)) - f(x(t-1))]/(f^{\max} - f^{\min})}{s/\left(\sum_{i=1}^{D}(x_i^{\max} - x_i^{\min})\right)}, \quad t = 1, 2, \cdots, T \tag{5.14}$$

其中, $f^{\max}$ 和 $f^{\min}$ 分别是 f 的最大值和最小值; 参数 s 为步长; D 为问题的维度; $x_i^{\max}$ 和 $x_i^{\min}$ 是指第 i 维的搜索空间的边界。

- 计算梯度绝对值的平均值和标准差, 即得到陡峭性和崎岖性的度量:

$$G_{\text{avg}} = \frac{\sum\limits_{t=1}^{T} |g(t)|}{T} \tag{5.15}$$

$$G_{\text{dev}} = \sqrt{\frac{\sum\limits_{t=1}^{T} (|g(t)| - G_{\text{avg}})^2}{T}} \tag{5.16}$$

梯度绝对值的平均值 G_{avg} 描述了该函数的地形是否是陡峭的。G_{avg} 取值为正数, 值越大表明该函数地形越陡峭, 反之值越接近 0, 表明地形越平坦, 当 $G_{\text{avg}} = 0$ 时, 地形完全是平的。

梯度绝对值的标准差 G_{dev} 描述了梯度绝对值的波动程度, 对应着地形的崎岖性。G_{dev} 取值也是正数, 取值越大, 表明地形陡峭程度变化很大, 可以认为地形越崎岖; 反之取值越接近 0, 地形陡峭程度不变, 崎岖程度很小。

在具体计算中, 本书取 $T = 100D$, D 为测试问题的维数。同时, 为了尽量消除随机波动, 计算 30 次 G_{avg} 和 G_{dev} 的值, 取其平均值作为最后的陡峭性和崎岖性度量值。

例 5.7 以 Ackley3、Michalewicz 和 Zakharov 三个测试问题为例, 来说明 G_{avg} 和 G_{dev} 对函数陡峭性和崎岖性度量的效果。这三个测试问题的函数图像见图 5.4, 计算结果见表 5.5。

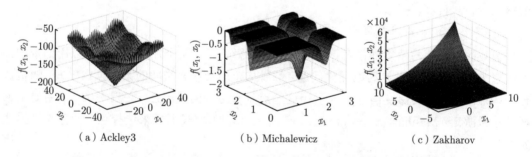

（a）Ackley3　　　　　（b）Michalewicz　　　　　（c）Zakharov

图 5.4　**Ackley3、Michalewicz 和 Zakharov 函数的图像** (见文后彩图)

表 5.5　三个测试问题的梯度特征 (独立测试 30 次的平均值)

测试问题	维度	抽样个数	G_{avg}	G_{dev}
Ackley3	2	200	34.2790	31.2755
Michalewicz_m10	2	200	6.7439	16.5230
Zakharov	2	200	11.4787	5.0050

从表 5.5 可以看到，Ackley3 函数的 G_{avg} 值比较大，其 G_{dev} 的值也比较大，根据前面的分析，该函数是陡峭爬升且过程崎岖不平的。图 5.4(a) 很好地印证了这一点。对于 Michalewicz 测试问题，表 5.5 的结果表明，其 G_{avg} 值较小但 G_{dev} 值稍大，因此它应该比较平坦但有些崎岖。这与图 5.4(b) 的大面积平坦但有些坑洼完全吻合。最后，表 5.5 中 Zakharov 测试问题的 G_{avg} 值较大但 G_{dev} 值小，表明它比较陡峭但不怎么会崎岖不平。图 5.4(c) 很好地支持了这一判断。

上述案例表明，分别用 G_{avg} 和 G_{dev} 来描述函数的陡峭性和崎岖性是很有效的。

(5) 信息地形: 凸性偏离度量

一个测试问题的寻优难度很大程度上取决于它对凸性的偏离程度，如果测试问题具有完美的凸性，则很多优化算法 (只要有一定的贪婪性) 都能高效地求解。反过来，如果测试问题高度非凸，则算法需要分出大量的计算成本来保持种群多样性，以避免落入局部陷阱。总之，对凸性的偏离程度是测试问题一个重要的特征。根据文献 [102]，可以采用信息地形来度量测试问题对凸性的偏离程度。

信息地形 (information landscape, IL) 这一概念由 Borenstein 于 2005 年引入到离散优化[120]，并被 Malan 推广到连续优化[121]。他们的初衷并不完全是用以度量对凸性的偏离，而是更一般地试图度量对某种标准性质的偏离。由于这种标准性质通常由如下的 Sphere 函数承担，

$$f(x) = \sum_{i=1}^{D} x_i^2 \tag{5.17}$$

而该函数具有完美的凸性，所以文献 [102] 将原始的信息地形推广到对凸性偏离的信息地形 (information landscape for convex deviation, ILcd) 度量。

具体来说，ILcd 通过与 Sphere 函数的完美凸性信息地形进行比较来发现测试问题的凸性偏离。为此，先定义一个函数的信息地形向量。

定义 5.7 一个函数的信息地形向量是以统计的方式对该函数的地形 (landscape) 进行认知的工具。假设在该函数的定义域内均匀抽样了一组大小为 m 的随机样本，其适应值分别为 $\{f_1, f_2, \cdots, f_m\}$，则该函数针对这一组随机样本的信息地形向量定义为

$$\boldsymbol{V}_{1 \times k} = (v_1, v_2, \cdots, v_k), \quad k = (m-1)m/2 \tag{5.18}$$

其中，$\boldsymbol{V}$ 的每个元素只能取值为 0, 0.5 或 1，取决于抽样得到的这 m 个点的适应值比较。若第一个点的适应值大于 (或等于或小于) 第二个点，则 v_1 取值为 0(或 0.5 或 1)；若第一个点的适应值大于 (或等于或小于) 第三个点，则 v_2 取值为 0(或 0.5 或 1)；$\cdots$，若倒数第二个点的适应值大于 (或等于或小于) 最后一个点，则 v_k 取值为 0(或 0.5 或 1)。

也就是说，将这 m 个点排序，每个点跟后面的所有点进行适应值比较，确定 $\boldsymbol{V}$ 的元素值为 0 或 0.5 或 1。有时候，会将这 m 个点中适应值最好那个点排除，剩余 $m-1$ 个点进行适应值比较，得到一个浓缩版的信息地形向量。这样做的理由是，适应值最好的点跟其他所有点比较，对应的元素只能取值为 0。

将 Sphere 函数按照定义 5.7 进行应用, 就可以得到 Sphere 函数的信息地形向量, 记为 $\boldsymbol{V}^{\text{opt}}$。将其他测试问题按照定义 5.7 进行应用, 就可以得到该问题的信息地形向量 $\boldsymbol{V}$。对凸性偏离的信息地形度量 ILcd 定义为 $\boldsymbol{V}$ 与 $\boldsymbol{V}^{\text{opt}}$ 平均绝对偏差。

定义 5.8 一个测试问题对凸性偏离的信息地形度量定义为

$$\text{ILcd} = \frac{1}{k} \sum_{i=1}^{k} \left| \boldsymbol{V}_i - \boldsymbol{V}_i^{\text{opt}} \right| \tag{5.19}$$

由于向量 $\boldsymbol{V}$ 与 $\boldsymbol{V}^{\text{opt}}$ 的每个元素只能取值为 0, 0.5 或 1, 显然 ILcd 取值在 [0,1] 之间。当 ILcd 等于 0 时, 表明该测试问题的信息地形与 Sphere 函数完全一样, 因此有理由相信该问题具有良好的凸性。反之, 当 ILcd 接近 1 时, 表明该测试问题的信息地形向量与 Sphere 函数相差甚远。总之, ILcd 越接近 0, 测试问题凸性越好, 反之越接近 1, 凸性越差。

在具体计算中, 本书取 $m = 100D$ 个点, D 为测试问题的维数。同时, 为了尽量消除随机波动, 计算 30 次 ILcd 值, 取其平均值作为最后的 ILcd 度量。

例 5.8 以 Shubert1 测试问题为例, 只采用少数几个点来说明 ILcd 值的计算流程。

首先, 需要在 Shubert1 测试问题的定义域 $[-10, 10]$ 内均匀抽样一组随机样本, 假设抽取 5 个随机样本。计算随机样本的适应值 F 以及 F^{opt}, 其中 F 表示在 Shubert1 测试问题中随机样本的适应值, 而 F^{opt} 是 Sphere 函数平移直到其最优值与 Shubert1 测试问题的最优值一致时所计算得到的适应值, 以便后续的凸性偏离的信息地形度量。

适应值计算结果如表 5.6 所示。可以发现, 两个测试问题的最优值都是落在样本点 2 上。依据适应值, 就可以构建该组随机样本的信息地形向量, 根据上述分析, 将每个样本点与后面的所有样本点进行适应值比较, 从而确定信息地形向量的元素值。表 5.7 和表 5.8 给出了信息地形向量的元素值。分别去掉 5 个样本点中最好的样本点 (样本点 2) 的行和列, 就得到了浓缩版的信息地形向量 $\boldsymbol{V} = [0,1,1,1,1,1]$ 以及 $\boldsymbol{V}^{\text{opt}} = [1,1,1,1,0,0]$。

根据定义 5.8, 计算 Shubert1 测试问题对凸性偏离的信息地形度量。ILcd 的值为 0.5, 说明 Shubert1 测试问题不具有良好的凸性。

表 5.6　Shubert1 测试问题的定义域内均匀抽样一组大小为 5 的随机样本

	样本 1	样本 2	样本 3	样本 4	样本 5
F	−0.8460	**−46.4988**	−10.8952	4.5499	6.9868
F^{opt}	15.3860	**0**	313.9131	325.8372	296.2405

表 5.7　Shubert1 测试问题的信息地形向量

	样本 2	样本 3	样本 4	样本 5
样本 1	0	0	1	1
样本 2		1	1	1
样本 3			1	1
样本 4				1

表 5.8　Sphere 测试问题的信息地形向量

	样本 2	样本 3	样本 4	样本 5
样本 1	0	1	1	1
样本 2		1	1	1
样本 3			1	0
样本 4				0

例 5.8 只是一个计算示例, 下面的例子 (即例 5.9) 给出了 Shubert1 函数以及其他另外两个函数的 ILcd 特征值。

例 5.9　以 Shubert1、Cosine Mixture 和 Hosaki 三个测试问题为例, 来说明 ILcd 对函数凸性偏离度量的效果。这三个测试问题的函数图像见图 5.5, 计算结果见表 5.9。

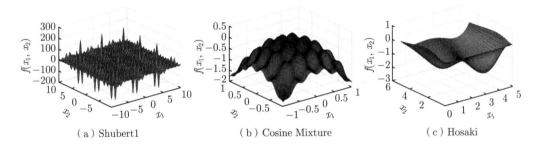

（a）Shubert1　　　（b）Cosine Mixture　　　（c）Hosaki

图 5.5　**Shubert1、Cosine Mixture 和 Hosaki 函数的图像** (见文后彩图)

表 5.9　三个测试问题的 ILcd 特征 (独立测试 30 次的平均值)

测试问题	维度	抽样个数	ILcd
Shubert1	2	200	0.4973
Cosine Mixture	2	200	0.5527
Hosaki	2	200	0.2363

从表 5.9 可以看到, Shubert1 以及 Cosine Mixture 的 ILcd 值较大, 而 Hosaki 测试问题的 ILcd 值较小。根据前面的分析, 说明 Shubert1 以及 Cosine Mixture 这两个测试问题的信息地形与 Sphere 相差较大, 而 Hosaki 函数的信息地形和 Sphere 相对比较接近。图 5.5 印证了上述判断, Shubert1 以及 Cosine Mixture 的函数图像与 Sphere 相距甚远, 而 Hosaki 函数的图形和 Sphere 相似度较高。这些结果说明了用 ILcd 特征来描述对凸性的偏离是有效的。

(6) 适应值距离相关系数: 搜索难度的度量

适应值距离相关系数 (fitness distance correlation, FDC) 由 Jones 和 Forrest 在 1995 年首次提出[122], 主要通过衡量当前解的适应度值和到目前最佳解的距离之间的关系, 来判断离散优化中适应度地形的搜索难度。对于一个最小化问题, 适应值距离相关系数越高, 意味着随着距离的缩短, 适应值也越小, 且这种关系几乎呈线性关系, 可以认为搜索难度比较低。但是, 适应值距离相关性需要使用汉明距离 (Hamming distance) 作为衡量的基础, 并且测试问题的全局最优解要求是已知的。

针对连续优化问题, Malan 在 2014 年提出了一个改进版的 FDC (fitness distance correlation searchability, FDCs), 以衡量全局最优解未知的情况下的可搜索性[121]。考虑一组服从均匀分布的随机样本 $\{x_1, x_2, \cdots, x_m\}$, 其适应值分别记为 $\{f_1, f_2, \cdots, f_m\}$, 其中适应值最小的点记为 x^*。首先计算每个样本 x_i 与 x^* 之间的欧式距离, 得到距离向量 $\{E_1, E_2, \cdots, E_m\}$, 然后 FDCs 就可定义为适应值向量和距离向量的相关系数, 即

$$\text{FDCs} = \frac{\sum_{i=1}^{m}\left(f_i - \bar{f}\right)\left(E_i - \overline{E}\right)}{\sqrt{\sum_{i=1}^{m}\left(f_i - \bar{f}\right)^2}\sqrt{\sum_{i=1}^{m}\left(E_i - \overline{E}\right)^2}} \tag{5.20}$$

其中, $\bar{f}$ 和 $\overline{E}$ 分别是适应值向量和距离向量的平均值。根据相关系数的性质, $\text{FDCs} \in [-1, 1]$。FDCs 越接近 1, 意味着与当前最优解临近的点, 其适应值也几乎线性减少, 从而测试问题易于搜索。

在实际度量中, 本书抽样 $m = 100D$ 个点, 其中 D 为问题维数。进一步, 为尽可能消除随机波动, 独立抽样 30 次, 计算 30 个 FDCs 的平均值作为最后的度量值。

例 5.10 以 Easom、Brent 和 Cross-Leg-Table 三个测试问题为例, 来说明适应值距离相关系数 FDCs 这个特征的效果。它们的函数表达式见式 (5.21)、式 (5.22) 和式 (5.23), 函数图像见图 5.6, 特征值计算结果见表 5.10。

$$f_{\text{Easom}}(\boldsymbol{x}) = -\cos(x_1)\cos(x_2)\exp\left(-(x_1 - \pi)^2 - (x_2 - \pi)^2\right) \tag{5.21}$$

$$f_{\text{Brent}}(\boldsymbol{x}) = (x_1 + 10)^2 + (x_2 + 10)^2 + e^{(-x_1^2 - x_2^2)} \tag{5.22}$$

$$f_{\text{Cross-Leg-Table}}(\boldsymbol{x}) = -\frac{1}{|e^{|100 - \frac{\sqrt{x_1^2 + x_2^2}}{\pi}|}\sin(x_1)\sin(x_2)|^{0.5}} \tag{5.23}$$

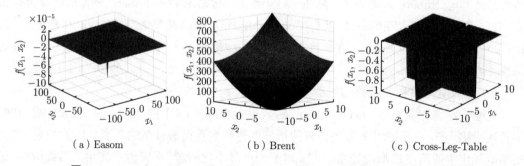

（a）Easom　　　（b）Brent　　　（c）Cross-Leg-Table

图 5.6　**Easom、Brent 和 Cross-Leg-Table 函数的图像** (见文后彩图)

表 5.10　三个测试问题的适应值距离相关系数 (独立测试 30 次的平均值)

测试问题	维度	抽样个数	FDCs	搜索难度
Easom	2	200	0.0132	较难
Brent	2	200	0.9733	容易
Cross-Leg-Table	2	200	-0.1036	较难

从图 5.6 可以发现, 测试问题 Easom 和 Cross-Leg-Table 的地貌有相似之处, 都有一大片平坦的地形, 前者的最优值在一个狭小的圆形区域内, 而后者的最优值在两条狭窄的沟带内, 要想找到最优值都比较困难。测试问题 Brent 则不同, 它是一个单峰测试问题, 而且 "外貌" 长的类似于测试问题 Sphere, 应该是一个易于搜索寻优的测试问题。

表 5.10 中的计算结果支持了上述判断, 可以看到, 测试问题 Easom 和 Cross-Leg-Table 的适应值距离相关系数都接近 0, 而测试问题 Brent 的 FDCs 值接近 1。另一个有趣的现象是, Easom 的 FDCs 值是正数, 而 Cross-Leg-Table 的 FDCs 值却是个负数。这表明多个最优区域似乎有拉低适应值距离相关系数的功效。

3) 步骤三: 现有测试问题的特征矩阵

前两个步骤收集了 1142 个单目标无约束连续优化的测试问题, 并选择了 11 个特征来描述这些问题的外在和内在特征。对每个测试问题, 这些特征用数据表示后就成为一个反映该问题的 "特征向量", 于是可以用一个 1142×11 的特征矩阵 M 来描述所有测试问题在 11 个特征上的表现。这个特征矩阵就成了后续代表性度量的基础, 下面对该矩阵做简要的描述性统计分析。

首先分析 6 个非数值特征, 图 5.7 给出了它们的柱形分布图。从图中可以发现, 现有的测试问题中, 不可分问题占绝大多数, 比例高达 78.37%。剩余 21.63% 的测试问题中, 完全可分的问题占比 18.56%, 部分可分的问题占比 3.06%。

对于这些测试问题的外部特征, 图 5.7 揭示了以下两个有趣现象。

- 五个基本初等函数的受欢迎程度从高到低分别是: 幂函数、三角函数、指数函数、对数函数、反三角函数。幂函数最受欢迎, 出现在了每一个测试问题中, 而反三角函数最不受欢迎, 几乎没有出现在任何一个测试问题中。

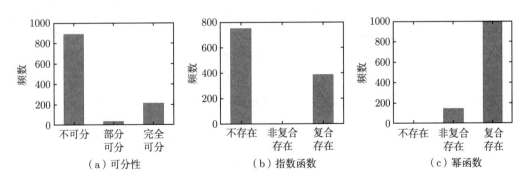

图 5.7　1142 个测试问题在 6 个非数值特征上的数据分布

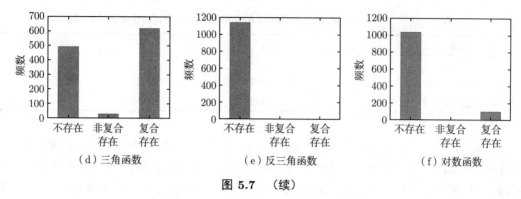

图 5.7　（续）

- 这些基本初等函数通常是以复合的形式出现在测试问题中, 只有在少数测试问题中, 存在简单的 (非复合的) 基本初等函数, 且几乎只限于幂函数和三角函数。

然后分析其他五个数值特征。图 5.8 给出了分散度 (DM)、平均绝对梯度 (G_{avg}) 和绝对梯度标准差 (G_{dev}) 的分析结果, 包含结果直方图和不同维数上的散点分布图。类似地, 图 5.9 给出了凸性偏离的信息地形 (ILcd) 和适应值距离相关系数 (FDCs) 的分析结果。

从图 5.8(a)~(b) 可以看到, 现有测试问题的分散度特征多数是负数, 只有约 5% 的分散度是正数。这表明多数测试问题要么是单峰的, 要么是多峰但最高的几个峰相距较近, 此时最高峰通常在搜索空间的中部。另外 5% 的测试问题则有非常显著的多峰结构, 而且最高的几个峰相距较远。从算法寻优的角度来看, 后一部分测试问题要找到真正的最优解 (最高峰) 相对更困难; 而多数其他测试问题的分散度相对较低, 一般更容易找到全局最优解。从图 5.8 (b) 还可以发现, 现有测试问题的分散度并没有随着维度的升高有明显变化, 各个维度的分散度分布大致相同。这可能主要归功于分散度要减去标准值 Disp′, 使其不怎么受搜索空间维度的影响。

从图 5.8(c) 可以看到, 平均绝对梯度的频数分布下降很快, 说明多数测试问题的平均绝对梯度比较低, 这意味着这些测试问题的地形大多数相对并不陡峭。从图 5.8(d) 可以发现, 平均绝对梯度的最大值随着维数的增加呈线性增长, 在 50 维达到峰值, 在 100 维却显著下降。然而, 仔细观察图 5.8(d) 可以发现, 每一维度颜色最深部分的高度相似, 说明在各个维度上的多数测试问题, 其陡峭程度差别不大。

从图 5.8(e)~(f) 可以发现, 绝对梯度标准差与平均绝对梯度这两个特征有类似的分布规律。一方面, 多数测试问题的绝对梯度标准差比较低, 它们的地形并不很崎岖。另一方面, 从图 5.8(f) 可以发现, 绝对梯度标准差的最大值随着维数的增加呈线性增长, 在 40 维达到峰值, 在 100 维出现显著下降。然而, 仔细观察图 5.8(f) 可以发现, 每一维度颜色最深部分的高度也大致相似, 说明在各个维度上的多数测试问题, 其崎岖程度差别不大。

从图 5.9(a) 可以发现, 只有小部分的 ILcd 值小于 0.05, 绝大多数值分布在 [0.05, 0.5] 范围内。这表明几乎所有测试问题都是非凸的, 这与实际情况相符。观察图 5.9(b) 可以看到, 低维测试问题的凸性偏离明显比高维问题更宽, 比如 20 维及以上的测试问题, 其凸性偏离程度都在 [0.2, 0.5] 之间, 而 10 维以下的测试问题, 其凸性偏离程度都在 [0, 0.6] 之间。这表明凸性良好和高度非凸的测试问题更多地出现在低维问题中。

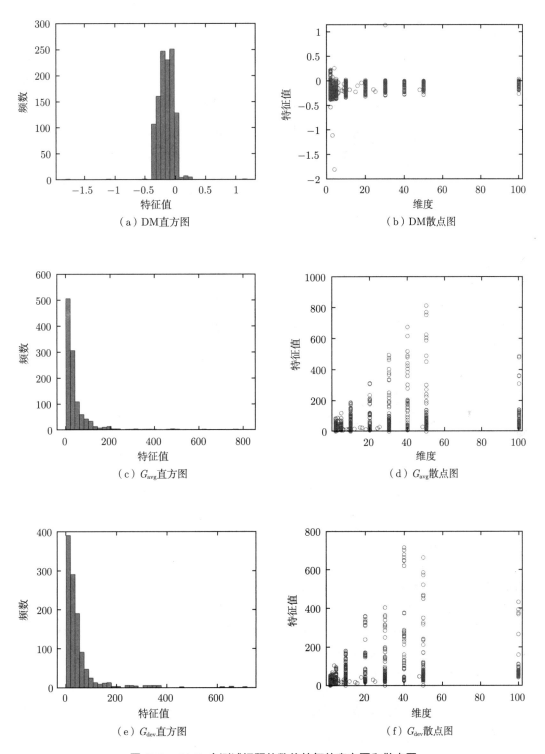

（a）DM直方图　　　　　　　　　　（b）DM散点图

（c）G_{avg}直方图　　　　　　　　（d）G_{avg}散点图

（e）G_{dev}直方图　　　　　　　　（f）G_{dev}散点图

图 5.8　1142 个测试问题的数值特征的直方图和散点图

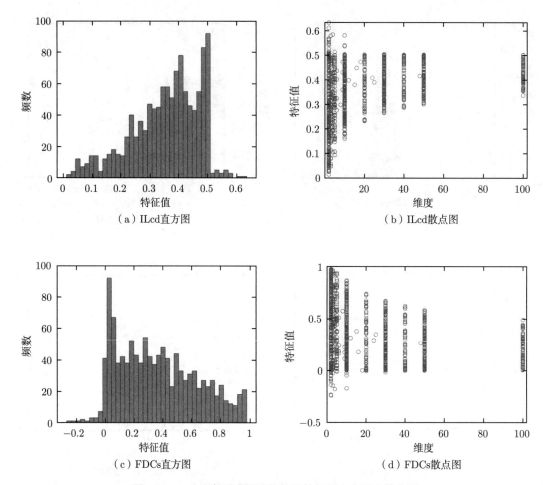

图 5.9　1142 个测试问题的数值特征的直方图和散点图

图 5.9(c) 揭示了适应值距离相关系数 (FDCs) 的分布情况。虽然 FDCs 在 [−1,1] 上都可以取值, 但是现有测试问题的 FDCs 却很少出现负数。而且, 在 [0,1] 范围内, FDCs 的最大频数呈线性递减趋势, 只有 353 (30.91%) 的测试问题的 FDCs 值在 0.5 以上。这表明, 现有测试问题的搜索难度都较大, 只有 30% 左右的测试问题相对来说搜索难度低一些。观察图 5.9 (d), 可以看到 FDCs 的最大值随着维数的增加而下降, 这支持了高维问题比低维问题更难寻优的常识, 也反过来论证了用 FDCs 值来度量测试问题的搜索难度是有价值的。同时, 注意到 FDCs 值为负数的情况只出现在极少数的低维问题中, 这也表明低维问题并不总是比高维问题更容易寻优。

5.3.2　测试问题 (集) 的代表性计算

在获得现有测试问题的特征矩阵后, 就可以对测试问题 (集) 进行 Ⅲ 型代表性分析了。本节对应图 5.2 的阶段二, 包括步骤四和步骤五。

1) 步骤四: 现有测试问题的偏差概率矩阵

根据 5.3.1 节的方法介绍, 在获得了特征矩阵 M 后, 就可以通过式 (5.1)、式 (5.2) 和

式 (5.3) 计算出偏差概率矩阵 $\boldsymbol{P}$。这是一个 1142×11 的矩阵，每一行对应着一个测试问题，每一列对应着一个特征的偏差概率。具体来说，第 i 个测试问题在第 j 个特征上的偏差概率记为 p_{ij}，表示这个测试问题的该项特征在所有测试问题的该项特征中的偏离程度，并以概率值表示出来，越大表示代表性越好，反之概率值越小表示代表性越差。

下面给出偏差概率矩阵的描述性统计。首先分析 6 个非数值特征。由于非数值特征的取值是离散的，且所有可能的取值很少，其概率分布表如表 5.11 所示。由于非数值特征的偏离概率就是其频率，因此这个概率分布表与图 5.7 所示的结果类似。这些偏差概率的均值和标准差由表 5.12 给出。

表 5.11　　6 个非数值特征的偏差概率值

类别	可分性	指数函数	幂函数	三角函数	反三角函数	对数函数
完全不可分	**0.7837**	—	—	—	—	—
部分可分	0.0306	—	—	—	—	—
完全可分	0.1856	—	—	—	—	—
不存在	—	**0.6611**	0.0000	0.4317	**0.9991**	**0.9107**
非复合存在	—	0.0000	0.1270	0.0263	0.0000	0.0009
复合存在	—	0.3389	**0.8730**	**0.5420**	0.0009	0.0884

表 5.12　　11 个特征偏差概率值的均值和标准差

非数值特征	可分性	指数函数	幂函数	三角函数	反三角函数	对数函数
平均值	0.6496	0.5519	0.7783	0.4809	0.9983	0.8372
标准差	0.2566	0.1526	0.2485	0.0922	0.0295	0.2349
数值特征	DM	FDCs	ILcd	G_{avg}	G_{dev}	
平均值	0.5174	0.4614	0.4909	0.6858	0.6916	
标准差	0.2552	0.2777	0.2818	0.2041	0.2185	

然后分析 5 个数值型特征的偏差概率。图 5.10 给出了它们的直方图，其均值和标准差见表 5.12。从图 5.10 中可以看出，分散度的偏差概率值分布比较均匀，而平均绝对梯度和绝对梯度标准差的偏差概率直方图则是整体向右倾斜，只有少部分测试问题的偏差概率值较低。对于凸性偏离程度和适应值距离相关系数，二者的偏差概率分布有点类似，都是 0.2 附近的频数最大，其他部分相对均匀。总体上，绝大多数测试问题在平均绝对梯度和绝对梯度标准差上的代表性非常好，只有极少数测试问题的代表性差；另外，在其他三个特征上，各个测试问题的代表性大致比较平均，只有约一半测试问题的代表性超过 0.5。这一观察与表 5.12 中的平均值结果吻合。

从表 5.12 中还可以发现，反三角函数特征的平均最高，因为几乎所有测试问题都没有采用反三角函数；其他取值更多样的特征，代表性都更低。此外，非数值特征的偏差概率平均通常高于数值特征。这是因为非数值特征取值只有少数几个，而数值特征取值多很多。这大致符合"多样性降低代表性"的常识。

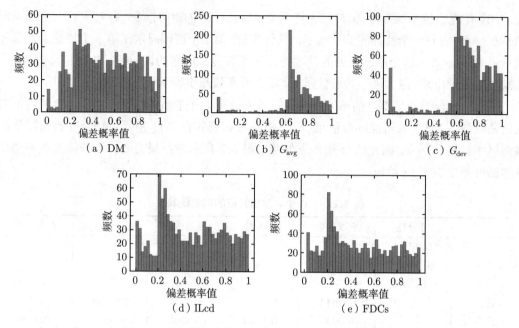

图 5.10　测试问题在 5 个数值特征上的偏差概率值

2) 步骤五: 代表性计算

(1) 单个测试问题的代表性

根据 5.2 节介绍的 Ⅲ 型代表性问题的研究方法, 单个测试问题的代表性定义为所有特征的偏差概率值的加权平均。具体来说, 对于第 i 个测试问题, 其代表性定义为

$$R_i = \frac{\sum_{j=1}^{11} w_j p_{ij}}{\sum_{j=1}^{11} w_j}, \quad i = 1, 2, \cdots, 1142 \tag{5.24}$$

根据文献 [102], 权重向量取为 $\boldsymbol{w} = [0.2, 0.2, 0.2, 0.2, 0.2, 1, 1, 1, 1, 1, 1]$, 即 5 个基本初等函数的权重之和为 1, 其余权重都设为 1。这样做的理由是, 这五个特征是一个整体, 它们共同组成了测试问题的外在 "长相" 特征。

计算出所有测试问题的代表性后, 可得到如图 5.11 所示的散点图。可以发现, 每个维度上测试问题的代表性基本都在 [0.3, 0.9] 之间, 且分布比较均匀。我们把它总结为如下的结论。

命题 5.3　现有单目标无约束连续优化测试问题的代表性基本都在 [0.3, 0.9] 上, 且各个维度测试问题的代表性也大致均匀分布在 [0.3, 0.9] 上。

(2) 常见测试问题集的代表性

知道了单个测试问题的代表性, 可以进一步地评估一个测试问题集的代表性。本小节主要关注 Hedar, CEC 和 BBOB 等测试集合的代表性, 但其研究方法完全可以推广到任何给定的测试问题集合。首先给出测试问题集合的代表性定义[102]。

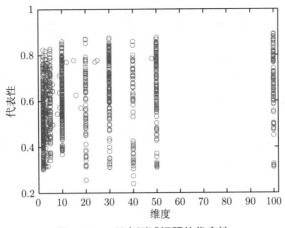

图 5.11　所有测试问题的代表性

定义 5.9　一个测试问题集的代表性等于其所包含的所有测试问题代表性的平均值。

根据定义 5.9 可以计算测试问题集合的代表性了, 表 5.13 给出了计算结果。其中, R_D 表示 D 维测试问题的代表性, R_{total} 表示整个测试问题集的代表性。从表 5.13 可知, CEC 测试集、BBOB 测试集和 Hedar 测试集的代表性都在 0.5 以上, 代表性较好。CEC 系列测试问题集合的代表性在 0.59~0.75, 最高的是 CEC2017, 其代表性达到了 0.7104。两个 BBOB 测试集的代表性总体低于 CEC 测试问题集合。结合命题 5.3, 虽然单个测试问题的代表性大致在 [0.3, 0.9] 上, 但常用的测试问题集合的代表性在 [0.55, 0.75] 上。我们把它总结为下面的命题。

命题 5.4　在单目标无约束连续优化领域, 现有常用的测试问题集合的代表性在 [0.55, 0.75] 之间。

最后, 如果将这些测试问题的代表性从大到小排序, 并取前 5% 的测试问题组成新的测试问题集, 那么这个集合的代表性达到了 0.8475。为便于讨论, 本书称这个测试集为 5% 高代表性测试问题集, 简称 HR 测试集 (high representativeness test suite), 5.3.3 节将详细介绍该测试集合。

(3) 测试问题的代表性聚类

本小节用聚类的方法, 来尝试探索测试问题的代表性与 11 个特征以及维数之间的关系。首先, 将对 1142 个测试问题的 11 个特征以及维度信息进行归一化处理。然后, 使用 k-means 算法进行聚类。经过多次聚类实验, 最终确定聚成 7 类。下面对聚类结果做简要分析。

表 5.14 给出了聚类结果中每一类的代表性统计, 包括代表性的平均值、标准差和范围以及包含的测试问题数量。结果表明, 类别 1 和类别 2 的代表性的均值都在 0.7 以上, 且它们的代表性的标准差均很低。其他 5 个类别的均值在 0.47~0.62, 标准差也更高。这些结果意味着, 高代表性测试问题存在着更多的相似性, 而低代表性测试问题则各有特点, 相似性更弱。我们把它总结为下面的命题。

表 5.13   Hedar, CEC 和 BBOB 测试问题集的代表性

	CEC2005	CEC2013	CEC2014	CEC2015	CEC2016	CEC2017
R_10	0.6449	0.6106	0.6338	0.6654	0.6113	0.6715
R_30	0.6521	**0.6322**	0.6573	**0.6970**	**0.6352**	0.7285
R_50	**0.6586**	0.6091	**0.6821**	0.6853	—	**0.7321**
R_100	—	—	0.6749	0.6700	—	0.7097
R_{total}	0.6519	0.6173	0.6620	0.6794	0.6233	0.7104
	CEC2019	CEC2020	BBOB2009 (noiseless)	BBOB2009 (noisy)	Hedar	HR 测试集
R_2	—	—	0.5613	0.5886	—	—
R_3	—	—	0.5559	0.6137	—	—
R_5	—	—	0.5857	**0.6211**	—	—
R_10	—	0.6288	0.6224	0.5718	—	—
R_20	—	—	0.6668	0.5190	—	—
R_40	—	—	**0.6741**	0.4765	—	—
R_{total}	0.5932	0.6471	0.6121	0.5651	0.5562	**0.8475**

命题 5.5   在现有的单目标无约束连续优化测试问题中, 高代表性的测试问题有更多的相似性; 而低代表性的测试问题相似性更弱。

结合命题 5.4 和类别 1 与类别 2 的代表性均值可知, 这两个类别的代表性超过了常用的测试问题集合。这激励我们去发现高代表性的秘密, 从而构建出更高代表性的测试问题。当然, 一个最简单有效的办法就是, 取现有测试问题中代表性最高的测试问题组成一个新的集合。5.3.3 节将详细探讨这个话题。

表 5.14   对 1142 个测试问题的代表性进行 k-means 聚类的结果

类别	类别 1	类别 2	类别 3	类别 4	类别 5	类别 6	类别 7
测试问题个数	253	258	121	262	132	96	120
代表性平均值	**0.7514**	0.7258	0.5154	0.5291	0.4764	0.6258	0.5058
代表性标准差	0.0676	0.0714	0.1249	0.0935	0.1180	0.1204	0.0977
代表性范围	**0.5320~ 0.8918**	0.5244 ~ 0.8695	0.2399 ~ 0.7883	0.3159 ~ 0.6935	0.3030 ~ 0.7528	0.3051 ~ 0.8594	0.3049 ~ 0.6452

对于 Hedar, CEC 和 BBOB 等测试问题集, 图 5.12 提供了可视化的聚类图以便于分析。其中, 椭圆形色块表示代表性, 色块面积越大, 代表性越大, 反之同理; 色块不同颜色代表聚类得到的不同类别。从聚类图 5.12 可知, CEC2005, CEC2014, CEC2015, CEC2017 和 CEC2020 具有较高的代表性, 且这些测试集所包含的问题主要集中在类别 1 和类别 2。至于 Hedar, CEC2013, CEC2016, CEC2019 和两个 BBOB2009 测试集, 它们包含了不同类

别的测试问题, 这些测试问题的代表性有高有低, 所以总体的代表性不会太低也不会太高, 处于中上范围。

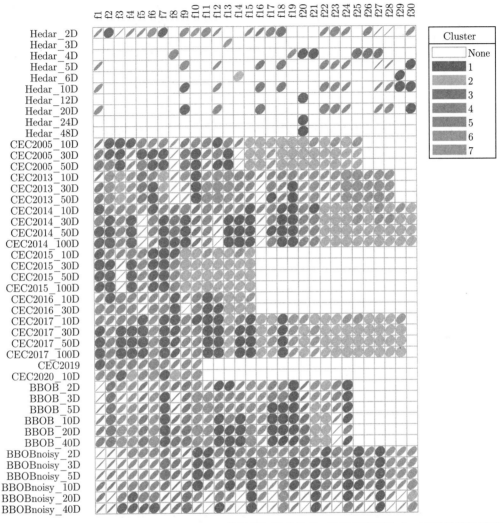

图 5.12　常用测试问题集的聚类结果示意图, 横轴是问题的编号, 纵轴是问题集合。不同的颜色表示不同的类别, 白色表示该测试问题不存在。每个测试问题的代表性用一个椭圆形色块表示, 色块面积越大, 代表性越高。反之, 越小的色块说明代表性越低 (见文后彩图)

在实际的数值实验中, 为了验证算法的不同特性, 可能不会只测同一类别的测试问题。相反, 那些包含各种各样的问题实例的测试集更受研究人员的青睐。从图 5.12 可以看到, CEC 系列测试集合、BBOB 和 Hedar 测试集合基本上包含了 4 种类别及以上的问题, 这是它们广受欢迎的一个原因。当然, 包含多种类别测试问题的一个后果就是它们的代表性不会太高 (当然也不会太低), 这也说明了命题 5.4 的代表性范围显著小于命题 5.3 的代表性范围。

5.3.3　前 5% 高代表性测试问题集合

前面分析表明, 现有常用测试问题集合通常都包含了表 5.14 中的多个类别, 这使得它们具有类别上的广泛性, 却使得它们的代表性下降。为了探索高代表性问题的特性, 本节将现有 1142 个测试问题中, 代表性排在前 5% 的测试问题提取出来, 构建了一个高代表性测试问题集合, 即 HR 测试集。这个集合一共有 $\lfloor 1142 \times 5\% \rfloor \approx 57$ 个测试问题, 这里取奇数个的理由是遵循文献 [92] 的建议, 以降低循环排序悖论的发生概率。

1) 高代表性问题的一些特征

通过观察发现, 这 57 个测试问题有以下共性:

- 全为不可分问题。大部分高代表性测试问题由复合幂函数和复合三角函数构成。
- 全出自 CEC 和 BBOB 测试集。
- 多数都是通过对 Bent Cigar, Rastrigin, Griewank 以及 Rosenbrock 四个问题的平移、旋转、混合或组合等方式构建得到。

上面提到的四个测试问题, 对于构建高代表性测试问题有比较重要影响。图 5.13 给出了它们的 3 维示意图, 它们的函数表达式见式 (5.25)～ 式 (5.28)。

$$f_{\text{Bent Cigar}}(\boldsymbol{x}) = x_1^2 + 10^6 \sum_{i=2}^{D} x_i^2 \tag{5.25}$$

$$f_{\text{Rastrigin}}(\boldsymbol{x}) = 10D + \sum_{i=1}^{D} \left[x_i^2 - 10 \cos\left(2\pi x_i\right) \right], \tag{5.26}$$

$$f_{\text{Griewank}}(\boldsymbol{x}) = \sum_{i=1}^{D} \frac{x_i^2}{4000} - \prod_{i=1}^{D} \cos\left(\frac{x_i}{\sqrt{i}}\right) + 1. \tag{5.27}$$

$$f_{\text{Rosenbrock}}(\boldsymbol{x}) = \sum_{i=1}^{D-1} \left(100(x_i^2 - x_{i+1})^2 + (x_i - 1)^2\right) \tag{5.28}$$

根据以上分析, 如果一个不可分问题是由复合幂函数和复合三角函数构成, 且是基于上述 4 个问题的平移、旋转、混合或组合, 那么这个测试问题可能比较有代表性。

2) HR 测试问题集

图 5.14 给出了 HR 测试问题集合的来源与构成。可以看到, 这个高代表性测试问题集只包含表 5.14 中 3 个类别的测试问题, 分别是类别 1、类别 2 和类别 6; 并且全部来源于 CEC 和 BBOB 测试集, 其中 12 个来自 BBOB 和 BBOBnoisy 测试集, 其余 45 个来自 CEC 系列测试集。经过统计, 这个新的测试问题集的代表性达到了 0.8475。这是单目标无约束连续优化领域代表性最高的一个测试问题集合, 换言之, 这 57 个测试问题组成的集合是现有 1142 个测试问题的最好代表。基于本章的理论和方法, 这个 HR 测试集合将可以对单目标无约束连续优化算法的数值性能测试, 提供更好的基础。

命题 5.6　HR 测试问题集合是目前单目标无约束连续优化领域代表性最高的测试集, 它由 1142 个测试问题中代表性最高的 57 个问题组成。

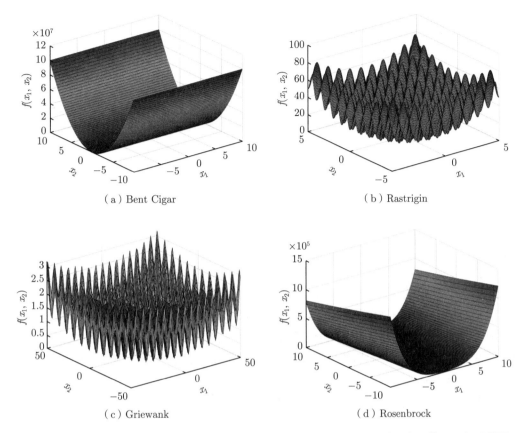

图 5.13　Bent Cigar、Rastrigin、Griewank 以及 Rosenbrock 的函数图像 (见文后彩图)

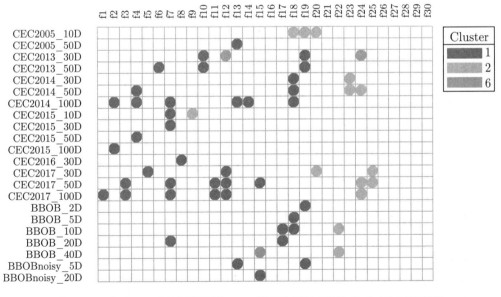

图 5.14　包含 57 个测试问题的 HR 测试集及其来源与构成 (见文后彩图)

在选择了参与数值比较的 n_s 个最优化算法和 n_p 个测试问题, 并完成了数值实验以后, 过程数据存储在如下的 $n_f \times n_r \times n_p \times n_s$ 高维矩阵中。

$$H_{\mathrm{frps}} = H(1:n_f, 1:n_r, 1:n_p, 1:n_s) \tag{6.1}$$

其中, n_r 表示每个算法对每个测试问题进行了 n_r 轮的独立测试, 对确定性算法有 $n_r = 1$; n_f 表示每一轮测试的计算成本, 统一为 n_f 个目标函数值计算次数; H_{ijks} 是第 s 个算法求解第 k 个问题时在第 j 轮测试中截至第 i 次函数值计算次数的最好目标函数值。此时, 这些数据已经成为客观实在, 如何分析这些数据, 以获得最优化算法数值性能的比较结果, 就成了最重要的任务。本书的后续部分将论证, 这个任务并没有想象的那么简单和直接, 它甚至是令人困惑也充满魔幻色彩的[92]。

本章首先介绍用于分析矩阵 H 的方法, 本书把这些方法统称为数据分析方法。本章主要介绍三大类数据分析方法, 按照时间发展顺序, 分别是描述性统计与 L 形曲线法、基于统计检验的方法和基于累积分布函数的方法。根据对矩阵 H 第一维度数据的利用方式, 这些数据分析方法可以分为静态和动态两大类。静态数据分析方法是指矩阵 H 第一维度的数据只用到了一个, 通常是最后一个, 即

$$H(\mathrm{end}, 1:n_r, 1:n_p, 1:n_s) \tag{6.2}$$

反之, 动态数据分析方法是指用到了矩阵 H 第一维度的所有数据。当然, 可以把静态数据分析方法重复几次用在 H 第一维度的少数几个数据上, 如

$$H(1:1000:n_f, 1:n_r, 1:n_p, 1:n_s) \tag{6.3}$$

每间隔 1000 个目标函数值计算次数就重复一次静态数据分析。我们认为这种分析本质上还是接近静态的。

6.1 描述性统计与 L 形曲线法

前面的第 4 章已经介绍, 无论是数学规划方法还是其他最优化方法, 收敛性等理论评价是不够的, 还需要进行数值比较来论证算法的性能。因此, 在最优化方法发展的早期, 就有一些经典的数据分析方法被提出来, 比如描述性统计法和 L 形曲线法。这些方法至今仍是本领域基本而重要的分析技术。

6.1.1　描述性统计: 用表格呈现数据特征

描述性统计法通常用表格来呈现矩阵 $\boldsymbol{H}$ 中的数据特征, 特别是算法找到的最好近似解的数据特征。也就是说, 这个方法通常只关注如式 (6.2) 所示数据的特征, 因此, 描述性统计法是一个静态数据分析方法。它通常关注的特征包括: n_r 轮测试中得到的最好近似解的均值、标准差、中位数、最小值和最大值等。当然, 对于确定性算法, 这些值都是同一个 (标准差为 0)。由于这些特征都属于基本的描述性统计量, 因此称这类方法为描述性统计法。通常, 描述性统计法需要对每个算法和每个测试问题计算数据的描述性统计值, 下面总结了描述性统计法所需数据和计算流程。

数据分析方法 I: 描述性统计法。

1. 适用场景: 显示算法在给定问题集上的测试数据的描述性统计值。

2. 前提假设: 无。

- 所需数据: $\boldsymbol{H}(\text{end}, 1:n_r, 1:n_p, 1:n_s)$。
- 对每一个算法 $s = 1, 2, \cdots, n_s$ 和每一个测试问题 $k = 1, 2, \cdots, n_p$:
  - 计算 n_r 轮测试找到的最好函数值 $\boldsymbol{H}(\text{end}, 1:n_r, k, s)$ 的描述性统计。
  - 用表格将以上统计值呈现出来。

例 6.1　用 SPSO、GA 和 DE 三个算法去测试 Hedar 测试问题集合中的所有 68 个问题, 每个问题独立求解 50 轮, 每一轮求解都花光 20000 次目标函数值计算次数才退出。数值实验得到的过程数据记录在 $20000 \times 50 \times 68 \times 3$ 的矩阵 $\boldsymbol{H}$ 中。用描述性统计法分析该矩阵, 对每个算法和每个测试问题, 计算 50 轮测试中找到的最好函数值的均值和标准差, 计算结果如表 6.1 所示。

表 6.1　SPSO, GA 和 DE 求解 Hear 测试集的描述性统计

问题名称	维数	SPSO	GA	DE
Ackley	2	1.20E-11±1.51E-11	1.59E-01±8.29E-01	8.88E-16±0.00E+00
Ackley	5	1.25E-07±4.22E-08	1.90E-01±6.94E-01	9.59E-16±4.97E-16
Ackley	10	1.69E-05±4.06E-06	9.50E-03±6.37E-03	1.03E-10±7.95E-11
Ackley	20	1.56E-03±6.79E-04	1.97E-01±7.68E-02	5.81E-03±1.80E-03
Beal	2	1.79E-17±3.41E-17	4.74E-02±1.88E-01	0.00E+00±0.00E+00
Bohachevsky-1	2	0.00E+00±0.00E+00	1.77E-02±8.67E-02	0.00E+00±0.00E+00
Bohachevsky-2	2	0.00E+00±0.00E+00	3.01E-02±8.53E-02	0.00E+00±0.00E+00
Bohachevsky-3	2	0.00E+00±0.00E+00	8.83E-10±1.28E-09	0.00E+00±0.00E+00
Booth	2	3.28E-22±5.37E-22	1.34E-10±2.72E-10	0.00E+00±0.00E+00
Branin	2	3.98E-01±3.32E-09	3.98E-01±4.24E-11	3.98E-01±3.33E-16
Colville	4	1.00E-01±4.55E-01	1.06E+00±1.50E+00	4.96E-07±2.42E-06
Dixon-Price	2	3.83E-10±1.78E-09	1.82E-10±2.68E-10	3.70E-32±0.00E+00

问题名称	维数	SPSO	GA	DE
Dixon-Price	5	3.36E-06±1.53E-05	5.33E-02±1.81E-01	2.54E-20±1.23E-19
Dixon-Price	10	6.67E-01±5.88E-05	3.68E-01±3.86E-01	6.65E-01±1.13E-02
Dixon-Price	20	7.23E-01±1.04E-01	3.12E+00±1.90E+00	9.09E-01±1.77E-01
Easom	2	−1.00E+00±0.00E+00	−6.60E-01±4.74E-01	−1.00E+00±0.00E+00
gp	2	3.00E+00±3.54E-15	4.08E+00±5.29E+00	3.00E+00±3.37E-15
Griewank	2	1.54E-06±8.32E-06	6.02E-03±2.56E-02	1.63E-03±3.06E-03
Griewank	5	4.64E-02±1.92E-02	2.51E-03±1.66E-02	4.67E-03±4.82E-03
Griewank	10	1.11E-01±8.76E-02	1.02E-03±6.89E-03	1.33E-01±6.30E-02
Griewank	20	5.15E-03±6.43E-03	4.00E-03±4.01E-03	3.19E-01±9.26E-02
Hart3	3	−3.86E+00±9.42E-14	−3.85E+00±1.08E-01	−3.86E+00±3.11E-15
Hart6	6	−3.32E+00±2.41E-02	−3.26E+00±5.96E-02	−3.30E+00±4.77E-02
Hump	2	4.65E-08±1.58E-12	3.26E-02±1.60E-01	4.65E-08±9.97E-17
Levy	2	1.56E-22±2.01E-22	2.56E-12±5.09E-12	1.50E-32±1.37E-47
Levy	5	3.32E-14±4.88E-14	9.09E-03±6.36E-02	1.50E-32±1.37E-47
Levy	10	4.60E-09±6.91E-09	3.34E-05±3.54E-05	6.54E-21±1.18E-20
Levy	20	1.44E-02±3.74E-02	1.07E-01±2.81E-01	6.19E-04±5.84E-04
Matyas	2	2.78E-22±4.00E-22	8.08E-12±1.08E-11	1.18E-55±7.21E-55
Michalewics	2	−1.80E+00±1.12E-15	−1.80E+00±3.94E-10	−1.80E+00±1.11E-15
Michalewics	5	−4.62E+00±6.40E-02	−4.54E+00±1.58E-01	−4.68E+00±2.29E-02
Michalewics	10	−7.82E+00±4.30E-01	−9.43E+00±1.51E-01	−9.63E+00±4.56E-02
Perm	4	1.03E-01±1.07E-01	3.69E-01±5.65E-01	1.20E-01±1.21E-01
Powell	4	3.12E-07±4.32E-07	7.20E-05±6.57E-05	9.59E-18±2.15E-17
Powell	12	1.39E-02±8.89E-03	1.84E-01±2.54E-01	5.52E-03±3.10E-03
Powell	24	4.18E-01±2.20E-01	4.27E+00±4.06E+00	1.50E+02±4.68E+01
Powell	48	3.89E+00±1.63E+00	6.20E+01±3.45E+01	4.65E+03±8.49E+02
powersum	4	6.31E-03±5.80E-03	2.50E-02±2.52E-02	2.36E-02±1.74E-02
Rastrigin	2	0.00E+00±0.00E+00	3.98E-01±9.75E-01	0.00E+00±0.00E+00
Rastrigin	5	1.06E+00±6.71E-01	7.56E-01±1.22E+00	3.98E-02±1.95E-01
Rastrigin	10	1.24E+01±3.58E+00	4.94E-02±1.95E-01	1.01E+00±1.78E+00
Rastrigin	20	6.37E+01±1.03E+01	2.02E+00±1.04E+00	7.97E+01±7.88E+00
Rosenbrock	2	2.21E-09±5.45E-09	3.58E-01±9.12E-01	0.00E+00±0.00E+00
Rosenbrock	5	1.71E-01±5.45E-02	7.59E-01±1.41E+00	2.88E-03±4.03E-03

续表

问题名称	维数	SPSO	GA	DE
Rosenbrock	10	5.90E+00±2.14E+00	3.63E+00±2.64E+00	3.37E+00±4.82E-01
Rosenbrock	20	3.88E+01±2.90E+01	5.27E+01±2.92E+01	2.38E+01±1.33E+01
Schwefel	2	2.55E-05±5.26E-14	1.90E+01±4.34E+01	2.55E-05±0.00E+00
Schwefel	5	1.95E+02±1.25E+02	1.42E+02±1.34E+02	2.37E+00±1.66E+01
Schwefel	10	1.35E+03±2.28E+02	1.15E+02±1.02E+02	7.11E+00±2.81E+01
Schwefel	20	4.24E+03±4.11E+02	7.68E+02±2.12E+02	9.49E+00±3.21E+01
Shekel5	4	−1.01E+01±7.09E-02	−5.60E+00±2.46E+00	−1.00E+01±1.05E+00
Shekel7	4	−1.04E+01±1.14E-14	−6.02E+00±3.28E+00	−1.02E+01±1.04E+00
Shekel10	4	−1.05E+01±2.76E-14	−6.29E+00±3.44E+00	−1.04E+01±7.57E-01
Shubert	2	−1.87E+02±1.02E-05	−1.83E+02±1.73E+01	−1.87E+02±5.21E-14
sphere	2	1.54E-24±3.01E-24	5.73E-12±1.33E-11	4.33E-115±2.84E-114
sphere	5	2.25E-16±1.53E-16	1.56E-10±1.48E-10	2.32E-53±5.37E-53
sphere	10	6.51E-12±3.78E-12	8.72E-05±8.94E-05	2.70E-22±2.61E-22
sphere	20	6.44E-08±2.78E-08	2.23E-02±1.48E-02	2.14E-06±1.26E-06
sum square	2	3.68E-24±6.80E-24	9.89E-12±2.29E-11	5.18E-114±3.30E-113
sum square	5	7.11E-15±6.17E-15	4.04E-10±4.59E-10	2.49E-52±4.71E-52
sum square	10	1.06E-08±1.30E-08	4.10E-04±4.37E-04	8.91E-21±2.07E-20
sum square	20	3.48E-02±4.38E-02	3.34E-01±2.61E-01	7.04E-05±4.48E-05
trid	6	−5.00E+01±3.31E-11	−5.00E+01±7.14E-03	−5.00E+01±5.85E-14
trid	10	−2.10E+02±6.37E-03	−2.06E+02±1.15E+00	−2.09E+02±9.42E-01
Zakharov	2	1.38E-23±6.78E-23	1.07E-11±2.32E-11	9.07E-101±6.32E-100
Zakharov	5	7.08E-14±6.75E-14	1.01E-09±8.24E-10	1.08E-24±3.73E-24
Zakharov	10	1.94E-06±1.90E-06	9.99E-03±9.67E-03	1.24E-02±1.19E-02
Zakharov	20	1.47E+00±8.48E-01	1.04E+01±1.18E+01	7.16E+01±1.41E+01

从例 6.1 可以看出，描述性统计明确地给出了在每个问题上找到的最好解的平均值和标准差。当然，也可以给出其他描述性统计值，但会显著增加表格长度。此外，根据这些统计值，如何判断哪个算法性能更好呢？早期，在不借助统计检验的情况下，一般通过比较平均值的大小来判断在每个测试问题上性能的好坏。比如，在表 6.1 中的 2 维 Ackley 函数上，算法 DE 的平均值最小，SPSO 次之，GA 最大。类似地，可以得到三个算法在各个问题上的性能排序。然而，如何将这些单个测试问题上的排序汇总成整个测试集合上的排序呢？例 6.2 提供了两种不同策略下的结果。

例 6.2　在例 6.1 的基础上，在不考虑标准差数据的情况下，只根据平均值的大小，可以给出三个算法在每个测试问题上的性能排序。考虑以下两个策略将这些单个测试问题上的排序汇总成整个测试集合上的排序。① 策略一: 只考虑每个测试问题上性能最好的算法, 计数每个算法在多少个测试问题上性能最好, 若两个算法并列第一则各算一次。这一策略的结果是: SPSO、GA 和 DE 三个算法分别在 28、9 和 47 个问题上性能最好, 从而三个算法在整个 Hedar 测试集合上的排序为 DE 最好, SPSO 其次, GA 最差。② 策略二: 在每个测试问题上排第一的算法记 2 分, 排第二和第三的算法分别记 1 分和 0 分, 若两个算法并列则各取平均分。可算出 SPSO、GA 和 DE 三个算法分别得到 80.5 分、22 分和 101.5 分, 而三个算法在整个 Hedar 测试集合上的排序为 DE 最好, SPSO 其次, GA 最差。也就是说, 两种策略结论相同。

由于描述性统计法对每个算法和每个测试问题都提供了重要的数值特征, 非常有利于后续研究的参照和对比。当然, 其不足之处是往往需要很大的一张表才能呈现出来, 当算法个数或测试问题个数很多时不太方便。描述性统计法的另一个不足之处是, 为了得到整个测试集上的算法性能排序, 需要去汇总单个测试问题的算法排序 (见例 6.2), 而怎样汇总才是合理并合适的, 还需要更多的理论研究。比如, 例 6.2 中的两种策略是否总是结论相同? 本书第三部分将有更深入的研究。新近的综述文献 [44] 在其 2.2.5.1 节提供了更丰富的描述性统计方法回顾和梳理。

6.1.2　L 形曲线法: 用 L 形曲线呈现原始数据

与描述性统计的静态分析不同, L 形曲线法关注的数据是矩阵 $\boldsymbol{H}$ 本身, 因此是一个动态分析方法。下面总结了 L 形曲线法所需的数据和计算流程。

数据分析方法 Ⅱ: L 形曲线法。

1. 适用场景: 显示算法在给定问题上的测试数据的下降历史。

2. 前提假设: 无。

- 所需数据: $\boldsymbol{H}(1:n_{\mathrm{f}},1:n_{\mathrm{r}},1:n_{\mathrm{p}},1:n_{\mathrm{s}})$。

- 对每一个测试问题 $k=1,2,\cdots,n_{\mathrm{p}}$, 画一幅图:
  - 对每一个算法 $s=1,2,\cdots,n_{\mathrm{s}}$, 计算其在该问题上的平均数值性能:
    * 对第 $j=1,2,\cdots,n_{\mathrm{f}}$ 次目标函数值计算, 计算 n_{r} 轮测试找到的最好函数值 $\boldsymbol{H}(j,1:n_{\mathrm{r}},k,s)$ 的平均值。
  - 将上述 n_{s} 个平均值序列 $\boldsymbol{H}(1:n_f,k,s)$ 呈现在同一幅图中。

第 4 章的图 4.3 给出了 L 形曲线法的应用示例。每一幅 L 形曲线图对应着一个测试问题, 里面的每一条曲线对应着一个最优化算法; 横轴是目标函数值的计算次数, 纵轴是目标函数值。因此, 每一条曲线描述了对应的算法求解该测试问题时, 在横轴的特定成本下找到的最好目标函数值的下降历史。由于这类曲线通常类似于字母 "L", 故得此名。

有时候, "L" 形曲线可能太靠近坐标轴, 如图 6.1(a) 所示。为了更好地看清楚曲线的下降趋势, 可以对目标函数值进行取对数等数学变换, 图 6.1(b) 就是对图 6.1(a) 的目标函数值取了自然对数。从中可以看到 GA 算法后来居上, 找到了更好的解。图 6.1(c) 和图 6.1(d)

分别给出了 GA 和 DE 在该问题上 50 轮独立测试的所有结果, 这种方式可以呈现算法的随机波动, 从中更清楚地看到了 GA 的一半以上的测试结果比 DE 的结果更好。

　　L 形曲线法直接对原始数据进行呈现, 动态而真实地反映了不同算法在各个测试问题中的数值表现。同时, 该方法不受算法个数的影响, 所有参与比较的算法都可以放在同一幅图中, 直观明了。总之, L 形曲线法具有直观性、动态性和真实性, 这些性质使它至今成为重要的数据分析技术。

　　当然, L 形曲线法也有不足。一方面, 当测试问题很多时, 需要很多幅图来展示, 这并不方便。如对 Hedar 测试集合, 需要 68 幅图来展示, 此时在正式论文中一般只能显示少数几个代表性下降趋势的图形。另一方面, 类似于描述性统计法, L 形曲线法只能直接得到个体 (单个测试问题) 层面的算法排序, 必须借助于额外的汇总过程, 才能得到总体 (整个测试问题集合) 层面的算法排序。什么样的汇总过程才是合理并合适的, 是本书第三部分试图解决的重要问题。

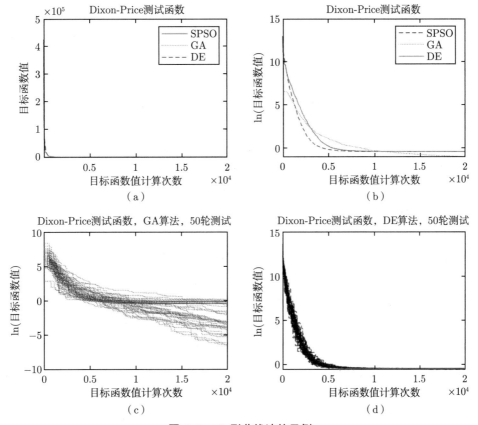

图 6.1　L 形曲线法的示例

三个算法 SPSO、GA 和 DE 在 Hedar 测试集的第 14 号问题 (10 维 Dixon-Price) 上的测试结果, 50 次独立运行, 每次运行的计算成本为 20000 次目标函数值计算次数。(a) 为原始目标函数值, (b) 为目标函数值的自然对数, (c) 为 GA 算法的 50 轮测试结果, (d) 为 DE 算法的 50 轮测试结果。(c) 和 (d) 显示了 L 形曲线法是如何分析随机波动的

6.2 基于推断统计的数据分析方法

6.1 节介绍的描述性统计法和 L 形曲线法都没有很好地处理随机性导致的算法波动，它们只是针对每个算法及每个测试问题计算出了标准差或显示了每次独立测试的数据波动，却没有开展算法之间差异的显著性检验。本节介绍基于推断统计的数据分析方法，主要关注频率学派的假设检验方法，含参数检验和非参数检验。另一个学派即贝叶斯学派的数据分析方法，本书暂不介绍，有兴趣的读者可参阅文献 [62] 的 2.2.6 节内容及该论文内引的相关文献。

假设检验方法是数理统计特别是推断统计 (Inferential Statistics) 中的重要内容，虽然诞生才近百年，但在科学、工程和社会实践的各个领域都得到了广泛的应用。推断统计是 6.1 节介绍的描述性统计 (Descriptive Statistics) 的升级版本，力图不断满足人类对于样本数据内部规律的理解，是从局部推断总体的技术和艺术。

本节介绍参数检验方法和非参数检验，前者以 t 分布及其变化为代表，后者以 Wilcoxon 秩和检验及其变化为代表。参数检验和非参数检验的共同点在于，都需要先凝练出一对相互对立的命题 (称为原假设与备择假设) 作为统计假设，然后根据样本信息做出推断，是接受还是拒绝原假设。参数检验和非参数检验的区别在于，后者要推断的内容更宏观，是总体的分布或者总体的某种宏观性质；而前者要推断的内容更微观，通常是总体分布中的某个重要参数的大小。这意味着，做非参数检验时，无法利用总体分布的信息，因为这个信息尚未知；而做参数检验时，需要利用总体分布的信息，因为这个重要信息默认是已知的。换句话说，非参数检验是假设检验的第一阶段，试图推断总体的分布规律；参数检验是其后续阶段，在已知总体分布的前提下，进一步推断总体分布的参数值。

在最优化算法的数值比较场景中，不同算法在同一个测试问题中的测试数据，可以看成是来自不同总体的抽样。由于一般来说总体分布并不清楚，所以，进行非参数检验是合适的。此时，要推断的命题并不是总体分布是什么，而是总体分布的差异是否显著。如果要进行参数检验，则首先需要对总体分布进行必要的检验，判断不同算法的测试数据是否具有正态性；进一步还要检验方差齐性，即推断方差是否相等。然后才能选择适当的参数检验方法来进行数据分析。下面我们将首先介绍非参数检验，然后介绍参数检验。

图 6.2 总结了基于统计推断的常用方法以及它们之间的联系和区别。本书将按照该图揭示的逻辑关系展开对这些方法的介绍。

6.2.1 非参数检验

在没有总体分布信息的情况下，通常只能对不同总体的样本数据进行排序，然后对排位进行编号，再建立基于这些数据的秩和 (排位之和) 或符号秩的检验统计量。根据最优化算法数值比较的实际需要，本节主要介绍 Wilcoxon 秩和检验及关系密切的 Wilcoxon 符号秩检验 (Wilcoxon signed-rank test) 和多总体比较的 Kruskal-Wallis 检验。其他适用于分布检验和排序变量或相关变量的检验方法请参见文献 [44] 的 2.2.5.2 节内容及该论文内引的相关文献。

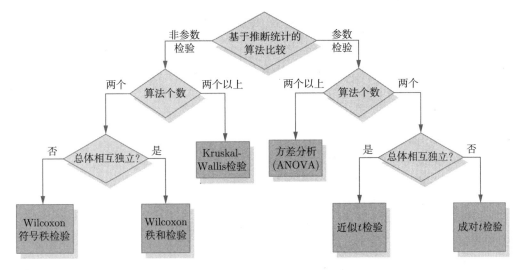

图 6.2　基于统计推断的常用方法

Wilcoxon 符号秩检验 (Wilcoxon signed-rank test) 和 Wilcoxon 秩和检验 (Wilcoxon rank-sum test) 是一对很容易混淆的方法, 它们由 Frank Wilcoxon 在同一篇论文中提出 [123]。前者常用于检验成对数据的分布是否有显著差异, 要求两个总体具有依赖关系 (dependent), 比如双胞胎儿童的智商; 反之, 后者要求两个总体是相互独立的 (independent)。Kruskal-Wallis 检验是 Wilcoxon 秩和检验的推广, 可用于检验多个相互独立的总体是否有显著差异。

1) Wilcoxon 符号秩检验

Wilcoxon 符号秩检验适用于成对数据, 也即这两组数据不是相互独立的。在最优化算法的数值比较场景中, 使用 Wilcoxon 符号秩检验的一种可行方法是, 把两个算法 (如 A_1, A_2) 在每个测试问题上的平均数据当成一对数据, 即

$$\bar{\boldsymbol{H}}(\text{end}, 1 : n_{\text{p}}, [A_1, A_2]) \tag{6.4}$$

其中, $\bar{\boldsymbol{H}}$ 表示 n_{r} 轮测试数据的平均值矩阵, 是一个 $n_{\text{f}} \times n_{\text{p}} \times n_{\text{s}}$ 的矩阵, 即

$$\bar{\boldsymbol{H}} = \frac{1}{n_{\text{r}}} \sum_{i=1}^{n_{\text{r}}} \boldsymbol{H}(:, i, :, :) \tag{6.5}$$

确定成对数据的来源后, Wilconxon 符号秩检验的原假设与备择假设可描述为如下形式的两个命题:

(1) H_0: 算法 A_1, A_2 在各测试问题上找到的最好平均值之差 $\bar{\boldsymbol{H}}(\text{end}, 1 : n_{\text{p}}, A_1) - \bar{\boldsymbol{H}}(\text{end}, 1 : n_{\text{p}}, A_2)$ 来自中位数为 0 的总体;

(2) H_1: 算法 A_1, A_2 在各测试问题上找到的最好平均值之差 $\bar{\boldsymbol{H}}(\text{end}, 1 : n_{\text{p}}, A_1) - \bar{\boldsymbol{H}}(\text{end}, 1 : n_{\text{p}}, A_2)$ 来自中位数不为 0 的总体。

当原假设 H_0 为真时, $\bar{\boldsymbol{H}}(\text{end}, 1 : n_{\text{p}}, A_1) - \bar{\boldsymbol{H}}(\text{end}, 1 : n_{\text{p}}, A_2)$ 大于 0 和小于 0 的元素个数应该很接近; 反之, 若 $\bar{\boldsymbol{H}}(\text{end}, 1 : n_{\text{p}}, A_1) - \bar{\boldsymbol{H}}(\text{end}, 1 : n_{\text{p}}, A_2)$ 大于 0 和小于 0 的元素

个数相差很大, 则有理由相信原假设不成立。具体的计算流程如下。

数据分析方法 Ⅲ: Wilcoxon 符号秩检验。

1. 适用场景: 检验改进算法与原始算法在给定问题上的测试数据的均值有没有显著差异。

2. 前提假设: 无。

- 所需数据: $\bar{H}(\text{end}, 1 : n_{\mathrm{p}}, 1 : n_{\mathrm{s}})$。
- 对整个测试问题集合, 执行以下检验:
  - 对两个算法 (原始算法及其改进算法), 执行一次 Wilcoxon 符号秩检验:
    * 计算差值: 计算 $\bar{H}(\text{end}, :, A_1) - \bar{H}(\text{end}, :, A_2)$, 得到 n_{p} 个差值;
    * 排序并编号: 将这些差值按绝对值从小到大排序, 并编号为 $1, 2, \cdots, n_{\mathrm{p}}$; 绝对值相等的全部赋值为它们编号的平均值;
    * 计算符号秩: 将以上编号乘以它们差值的符号, 并求和得到检验统计值;
    * 判断检验统计值是否落入拒绝域, 若是则拒绝 H_0, 否则不拒绝 H_0。

在 MATLAB 的统计工具箱, 命令 signrank 执行 Wilcoxon 符号秩检验, 常用调用格式为

$$[\mathrm{p}, \sim, \mathrm{STATS}] = \mathrm{signrank}(X, Y)$$

其中, X, Y 是来自两个成对总体的样本, 比如 $\bar{H}(\text{end}, :, A_1)$ 和 $\bar{H}(\text{end}, :, A_2)$。该调用格式执行双边检验, 并返回 p 值和结构体 STATS。这里的 p 值是最显著 (最小) 的单边值的两倍。p 值越小拒绝原假设的把握就越大, 默认小于 0.05 就拒绝。在 p 值小于 0.05 的前提下, 结构体 STATS 包含了判断哪个算法更好的重要信息: STATS.zval 是负数表示算法 A_1 更好, 正数则表示 A_2 更好。在 Python 的 SciPy 库中也有 Wilcoxon 符号秩检验的实现方法, 常用调用格式为

$$\mathrm{scipy.stats.wilcoxon}(X, Y, \text{correction=True, alternative="two-sided"}).$$

该调用格式也是执行双边检验, 这里的 "correction" 是指对平局校正。

例 6.3 虽然 Wilcoxon 符号秩检验一般用于算法改进场景, 但在本例中, 我们也用它来处理例 6.1 中的测试数据 $H(\text{end}, 1 : 50, 1 : 68, 1 : 3)$。首先计算平均值矩阵 $\bar{H}(\text{end}, 1 : 68, 1 : 3)$, 然后开展 Wilcoxon 符号秩检验, 三个算法两两检验的 p 值结果见表 6.2。从中可以看到, 这个表具有对称性, 表明算法的顺序并不影响 p 值和检验结果。进一步可以发现, SPSO 与 GA 有显著差别, GA 与 DE 也有显著差别, 而 SPSO 与 DE 则不能说有显著差别。在有显著差别的前提下, 通过查看检验输出的结构体 STATS, 发现 SPSO 与 GA 的检验得到 STATS.zval= -3.3851, GA 与 DE 的检验得到 STATS.zval= 4.2834, 因此可以判断在本例中 SPSO 显著好于 GA, DE 也显著好于 GA。

表 6.2　SPSO, GA 和 DE 求解 Hear 测试问题集的 Wilcoxon 符号秩检验

算法	SPSO	GA	DE
SPSO	—	0.0007	0.1863
GA	0.0007	—	0.0000
DE	0.1863	0.0000	—

2) Wilcoxon 秩和检验

Wilcoxon 秩和检验又称为 Mann-Whitney 的 U 检验 (Mann-Whitney U test), 于 1945 年被 Frank Wilcoxon 首先提出, 并在两年后由 Henry Mann 和他的学生 Donald Ransom Whitney 进一步完善得到。该方法用于检验两个独立的总体是否具有显著差异。更严谨地说, 检验来自两个独立总体的两个随机变量 X, Y, 是否可以拒绝如下的命题:

$$P(X > Y) = P(X < Y). \tag{6.6}$$

如果拒绝, 则认为这两个总体分布有显著差异。该命题等价于 X, Y 有相等的中位数。

在最优化算法的数值比较场景中, 给定最优化算法 A_1, A_2 和测试问题 p, 常用的统计假设如下:

(1) H_0: 最优化算法 A_1, A_2 在测试问题 p 上的测试数据来自中位数相等的分布;

(2) H_1: 最优化算法 A_1, A_2 在测试问题 p 上的测试数据来自中位数不相等的分布。

在原假设 H_0 成立的前提下, 这两个算法在该测试问题上的测试数据应该可以使得式 (6.6) 成立。如果式 (6.6) 明显不成立, 则有理由相信 H_0 不太可能是对的。

Wilcoxon 秩和检验的具体做法是: 首先, 将两个算法的测试数据 $\boldsymbol{H}(\text{end}, 1 : n_r, p, [A_1, A_2])$ 合并成一个集合, 从小到大排序, 并编号为 $1, 2, \cdots, 2n_r$; 其次, 求和两个算法各自数据的编号, 取其中较小的值为检验统计量的值; 最后, 跟临界值比较即可得到检验结果。下面给出了更完整的检验流程。

数据分析方法 IV: Wilcoxon 秩和检验。

1. 适用场景: 检验两个最优化算法在给定问题上的测试数据的均值有没有显著差异。

2. 前提假设: 无。

- 所需数据: $\boldsymbol{H}(\text{end}, 1 : n_r, 1 : n_p, 1 : n_s)$。

- 对每一个测试问题 $k = 1, 2, \cdots, n_p$, 执行以下检验:

  – 对两个算法 $\in \{1, 2, \cdots, n_s\}$, 执行 Wilcoxon 秩和检验:

  ＊ 汇总两个算法在各自 n_r 轮测试中找到的最好函数值, 从小到大排序, 并编号为 $1, 2, \cdots, 2n_r$;

  ＊ 求和各自算法测试数据的编号, 取其小者为检验统计量;

  ＊ 查表判断检验结果。

- 汇总不同问题上的检验结果, 推断整个测试集上的排序结果。

在 MATLAB 的统计工具箱, 命令 ranksum 可以执行 Wilcoxon 秩和检验, 常用调用格式为

$$p = \text{ranksum}(X, Y)$$

其中, X, Y 分别是来自两个独立总体的样本。该调用格式执行双边检验, 并返回 p 值。注意, 这里的 p 值是最显著 (最小) 的单边值的两倍。p 值越小拒绝原假设的把握就越大, 默认小于 0.05 就拒绝。在 Python 的 SciPy 库中也有 Wilcoxon 秩和检验的实现方法, 但它目前没有对排序中的平局 (tie, 即两个或以上数据相等从而排位相同) 进行校正。所以推荐用 Mann-Whitney 的 U 检验, 常用调用格式为

$$\text{scipy.stats.mannwhitneyu}(X, Y, \text{alternative}=\text{“two-sided”})$$

该调用格式也是执行双边检验, 结果应该与 MATLAB 中一样。

下面谈什么时候用单边检验, 什么时候用双边检验。其实无论选单边还是双边检验, 其统计量都是一样的。所以, 可以一律做双边检验。在双边检验时, 如果 p 值定义为最显著 (最小) 的单边值的两倍 (很多软件都采用这一定义), 则可以得到如下简洁的决策准则。

- 如果 p 值小于 0.05, 则无论做单边还是双边检验, 结果都是拒绝原假设, 即认为 X 和 Y 的中位数有显著差异, 秩和大的那一组显著大于秩和小的组, 或者说秩和大的算法比秩和小的算法更差;
- 如果 p 值大于 0.05, 无论做单边还是双边检验, 结果都是不拒绝原假设, 即没有理由认为 X 和 Y 的中位数有显著差异, 或者说两个算法没有显著差异。

以上做法适用于本章中提到的所有假设检验方法。为了便于后续论述, 将以上决策准则归纳为下面的定义。

定义 6.1 采用显著性检验来分析最优化算法的数值比较数据时, 无论是双边检验还是单边检验, 只要有一种检验形式拒绝原假设, 就认为参与比较的算法性能在该测试问题 (集合) 中有显著差异。

如果没有特别说明, 本书默认以 0.05 为显著性水平。

例 6.4 利用例 6.1 中的测试数据 $\boldsymbol{H}(\text{end}, 1:50, 1:68, 1:3)$, 以 DE 为参照算法, 其他算法跟 DE 比较 (其他算法为 X, DE 为 Y), 开展 Wilcoxon 秩和检验, 结果如表 6.3 所示。其中问题序号按例 6.1 中的测试问题顺序排序。SPSO 与 DE 的检验结果中有几个 "NaN", 原因是两个算法的标准差都是 0, 此时只需要比较均值的大小, 可以发现两个算法在这些问题中的性能完全相同。

表 6.3 SPSO, GA 和 DE 求解 Hear 测试集的 Wilcoxon 秩和检验 (以 DE 为参照算法)

问题序号	SPSO		GA		DE
	均值 ± 标准差	p 值	均值 ± 标准差	p 值	均值 ± 标准差
1	1.20E-11±1.51E-11	0.000	1.59E-01±8.29E-01	0.000	8.88E-16±0.00E+00
2	1.25E-07±4.22E-08	0.000	1.90E-01±6.94E-01	0.000	9.59E-16±4.97E-16
3	1.69E-05±4.06E-06	0.000	9.50E-03±6.37E-03	0.000	1.03E-10±7.95E-11
4	1.56E-03±6.79E-04	0.000	1.97E-01±7.68E-02	0.000	5.81E-03±1.80E-03

续表

问题序号	SPSO			GA			DE	
	均值 ± 标准差	p 值		均值 ± 标准差	p 值		均值 ± 标准差	
5	1.79E-17±3.41E-17	0.000		4.74E-02±1.88E-01	0.000		0.00E+00±0.00E+00	
6	0.00E+00±0.00E+00	NaN		1.77E-02±8.67E-02	0.000		0.00E+00±0.00E+00	
7	0.00E+00±0.00E+00	NaN		3.01E-02±8.53E-02	0.000		0.00E+00±0.00E+00	
8	0.00E+00±0.00E+00	NaN		8.83E-10±1.28E-09	0.000		0.00E+00±0.00E+00	
9	3.28E-22±5.37E-22	0.000		1.34E-10±2.72E-10	0.000		0.00E+00±0.00E+00	
10	3.98E-01±3.32E-09	0.000		3.98E-01±4.24E-11	0.000		3.98E-01±3.33E-16	
11	1.00E-01±4.55E-01	0.000		1.06E+00±1.50E+00	0.000		4.96E-07±2.42E-06	
12	3.83E-10±1.78E-09	0.000		1.82E-10±2.68E-10	0.000		3.70E-32±0.00E+00	
13	3.36E-06±1.53E-05	0.000		5.33E-02±1.81E-01	0.000		2.54E-20±1.23E-19	
14	6.67E-01±5.88E-05	0.000		3.68E-01±3.86E-01	0.085		6.65E-01±1.13E-02	
15	7.23E-01±1.04E-01	0.000		3.12E+00±1.90E+00	0.000		9.09E-01±1.77E-01	
16	−1.00E+00±0.00E+00	NaN		−6.60E-01±4.74E-01	0.000		−1.00E+00±0.00E+00	
17	3.00E+00±3.54E-15	0.000		4.08E+00±5.29E+00	0.000		3.00E+00±3.37E-15	
18	1.54E-06±8.32E-06	0.000		6.02E-03±2.56E-02	0.000		1.63E-03±3.06E-03	
19	4.64E-02±1.92E-02	0.000		2.51E-03±1.66E-02	0.018		4.67E-03±4.82E-03	
20	1.11E-01±8.76E-02	0.045		1.02E-03±6.89E-03	0.000		1.33E-01±6.30E-02	
21	5.15E-03±6.43E-03	0.000		4.00E-03±4.01E-03	0.000		3.19E-01±9.26E-02	
22	−3.86E+00±9.42E-14	0.000		−3.85E+00±1.08E-01	0.000		−3.86E+00±3.11E-15	
23	−3.32E+00±2.41E-02	0.000		−3.26E+00±5.96E-02	0.000		−3.30E+00±4.77E-02	
24	4.65E-08±1.58E-12	0.000		3.26E-02±1.60E-01	0.000		4.65E-08±9.97E-17	
25	1.56E-22±2.01E-22	0.000		2.56E-12±5.09E-12	0.000		1.50E-32±1.37E-47	
26	3.32E-14±4.88E-14	0.000		9.09E-03±6.36E-02	0.000		1.50E-32±1.37E-47	
27	4.60E-09±6.91E-09	0.000		3.34E-05±3.54E-05	0.000		6.54E-21±1.18E-20	
28	1.44E-02±3.74E-02	0.000		1.07E-01±2.81E-01	0.000		6.19E-04±5.84E-04	
29	2.78E-22±4.00E-22	0.000		8.08E-12±1.08E-11	0.000		1.18E-55±7.21E-55	
30	−1.80E+00±1.12E-15	0.327		−1.80E+00±3.94E-10	0.000		−1.80E+00±1.11E-15	
31	−4.62E+00±6.40E-02	0.000		−4.54E+00±1.58E-01	0.000		−4.68E+00±2.29E-02	
32	−7.82E+00±4.30E-01	0.000		−9.43E+00±1.51E-01	0.000		−9.63E+00±4.56E-02	
33	1.03E-01±1.07E-01	0.326		3.69E-01±5.65E-01	0.002		1.20E-01±1.21E-01	
34	3.12E-07±4.32E-07	0.000		7.20E-05±6.57E-05	0.000		9.59E-18±2.15E-17	
35	1.39E-02±8.89E-03	0.000		1.84E-01±2.54E-01	0.000		5.52E-03±3.10E-03	

问题序号	SPSO			GA			DE	
	均值 ± 标准差	p 值		均值 ± 标准差	p 值		均值 ± 标准差	
36	4.18E-01±2.20E-01	0.000		4.27E+00±4.06E+00	0.000		1.50E+02±4.68E+01	
37	3.89E+00±1.63E+00	0.000		6.20E+01±3.45E+01	0.000		4.65E+03±8.49E+02	
38	6.31E-03±5.80E-03	0.000		2.50E-02±2.52E-02	0.533		2.36E-02±1.74E-02	
39	0.00E+00±0.00E+00	NaN		3.98E-01±9.75E-01	0.000		0.00E+00±0.00E+00	
40	1.06E+00±6.71E-01	0.000		7.56E-01±1.22E+00	0.000		3.98E-02±1.95E-01	
41	1.24E+01±3.58E+00	0.000		4.94E-02±1.95E-01	0.970		1.01E+00±1.78E+00	
42	6.37E+01±1.03E+01	0.000		2.02E+00±1.04E+00	0.000		7.97E+01±7.88E+00	
43	2.21E-09±5.45E-09	0.000		3.58E-01±9.12E-01	0.000		0.00E+00±0.00E+00	
44	1.71E-01±5.45E-02	0.000		7.59E-01±1.41E+00	0.000		2.88E-03±4.03E-03	
45	5.90E+00±2.14E+00	0.000		3.63E+00±2.64E+00	0.743		3.37E+00±4.82E-01	
46	3.88E+01±2.90E+01	0.770		5.27E+01±2.92E+01	0.000		2.38E+01±1.33E+01	
47	2.55E-05±5.26E-14	0.012		1.90E+01±4.34E+01	0.000		2.55E-05±0.00E+00	
48	1.95E+02±1.25E+02	0.000		1.42E+02±1.34E+02	0.000		2.37E+00±1.66E+01	
49	1.35E+03±2.28E+02	0.000		1.15E+02±1.02E+02	0.000		7.11E+00±2.81E+01	
50	4.24E+03±4.11E+02	0.000		7.68E+02±2.12E+02	0.000		9.49E+00±3.21E+01	
51	−1.01E+01±7.09E-02	0.000		−5.60E+00±2.46E+00	0.000		−1.00E+01±1.05E+00	
52	−1.04E+01±1.14E-14	0.000		−6.02E+00±3.28E+00	0.000		−1.02E+01±1.04E+00	
53	−1.05E+01±2.76E-14	0.000		−6.29E+00±3.44E+00	0.000		−1.04E+01±7.57E-01	
54	−1.87E+02±1.02E-05	0.000		−1.83E+02±1.73E+01	0.000		−1.87E+02±5.21E-14	
55	1.54E-24±3.01E-24	0.000		5.73E-12±1.33E-11	0.000		4.33E-115±2.84E-114	
56	2.25E-16±1.53E-16	0.000		1.56E-10±1.48E-10	0.000		2.32E-53±5.37E-53	
57	6.51E-12±3.78E-12	0.000		8.72E-05±8.94E-05	0.000		2.70E-22±2.61E-22	
58	6.44E-08±2.78E-08	0.000		2.23E-02±1.48E-02	0.000		2.14E-06±1.26E-06	
59	3.68E-24±6.80E-24	0.000		9.89E-12±2.29E-11	0.000		5.18E-114±3.30E-113	
60	7.11E-15±6.17E-15	0.000		4.04E-10±4.59E-10	0.000		2.49E-52±4.71E-52	
61	1.06E-08±1.30E-08	0.000		4.10E-04±4.37E-04	0.000		8.91E-21±2.07E-20	
62	3.48E-02±4.38E-02	0.000		3.34E-01±2.61E-01	0.000		7.04E-05±4.48E-05	
63	−5.00E+01±3.31E-11	0.000		−5.00E+01±7.14E-03	0.000		−5.00E+01±5.85E-14	
64	−2.10E+02±6.37E-03	0.000		−2.06E+02±1.15E+00	0.000		−2.09E+02±9.42E-01	
65	1.38E-23±6.78E-23	0.000		1.07E-11±2.32E-11	0.000		9.07E-101±6.32E-100	
66	7.08E-14±6.75E-14	0.000		1.01E-09±8.24E-10	0.000		1.08E-24±3.73E-24	

问题	SPSO			GA		DE
序号	均值 ± 标准差	p 值		均值 ± 标准差	p 值	均值 ± 标准差
67	1.94E-06±1.90E-06	0.000		9.99E-03±9.67E-03	0.237	1.24E-02±1.19E-02
68	1.47E+00±8.48E-01	0.000		1.04E+01±1.18E+01	0.000	7.16E+01±1.41E+01

从表 6.3 可以看到, 大多数 p 值都很接近 0, 说明 DE 在这些问题中都显著好过 SPSO 和 GA。只有在 8 个问题上, SPSO 和 DE 没有显著差异, 或者比 DE 更好。在 5 个问题上, GA 和 DE 没有显著差异或者比 DE 更好。

3) Kruskal-Wallis 检验

Kruskal-Wallis 检验 (Kruskal-Wallis test) 又称为基于秩的单因素方差分析 (one-way ANOVA on ranks), 是通过将 Wilcoxon 秩和检验推广到两个以上的独立总体而得到的, 即检验这多个独立总体是否具有相同的分布。类似于 Wilcoxon 秩和检验, 其依旧是通过检验这些总体是否具有相等的中位数, 来推断总体是否相同。因此, 原假设与备择假设具有如下形式:

(1) H_0: 多个最优化算法在某测试问题上的测试数据来自具有相同中位数的分布;

(2) H_1: 多个最优化算法在某测试问题上的测试数据来自中位数不全相等的分布。

Kruskal-Wallis 检验又称为 Kruskal-Wallis H 检验, 因为它采用了如下的 H 统计量:

$$H = (N-1) \frac{\sum_{i=1}^{g} n_i (\bar{r}_{i\cdot} - \bar{r})^2}{\sum_{i=1}^{g} \sum_{j=1}^{n_i} (r_{ij} - \bar{r})^2} \tag{6.7}$$

其中, N 是各总体的样本数之和; g 是总体数; n_i 是第 i 个总体的样本数; r_{ij} 是第 i 个总体的第 j 个样本的秩 (编号); $\bar{r}_{i\cdot}$ 是第 i 个总体的样本数据的平均秩; $\bar{r}$ 是所有秩的平均。在最优化算法的数值比较中, 如果用式 (6.1) 中的记号, 则有 $N = n_{\mathrm{s}} n_{\mathrm{r}}, g = n_{\mathrm{s}}, n_i = n_{\mathrm{r}}$。计算出了 H 值, 就可以与临界值比较, 并得出检验结果。下面给出了更完整的检验流程。

数据分析方法 V: Kruskal-Wallis 检验。

1. 适用场景: 检验三个或三个以上算法在给定问题上的测试数据的均值有没有显著差异。

2. 前提假设: 无。

- 所需数据: $\boldsymbol{H}(\mathrm{end}, 1:n_{\mathrm{r}}, 1:n_{\mathrm{p}}, 1:n_{\mathrm{s}})$。
- 对每一个测试问题 $k = 1, 2, \cdots, n_{\mathrm{p}}$, 执行以下检验:
  - 对所有算法 $1, 2, \cdots, n_{\mathrm{s}}$, 执行 Kruskal-Wallis 检验:
    * 汇总所有算法在各自 n_{r} 轮测试中找到的最好函数值, 从小到大排序, 并编号为 $1, 2, \cdots, n_{\mathrm{s}} n_{\mathrm{r}}$;
    * 按照式 (6.7) 计算检验统计值;

∗ 查表判断检验结果。

- 汇总不同问题上的检验结果, 推断出整个测试集上的排序结果。

在 MATLAB 的统计工具箱, 命令 kruskalwallis 可以执行 Kruskal-Wallis 检验, 常用调用格式为

$$[p, \sim, \text{STATS}] = \text{kruskalwallis}(X)$$

其中, X 的每一列表示一组样本数据。该调用格式执行双边检验, 并返回 p 值和结构体 STATS。注意, 这里的 p 值是最显著 (最小) 的单边值的两倍。p 值越小拒绝原假设的把握就越大, 默认小于 0.05 就拒绝。如果拒绝了原假设, 为了搞清楚是哪一组样本数据具有不同的分布, 可以用结构体 STATS 中的信息, 进行多个两两检验来判断。调用格式如下:

$$c = \text{multcompare}(\text{STATS})$$

其中, c 是一个 6 列的矩阵, 行数取决于两两检验的次数。第 1、2 列给出了哪两组样本数据进行检验, 第 6 列给出了检验的 p 值。从这些信息可以知道哪一组或哪些组样本数据来自不同的总体分布。

在 Python 的 SciPy 库中也有 Kruskal-Wallis 检验的实现方法, 有平局校正, 常用调用格式为

$$\text{scipy.stats.mstats.kruskal-wallis}(a, b, c)$$

其中, a, b, c 表示三组样本数据。检验结果返回 H 的统计值和对应的 p 值。

例 6.5 用 Kruskal-Wallis 检验来处理例 6.1 中的测试数据, 先只考虑对第一个测试问题进行检验, 所需数据为 $H(\text{end}, 1:50, 1, 1:3)$。Kruskal-Wallis 检验得到 p 值为 1.3583e-30, 拒绝原假设, 即认为 SPSO、GA 和 DE 三个算法在这个测试问题上的测试数据差异显著, 不可能来自相同的分布。为了搞清楚哪一个算法的数据来自不同的分布, 继续执行 multcompare 检验, 得到矩阵 c 如图 6.3 所示。从矩阵 c 可以看到, 每个两两检验 p 值都很小, 因此可以认为, SPSO、GA 和 DE 三个算法在这个测试问题上的测试数据分别来自三个不同的总体分布。

$c=$

1.0000	2.0000	−69.9840	−50.0000	−30.0160	0.0000
1.0000	3.0000	30.0160	50.0000	69.9840	0.0000
2.0000	3.0000	80.0160	100.0000	119.9840	0.0000

图 6.3 Kruskal-Wallis 检验的后续 multcompare 检验结果

根据例题 6.5, 可以用 Kruskal-Wallis 检验及后续的 multcompare 检验来获得各个算法在一个测试问题上的性能排序或评分。这里把它定义为集体比较评分策略。

定义 6.2 采用 Kruskal-Wallis 检验可以实现对多个算法的评分。① 先执行 Kruskal-Wallis 检验, 如果得到的 p 值小于 0.05, 则拒绝原假设, 认为至少一个算法性能有显著差异;

继续执行 multcompare 检验, 从矩阵 c 中的两两比较 p 值 (第 6 列) 与秩和 (第 4 列) 来判断各算法的排序, 第一名给 1 分, 第二名给 2 分, 以此类推。② 如果 Kruskal-Wallis 检验的 p 值超过 0.05, 则不拒绝原假设, 认为各个算法在该问题中性能没有显著差异。在上述两种情况下, 如果遇到不拒绝原假设的情况, 即两个或多个算法性能没有显著差异, 此时各算法打分为它们在无平局时打分的平均值。

根据定义 6.2, 如果三个算法比较, 且没有显著差异, 则全部打分为 $(1+2+3)/3=2$。如果三个算法比较, 两个算法没有显著差异, 但都比第三个算法好, 则前两个算法打分为 $(1+2)/2=1.5$, 第三个算法打分为 3。下面的例题阐述了如何把这个打分策略用在例题 6.1 的测试数据上。

例 6.6　用 Kruskal-Wallis 检验及定义 6.2 的打分策略来处理例 6.1 的测试数据。所需数据为 $H(\text{end}, 1:50, 1:68, 1:3)$。Kruskal-Wallis 检验的结果表明, 所有的 p 值都远小于 0.05, 即 SPSO、GA 和 DE 三个算法在 Hedar 集合的 68 个测试问题中, 数值性能都有显著差异。继续采用 multcompare 检验, 并采用定义 6.2 的打分策略, 得到具体的打分结果如表 6.4 所示。

注意, Kruskal-Wallis 检验和 Wilcoxon 秩和检验都只是考虑排位, 没有考虑差距的绝对值, 因此跟均值和标准差的判断有区别。比如第 18 号函数, SPSO 的均值和标准差都最小, 但按照秩和检验却是最差的算法。最终, 汇总得分后, SPSO, GA 和 DE 三个算法的得分分别为 132.5 分, 181.5 分和 94 分。

表 6.4　SPSO, GA 和 DE 求解 Hear 测试集的 Kruskal-Wallsi 检验

问题名称	SPSO	GA	DE	问题名称	SPSO	GA	DE
Ackley-2D	2	3	1	Easom	1.5	3	1.5
Ackley-5D	2	3	1	gp	2	3	1
Ackley-10D	2	3	1	Griewank-2D	3	2	1
Ackley-20D	1	3	2	Griewank-5D	3	1.5	1.5
Beal	2	3	1	Griewank-10D	2.5	1	2.5
Bohachevsky-1	1.5	3	1.5	Griewank-20D	1.5	1.5	3
Bohachevsky-2	1.5	3	1.5	Hart3	2	3	1
Bohachevsky-3	1.5	3	1.5	Hart6	2	3	1
Booth	2	3	1	Hump	2	3	1
Branin	2	3	1	Levy-2D	2	3	1
Colville	2	3	1	Levy-5D	2	3	1
Dixon-Price-2D	2	3	1	Levy-10D	2	3	1
Dixon-Price-5D	2	3	1	Levy-20D	1	3	2
Dixon-Price-10D	3	1.5	1.5	Matyas	2	3	1
Dixon-Price-20D	1	3	2	Michalewics-2D	1.5	3	1.5

续表

问题名称	SPSO	GA	DE	问题名称	SPSO	GA	DE
Michalewics-5D	2.5	2.5	1	Schwefel-20D	3	2	1
Michalewics-10D	3	2	1	Shekel5	2	3	1
Perm	1.5	3	1.5	Shekel7	2	3	1
Powell-4D	2	3	1	Shekel10	2	3	1
Powell-12D	2	3	1	Shubert	2.5	2.5	1
Powell-24D	1	2	3	sphere-2D	2	3	1
Powell-48D	1	2	3	sphere-5D	2	3	1
powersum	1	2.5	2.5	sphere-10D	2	3	1
Rastrigin-2D	1.5	3	1.5	sphere-20D	1	3	2
Rastrigin-5D	3	2	1	sum square-2D	2	3	1
Rastrigin-10D	3	1.5	1.5	sum square-5D	2	3	1
Rastrigin-20D	2	1	3	sum square-10D	2	3	1
Rosenbrock-2D	2	3	1	sum square-20D	2	3	1
Rosenbrock-5D	2.5	2.5	1	trid-6D	2	3	1
Rosenbrock-10D	3	1.5	1.5	trid-10D	1	3	2
Rosenbrock-20D	1.5	3	1.5	Zakharov-2D	2	3	1
Schwefel-2D	1.5	3	1.5	Zakharov-5D	2	3	1
Schwefel-5D	2.5	2.5	1	Zakharov-10D	1	2.5	2.5
Schwefel-10D	3	2	1	Zakharov-20D	1	2	3
总分					132.5	181.5	94

6.2.2　参数检验

非参数检验适用于总体分布信息未知的情形，如果总体分布信息已知，通常采用参数检验。本节介绍的参数检验要求总体是正态分布的，且对两个正态总体的方差有一定的要求。为了验证这两个条件是否满足，需要对样本数据进行正态检验和方差齐性检验，前者检验样本数据是否来自正态分布，后者检验两个正态总体的方差是否相等。

1) 参数检验的预检验: 正态检验和方差齐性检验

检验某个最优化算法在一个测试问题中的测试数据是否来自正态总体，可以采用 Kolmogrov-Smirnov 检验。该检验也是一个非参数检验，一般用双边检验，原假设和备择假设分别为:

(1) H_0: 样本数据来自正态总体;

(2) H_1: 样本数据不是来自正态总体。

其检验统计量为

$$\text{KS} = \max_x |\hat{\varPhi}(x) - \varPhi(x)| \tag{6.8}$$

其中, $\varPhi(x)$ 为原假设成立时的正态分布的分布函数; 而 $\hat{\varPhi}(x)$ 为样本数据的经验分布函数。

以上单样本的 Kolmogrov-Smirnov 检验可以推广到两个样本的 Kolmogrov-Smirnov 检验, 后者检验这两个样本是否来自同一个总体。其检验统计量为

$$\text{KS} = \max_x |\hat{F}_1(x) - \hat{F}_2(x)| \tag{6.9}$$

其中, $\hat{F}_1(x)$ 和 $\hat{F}_2(x)$ 分别是两个样本的经验分布函数。注意双样本 Kolmogrov-Smirnov 检验并不是用于检验样本数据是否来自正态分布的, 事实上, 它的作用类似于 Wilcoxon 的秩和检验, 用于检验两组样本数据是否来自同一个总体。

Kolmogrov-Smirnov 检验的实施可以通过 MATLAB 或者 Python 等软件来实现。后者可调用 scipy.stats.kstest 来实现, 这里主要介绍前者。在 MATLAB 中, kstest 和 kstest2 分别用于单样本和双样本的 Kolmogrov-Smirnov 检验。其中, kstest 检验样本是否来自标准正态分布, 因此需要先将样本数据标准化。常用调用格式为:

$$\boldsymbol{x} = (\boldsymbol{t}- \text{mean}(\boldsymbol{t}))/\text{std}(\boldsymbol{t})$$
$$[h,p] = \text{kstest}(\boldsymbol{x})$$

其中, 第一行代码中的 $\boldsymbol{t}$ 为原始数据组成的向量, $\boldsymbol{x}$ 为其标准化后的向量; 返回值 h 等于 1 或 0, 分别表示拒绝或不拒绝原假设, p 为检验的 p 值。双样本的 Kolmogrov-Smirnov 检验不需要对样本数据标准化, 常用调用格式为

$$[h,p] = \text{kstest2}(\boldsymbol{x}_1,\boldsymbol{x}_2)$$

其中, $\boldsymbol{x}_1$ 和 $\boldsymbol{x}_2$ 分别为两组样本数据组成的向量; h 和 p 的含义与 kstest 调用时相同。

总之, 可以两次调用单样本 Kolmogrov-Smirnov 检验, 分别检验两个算法在同一测试问题上的测试数据是否都来自正态总体。如果答案是肯定的, 那么可以采用下一小节介绍的 t 检验, 检验两个总体的均值是否相等。但在 t 检验之前, 通常还要用 F 检验来判断两个正态总体是否具有方差齐性。该性质对于采用何种 t 检验具有重要指导作用。

F 检验的原假设和备择假设分别为:

(1) H_0: 两个正态总体的方差相同;

(2) H_1: 两个正态总体的方差不同。

其检验统计量为

$$F = \frac{S_1^2}{S_2^2} \tag{6.10}$$

其中 S_1^2, S_2^2 是两个样本方差。显然, 如果原假设成立, 则统计量 F 应该在 1 的附近; 反之, 如果 F 远离 1 则有理由拒绝原假设。可以证明, 原假设成立时, 统计量 F 服从 $F(n_1-1, n_2-1)$ 分布, 其中 n_1, n_2 分别是两组样本的容量。

在很多软件中都有实现 F 检验的功能。比如在 MATLAB 中, 用 vartest2 可以检验两组样本数据是否来自方差相同的正态总体。常用调用格式为

$$[h,p] = \text{vartest2}(x,y)$$

其中, 输入变量 x, y 表示两组样本数据; h 和 p 的含义与前面相同。此外, MATLAB 还提供了 vartestn 命令, 它基于 Bartlett 检验, 用以检验多组样本数据是否来自方差相同的正态总体。常用调用格式为

$$p = \text{vartestn}(x)$$

其中, p 为检验得到的 p 值。该命令还能输出一个统计信息表和一幅箱体图, 能大致看出是哪组样本数据的方差不同。

下面的例子将用 kstest, vartest2 和 vartestn 检验 SPSO、DE 和 GA 三个算法在 Hedar 测试集合上的测试数据是否满足正态检验和方差齐性检验。

例 6.7   对例题 6.1 中的测试数据进行正态检验以及方差齐性检验, 显著性水平默认为 0.05。这里只需要用到每次测试得到的最好结果 $\boldsymbol{H}(\text{end}, 1:50, 1:68, 1:3)$。首先采用 kstest 进行正态检验, 如果三个算法的测试数据都不是正态的, 则无须进行方差齐性检验; 如果只有两个算法的测试数据是正态的, 则用 vartest2 来进行方差齐性检验; 如果三个算法的测试数据都是正态的, 则用 vartestn 进行方差齐性检验。表 6.5 列出了检验结果。其中, K 表示 kstest 的检验结果, 1 表示不是正态总体 (拒绝原假设), 0 表示正态总体 (不拒绝原假设); F 表示 vartest2 或 vartestn 检验的结果, "—" 表示没有检验, 1 表示方差不相等 (拒绝原假设), 0 表示方差相等 (不拒绝原假设)。

表 6.5   SPSO, GA 和 DE 求解 Hear 测试集的最终数据的正态检验

问题名称	SPSO		GA		DE		问题名称	SPSO		GA		DE	
	K	F	K	F	K	F		K	F	K	F	K	F
Ackley-2D	1	—	1	—	1	—	Dixon-Price2D	1	—	1	—	1	—
Ackley-5D	0	—	1	—	1	—	Dixon-Price5D	1	—	1	—	1	—
Ackley-10D	0	1	0	1	1	—	Dixon-Price10D	1	—	1	—	1	—
Ackley-20D	0	1	0	1	0	1	Dixon-Price20D	1	—	0	1	0	1
Beal	1	—	1	—	1	—	Easom	1	—	1	—	1	—
Bohachevsky-1	1	—	1	—	1	—	gp	1	—	1	—	1	—
Bohachevsky-2	1	—	1	—	1	—	Griewank-2D	1	—	1	—	1	—
Bohachevsky-3	1	—	1	—	1	—	Griewank-5D	0	—	1	—	1	—
Booth	1	—	1	—	1	—	Griewank-10D	0	—	1	—	0	—
Branin	1	—	1	—	1	—	Griewank-20D	1	—	0	1	0	1
Colville	1	—	1	—	1	—	Hart3	1	—	1	—	1	—

续表

问题名称	SPSO		GA		DE		问题名称	SPSO		GA		DE	
	K	F	K	F	K	F		K	F	K	F	K	F
Hart6	1	—	1	—	1	—	Rosenbrock20D	1	—	0	—	1	—
Hump	1	—	1	—	1	—	Schwefel-2D	1	—	1	—	1	—
Levy-2D	1	—	1	—	1	—	Schwefel-5D	0	—	1	—	1	—
Levy-5D	1	—	1	—	1	—	Schwefel-10D	0	1	0	1	1	—
Levy-10D	1	—	1	—	1	—	Schwefel-20D	0	1	0	1	1	—
Levy-20D	1	—	1	—	0	—	Shekel5	1	—	1	—	1	—
Matyas	1	—	1	—	1	—	Shekel7	1	—	1	—	1	—
Michalewics2D	1	—	1	—	1	—	Shekel10	1	—	1	—	1	—
Michalewics5D	1	—	1	—	1	—	Shubert	1	—	1	—	1	—
Michalewics10D	0	1	0	1	1	—	sphere-2D	1	—	1	—	1	—
Perm	1	—	1	—	1	—	sphere-5D	0	—	1	—	1	—
Powell-4D	1	—	0	—	1	—	sphere-10D	1	—	0	—	1	—
Powell-12D	1	—	1	—	1	—	sphere-20D	0	1	0	1	0	1
Powell-24D	0	1	1	—	0	1	sum square2D	1	—	1	—	1	—
Powell-48D	0	1	1	—	0	1	sum square5D	0	—	1	—	1	—
powersum	1	—	1	—	0	—	sum square10D	1	—	1	—	1	—
Rastrigin-2D	1	—	1	—	1	—	sum square20D	1	—	0	1	0	1
Rastrigin-5D	0	—	1	—	1	—	trid-6D	1	—	1	—	1	—
Rastrigin-10D	0	—	1	—	1	—	trid-10D	1	-	0	-	1	-
Rastrigin-20D	0	0	0	1	0	0	Zakharov-2D	1	—	1	—	1	—
Rosenbrock2D	1	—	1	—	1	—	Zakharov-5D	1	—	1	—	1	—
Rosenbrock5D	0	—	1	—	1	—	Zakharov-10D	1	—	1	—	1	—
Rosenbrock10D	1	—	0	1	0	1	Zakharov-20D	0	1	1	—	0	1

从表 6.5 可以看到, 绝大多数 (157/204≈77%) 的测试数据样本都不满足正态检验; 只有 15 个问题出现了两个或三个算法满足正态检验, 从而可以进一步进行方差齐性检验的情况。而方差齐性检验的结果表明, 几乎所有测试数据样本都不满足方差齐性。唯一的例外是第 42 号函数 (Rastrigin-20D), 其在 vartestn 检验中不满足三个算法的方差齐性, 但进一步的两两检验表明, SPSO 和 DE 勉强可以算得上是方差相等的 (p 值为 0.0657)。

例题 6.7 的结果表明, 多数情况下测试数据都不太可能来自正态总体, 即便两个算法的测试数据都近似正态, 它们的方差相等的可能性也很小。由于 SPSO、GA 和 DE 是很有代表性的智能优化算法, 我们认为, 从例题 6.7 得到的上述结论也很有代表性意义。正因为如此, 如果采用假设检验的方法来分析数据, 我们推荐优先采用 6.2.1 节介绍的非参数检验方法。只有在样本数据经受了正态检验后, 才能考虑用本节后续介绍的参数检验方法。

2) 成对双总体的 t 检验

参数检验中的成对 t 检验可类比于非参数检验中的 Wilcoxon 符号秩检验, 它们都作用于成对的样本数据, 检验这两组数据是否有显著差异。具体来说, Wilcoxon 符号秩检验要检验的是两组样本数据的中位数是否相等, 而成对 t 检验要检验的是两组样本数据的均值是否相等。也就是说, 成对 t 检验的原假设与备择假设可具体表述为:

(1) H_0: 算法 A_1, A_2 在各测试问题上找到的最好平均值之差 $\bar{H}(\text{end}, 1:n_p, A_1) - \bar{H}(\text{end}, 1:n_p, A_2)$ 来自均值为 0 的正态总体;

(2) H_1: 算法 A_1, A_2 在各测试问题上找到的最好平均值之差 $\bar{H}(\text{end}, 1:n_p, A_1) - \bar{H}(\text{end}, 1:n_p, A_2)$ 来自均值不为 0 的正态总体。

成对 t 检验的本质是单总体 t 检验, 其检验统计量为

$$t = \frac{\bar{x}_1 - \bar{x}_2}{s/\sqrt{n_p}} \tag{6.11}$$

其中, $\bar{x}_1 - \bar{x}_2$ 和 s 分别为两组样本之差 $\bar{H}(\text{end}, 1:n_p, A_1) - \bar{H}(\text{end}, 1:n_p, A_2)$ 的均值和标准差。在原假设成立的条件下, 统计量 t 服从自由度为 $n_p - 1$ 的 t 分布。下面给出了成对 t 检验的实现流程。

数据分析方法 VI: 双总体成对 t 检验

1. 适用场景: 算法改进场景。

2. 前提假设: 双总体之差是正态总体。

- 所需数据: $\bar{H}(\text{end}, 1:n_p, 1:n_s)$。
- 对整个测试问题集合, 执行以下检验:
  - 对两个算法 (原始算法及其改进算法), 执行一次成对 t 检验:
    * 计算差值: 计算 $\bar{H}(\text{end}, :, A_1) - \bar{H}(\text{end}, :, A_2)$, 得到 n_p 个差值;
    * 根据式 (6.11) 得到检验统计值;
    * 判断检验统计值是否落入拒绝域, 若是则拒绝 H_0, 否则不拒绝 H_0。

在 Python 中, 成对 t 检验可用如下的方式实施:

$$\text{scipy.stats.ttest\_1samp}(\textbf{rvs}, 0.0)$$

其中, **rvs** 是两组数据之差组成的向量。在 MATLAB 中, 成对 t 检验由 ttest 命令实现, 常用调用格式为

$$[h, p] = \text{ttest}(x, y)$$

其中, x, y 为两组输入数据; h 和 p 分别是检验结果和检验 p 值, 含义与前面相同。

下面的例题用成对 t 检验对例题 6.1 中的数据进行检验, 以检验各算法在这些问题中的性能是否有显著差异。

例 6.8　用成对 t 检验对 SPSO、GA 和 DE 在 Hedar 测试集上的测试数据进行检验，以推断三个算法的数值性能差异。三个算法两两比较，需要进行三次检验。

首先，要对三组测试数据之差进行正态检验。具体来说，我们采用 kstest 检验如下三个向量是否正态分布。

$$\bar{H}(\text{end}, 1:68, 1) - \bar{H}(\text{end}, 1:68, 2)$$

$$\bar{H}(\text{end}, 1:68, 1) - \bar{H}(\text{end}, 1:68, 3)$$

$$\bar{H}(\text{end}, 1:68, 2) - \bar{H}(\text{end}, 1:68, 3)$$

结果表明，三次检验的 p 值都非常小，因此它们都不满足正态性。

如果不管正态检验的结果，坚持用成对 t 检验对它们进行显著性检验，则可以得到如表 6.6 所示的结果。从中可以得到三次检验都不拒绝原假设，也就是三个算法的数值性能都没有显著差异的结论。

表 6.6　SPSO, GA 和 DE 求解 Hear 测试问题集的成对 t 检验

算法	SPSO	GA	DE
SPSO	—	0.2042	0.8882
GA	0.2042	—	0.4149
DE	0.8882	0.4149	—

对比表 6.6 的成对 t 检验结果和表 6.2 给出的 Wilcoxon 符号秩检验结果，可以发现，前者的 p 值显著大于后者；SPSO 和 DE 的最终检验结果相同 (不拒绝原假设，即它们没有显著差异)，但是其他两个检验的结果都不同了，也就是说 GA 和 SPSO 以及 DE 的显著性差异没有被成对 t 检验发现。这表明，在总体没有经受正态检验的条件下，强行实施成对 t 检验的效果是很差的。

3) 独立双总体的 t 检验

通过将同一个测试问题上两个算法的平均性能看成一对变量，成对双总体的 t 检验对任意两个算法在一个测试集合上做一次检验即可，比较简便。但是，它抹除了两个算法在同一个问题上的随机波动。独立双总体的 t 检验可以更细致地考查这种随机波动。

独立双总体的 t 检验在每个测试问题上进行一次 t 检验，推断两个算法在该问题上的数值性能是否有显著差异，然后汇总成整个测试问题集合上的性能差异推断。在每个测试问题上，t 检验的原假设和备择假设分别为：

(1) H_0: 两个算法在该问题上的测试数据来自均值相等的正态总体；

(2) H_1: 两个算法在该问题上的测试数据来自均值不相等的正态总体。

具体来说，在给定的第 i 个测试问题上，两个算法 A_1, A_2 的测试数据 $H(\text{end}, 1:n_r, i, [A_1, A_2])$ 被看成两个独立正态总体的抽样，t 检验要推断的是这两个独立正态总体是否具有相等的均值。

经典的独立双总体 t 检验要求正态总体的方差 (未知但) 相等, 此时的 t 检验统计量为

$$t = \frac{\bar{X}_1 - \bar{X}_2}{\sqrt{(S_1^2 + S_2^2)/n_{\mathrm{r}}}} \sim t(d) \tag{6.12}$$

其中, $\bar{X}_1, \bar{X}_2$ 是两组样本的均值; S_1^2, S_2^2 是两组样本的方差; d 为 t 分布的自由度。在原假设成立的条件下, 统计量 t 服从自由度为 $d = 2n_{\mathrm{r}} - 2$ 的 t 分布。

遗憾的是, 在最优化算法的数值比较场景中, 方差齐性并不容易满足, 正如例题 6.7 所揭示的。因此通常不能直接用式 (6.12) 的统计量 $t \sim t(2n_{\mathrm{r}} - 2)$ 来进行检验。此时主流的策略是继续采用式 (6.12) 的统计量, 但是对 t 分布的自由度进行校正。常用的校正方法是 Satterthwaite 的自由度近似, 即

$$d = \frac{(n_r - 1)(S_1^2 + S_2^2)^2}{S_1^4 + S_2^4} \tag{6.13}$$

显然, 当 $S_1^2 = S_2^2$ 时, 上述近似可得 $d = 2(n_r - 1)$, 与方差齐性满足时一致。考虑到方差齐性很难满足, 同时 Satterthwaite 的自由度近似理论性质和检验效果俱佳, 因此, 在独立双总体的 t 检验中, 一般直接采用 Satterthwaite 的近似 t 检验。这也是为何在图 6.2 中直接用近似 t 检验的理由。下面给出了独立双总体 t 检验的实现流程。

数据分析方法 VII: 独立双总体的 Satterthwaite 近似 t 检验

1. 适用场景: 检验两个最优化算法在给定问题上的测试数据的均值有没有显著差异。
2. 前提假设: 正态总体。

- 所需数据: $\boldsymbol{H}(\mathrm{end}, 1:n_{\mathrm{r}}, 1:n_{\mathrm{p}}, 1:n_{\mathrm{s}})$。
- 对每一个测试问题 $k = 1, 2, \cdots, n_{\mathrm{p}}$, 执行以下检验:
  - 对两个算法 $\in \{1, 2, \cdots, n_{\mathrm{s}}\}$, 执行 Satterthwaite 近似 t 检验:
    * 根据式 (6.12) 计算检验统计量。
    * 根据式 (6.13) 计算 t 分布的自由度。
    * 查表判断检验结果。
- 汇总不同问题上的检验结果, 推断整个测试集上的排序结果。

在 Python 中, 独立双总体 t 检验可用如下的方式实施:

$$\mathrm{scipy.stats.ttest\_ind(rvs1, rvs2)}$$

其中, rvs1, rvs2 是两组样本数据。在 MATLAB 中, 独立双总体 t 检验由 ttest2 命令实现, 采用 Satterthwaite 近似 t 检验的调用格式为

$$[h, p] = \mathrm{ttest2}(x, y, \mathrm{'Vartype'}, \mathrm{'unequal'})$$

其中, x, y 是两组样本数据。也就是说, 只要总体方差不满足齐性, 在 MATLAB 中就采用 Satterthwaite 近似 t 检验。

例 6.9 用 Satterthwaite 近似 t 检验对例题 6.1 中的测试数据进行分析, 推断 SPSO、GA 和 DE 算法在 Hedar 测试集上的数值性能是否有显著差异。特别关注例题 6.7 中 DE

算法和其他至少一个算法都通过了正态检验的 11 个测试问题。其中, 第 15, 20, 21, 36, 37, 45, 62 和 68 号函数上有两个算法通过了正态检验, 而在第 4, 42 和 58 号函数上三个算法都通过了正态检验。表 6.7 给出了检验结果, 其中方框表示 p 值对应的算法和 DE 一起都通过了正态检验。

在表 6.7 中, p 值小于 0.05 表明该算法与 DE 算法有显著差异, 反之则没有充分证据表明存在显著差异; p 值越小差异越显著。从中可以发现, 在 SPSO 与 DE 的比较中, 近似 t 检验的结果与秩和检验的结果多数保持一致, 只有在 13 个测试问题上结果相反。在 GA 与 DE 的比较中, 情况类似, 只有在 14 个测试问题上结果相反。进一步, 如果总体是正态的, 则近似 t 检验的结果与秩和检验的结果基本保持一致。具体来说, 除了第 20 号函数是个例外, 方框框住的其他 13 个 p 值对应的检验结果, 都与该问题上秩和检验的结果一致。

表 6.7　SPSO, GA 和 DE 求解 Hear 测试集的 Satterthwaite 近似 t 检验

问题	SPSO		GA		DE
序号	近似 t 检验 p 值	秩和检验 p 值	近似 t 检验 p 值	秩和检验 p 值	均值 ± 标准差
1	0.0000	0.000	0.1849	0.000	8.88E-16±0.00E+00
2	0.0000	0.000	0.0613	0.000	9.59E-16±4.97E-16
3	0.0000	0.000	0.0000	0.000	1.03E-10±7.95E-11
4	0.0000	0.000	0.0000	0.000	5.81E-03±1.80E-03
5	0.0006	0.000	0.0833	0.000	0.00E+00±0.00E+00
6	NaN	NaN	0.1603	0.000	0.00E+00±0.00E+00
7	NaN	NaN	0.0170	0.000	0.00E+00±0.00E+00
8	NaN	NaN	0.0000	0.000	0.00E+00±0.00E+00
9	0.0001	0.000	0.0012	0.000	0.00E+00±0.00E+00
10	0.3054	0.000	0.0000	0.000	3.98E-01±3.33E-16
11	0.1259	0.000	0.0000	0.000	4.96E-07±2.42E-06
12	0.1387	0.000	0.0000	0.000	3.70E-32±0.00E+00
13	0.1302	0.000	0.0443	0.000	2.54E-20±1.23E-19
14	0.3175	0.000	0.0000	0.085	6.65E-01±1.13E-02
15	0.0000	0.000	0.0000	0.000	9.09E-01±1.77E-01
16	NaN	NaN	0.0000	0.000	−1.00E+00±0.00E+00
17	0.0000	0.000	0.1594	0.000	3.00E+00±3.37E-15
18	0.0005	0.000	0.2387	0.000	1.63E-03±3.06E-03
19	0.0000	0.000	0.3863	0.018	4.67E-03±4.82E-03
20	0.1688	0.045	0.0000	0.000	1.33E-01±6.30E-02
21	0.0000	0.000	0.0000	0.000	3.19E-01±9.26E-02

问题序号	SPSO		GA		DE
	近似 t 检验 p 值	秩和检验 p 值	近似 t 检验 p 值	秩和检验 p 值	均值 $\pm$ 标准差
22	0.0000	0.000	0.3222	0.000	$-3.86\text{E}+00\pm3.11\text{E-}15$
23	0.0216	0.000	0.0007	0.000	$-3.30\text{E}+00\pm4.77\text{E-}02$
24	0.1321	0.000	0.1594	0.000	$4.65\text{E-}08\pm9.97\text{E-}17$
25	0.0000	0.000	0.0009	0.000	$1.50\text{E-}32\pm1.37\text{E-}47$
26	0.0000	0.000	0.3222	0.000	$1.50\text{E-}32\pm1.37\text{E-}47$
27	0.0000	0.000	0.0000	0.000	$6.54\text{E-}21\pm1.18\text{E-}20$
28	0.0128	0.000	0.0106	0.000	$6.19\text{E-}04\pm5.84\text{E-}04$
29	0.0000	0.000	0.0000	0.000	$1.18\text{E-}55\pm7.21\text{E-}55$
30	1.0000	0.327	0.0058	0.000	$-1.80\text{E}+00\pm1.11\text{E-}15$
31	0.0000	0.000	0.0000	0.000	$-4.68\text{E}+00\pm2.29\text{E-}02$
32	0.0000	0.000	0.0000	0.000	$-9.63\text{E}+00\pm4.56\text{E-}02$
33	0.4687	0.326	0.0040	0.002	$1.20\text{E-}01\pm1.21\text{E-}01$
34	0.0000	0.000	0.0000	0.000	$9.59\text{E-}18\pm2.15\text{E-}17$
35	0.0000	0.000	0.0000	0.000	$5.52\text{E-}03\pm3.10\text{E-}03$
36	0.0000	0.000	0.0000	0.000	$1.50\text{E}+02\pm4.68\text{E}+01$
37	0.0000	0.000	0.0000	0.000	$4.65\text{E}+03\pm8.49\text{E}+02$
38	0.0000	0.000	0.7486	0.533	$2.36\text{E-}02\pm1.74\text{E-}02$
39	NaN	NaN	0.0062	0.000	$0.00\text{E}+00\pm0.00\text{E}+00$
40	0.0000	0.000	0.0002	0.000	$3.98\text{E-}02\pm1.95\text{E-}01$
41	0.0000	0.000	0.0005	0.970	$1.01\text{E}+00\pm1.78\text{E}+00$
42	0.0000	0.000	0.0000	0.000	$7.97\text{E}+01\pm7.88\text{E}+00$
43	0.0067	0.000	0.0084	0.000	$0.00\text{E}+00\pm0.00\text{E}+00$
44	0.0000	0.000	0.0004	0.000	$2.88\text{E-}03\pm4.03\text{E-}03$
45	0.0000	0.000	0.4998	0.743	$3.37\text{E}+00\pm4.82\text{E-}01$
46	0.0016	0.770	0.0000	0.000	$2.38\text{E}+01\pm1.33\text{E}+01$
47	0.0193	0.012	0.0036	0.000	$2.55\text{E-}05\pm0.00\text{E}+00$
48	0.0000	0.000	0.0000	0.000	$2.37\text{E}+00\pm1.66\text{E}+01$
49	0.0000	0.000	0.0000	0.000	$7.11\text{E}+00\pm2.81\text{E}+01$
50	0.0000	0.000	0.0000	0.000	$9.49\text{E}+00\pm3.21\text{E}+01$
51	0.3568	0.000	0.00000	0.000	$-1.00\text{E}+01\pm1.05\text{E}+00$
52	0.1594	0.000	0.0000	0.000	$-1.02\text{E}+01\pm1.04\text{E}+00$

续表

问题序号	SPSO		GA		DE
	近似 t 检验 p 值	秩和检验 p 值	近似 t 检验 p 值	秩和检验 p 值	均值 ± 标准差
53	0.3222	0.000	0.0000	0.000	$-1.04\text{E}+01\pm7.57\text{E-}01$
54	0.1253	0.000	0.1734	0.000	$-1.87\text{E}+02\pm5.21\text{E-}14$
55	0.0008	0.000	0.0041	0.000	$4.33\text{E-}115\pm2.84\text{E-}114$
56	0.0000	0.000	0.0000	0.000	$2.32\text{E-}53\pm5.37\text{E-}53$
57	0.0000	0.000	0.0000	0.000	$2.70\text{E-}22\pm2.61\text{E-}22$
58	0.0000	0.000	0.0000	0.000	$2.14\text{E-}06\pm1.26\text{E-}06$
59	0.0004	0.000	0.0040	0.000	$5.18\text{E-}114\pm3.30\text{E-}113$
60	0.0000	0.000	0.0000	0.000	$2.49\text{E-}52\pm4.71\text{E-}52$
61	0.0000	0.000	0.0000	0.000	$8.91\text{E-}21\pm2.07\text{E-}20$
62	0.0000	0.000	0.0000	0.000	$7.04\text{E-}05\pm4.48\text{E-}05$
63	0.0000	0.000	0.0555	0.000	$-5.00\text{E}+01\pm5.85\text{E-}14$
64	0.0000	0.000	0.00000	0.000	$-2.09\text{E}+02\pm9.42\text{E-}01$
65	0.1617	0.000	0.0022	0.000	$9.07\text{E-}101\pm6.32\text{E-}100$
66	0.0000	0.000	0.0000	0.000	$1.08\text{E-}24\pm3.73\text{E-}24$
67	0.0000	0.000	0.2706	0.237	$1.24\text{E-}02\pm1.19\text{E-}02$
68	0.0000	0.000	0.0000	0.000	$7.16\text{E}+01\pm1.41\text{E}+01$

对例 6.9 的观察表明, 独立双总体的近似 t 检验结果与 Wilcoxon 的秩和检验结果 80% 保持一致, 特别是当独立双总体的抽样数据都符合正态分布时, 这两类检验的结果 93% 以上保持一致。这大量的一致性主要归功于独立测试次数 $n_r = 50$ 比较大, 此时中心极限定理保证了, 每个算法的测试数据即便没有很好地通过正态检验, 也近似符合正态检验。我们把它归纳为如下的性质 (即命题 6.1)。文献 [44] 在其 2.2.5.2 节内容中提出了类似的判断。

命题 6.1　当独立测试次数 n_r 比较大 (至少 30 以上, 最好 50 以上) 时, 不管测试数据是否通过正态检验, 独立双总体的近似 t 检验都可以较好地检验出算法的性能差异是否显著。当然, 测试数据都能通过正态检验的话, 检验效能更佳。

4) 独立多总体的方差分析

方差分析 (analysis of variance, ANOVA) 是数理统计学中应用最广泛的技术之一。它主要检验多个独立正态总体的均值是否受某些因素的影响, 如果均值都相等则认为不受影响, 否则就认为有影响。根据本书考虑的最优化算法数值比较的实际需要, 这里只介绍单因素方差分析 (one-way ANOVA)。

本节需要的数据是

$$\boldsymbol{H}(\text{end}, 1:n_r, 1:n_p, 1:n_s) \tag{6.14}$$

且对每一个测试问题 $k = 1, 2, \cdots, n_{\mathrm{p}}$, 对矩阵

$$\boldsymbol{H}(\mathrm{end}, 1:n_{\mathrm{r}}, k, 1:n_{\mathrm{s}}) \tag{6.15}$$

执行一次方差分析。此时的算法被当成 "因素", n_{s} 个算法被看成是该因素的 n_{s} 个水平。进一步, 各算法在第 k 个测试问题上的 n_{r} 次独立测试, 被假设为来自方差相等的 n_{s} 个正态总体。在此基础上, 原假设和备择假设可描述如下:

(1) H_0: 这 n_{s} 个正态总体的均值完全相等;

(2) H_1: 这 n_{s} 个正态总体的均值不完全相等。

为论述方便, 记

$$\boldsymbol{X} = \boldsymbol{H}(\mathrm{end}, 1:n_{\mathrm{r}}, k, 1:n_{\mathrm{s}}), \quad \bar{X} = \frac{1}{n_{\mathrm{s}} n_{\mathrm{r}}} \sum_{j=1}^{n_{\mathrm{s}}} \sum_{i=1}^{n_{\mathrm{r}}} X_{ij}$$

则 $\boldsymbol{X}$ 是一个 $n_{\mathrm{r}} \times n_{\mathrm{s}}$ 的矩阵, $\bar{X}$ 是其总平均值。方差分析首先将总偏差平方和 S_{T} 分解成误差平方和 S_{E} 与效应平方和 S_{A}, 它们的表达式分别为

$$S_{\mathrm{T}} = \sum_{j=1}^{n_{\mathrm{s}}} \sum_{i=1}^{n_{\mathrm{r}}} (X_{ij} - \bar{X})^2 \tag{6.16}$$

$$S_{\mathrm{A}} = \sum_{j=1}^{n_{\mathrm{s}}} \sum_{i=1}^{n_{\mathrm{r}}} (\bar{X}_{\cdot j} - \bar{X})^2 \tag{6.17}$$

$$S_{\mathrm{E}} = \sum_{j=1}^{n_{\mathrm{s}}} \sum_{i=1}^{n_{\mathrm{r}}} (X_{ij} - \bar{X}_{\cdot j})^2 \tag{6.18}$$

其中, $\bar{X}_{\cdot j}$ 是第 j 个算法在该问题上的平均性能, 即

$$\bar{X}_{\cdot j} = \frac{1}{n_{\mathrm{r}}} \sum_{i=1}^{n_{\mathrm{r}}} X_{ij}$$

因此, $S_{\mathrm{A}}, S_{\mathrm{E}}$ 又分别被称为组间误差平方和与组内误差平方和。

然后, 构建了如下的统计量

$$F = \frac{S_{\mathrm{A}}/(n_{\mathrm{s}} - 1)}{S_{\mathrm{E}}/(n_{\mathrm{s}}(n_{\mathrm{r}} - 1))} \tag{6.19}$$

在原假设成立的条件下, 上述统计量 F 服从分布 $F(n_{\mathrm{s}} - 1, n_{\mathrm{s}}(n_{\mathrm{r}} - 1))$。据此就可以对给定的测试问题进行方差分析。下面给出了单因素 ANOVA 检验的实现流程。

数据分析方法 VIII: 单因素 ANOVA 检验

1. **适用场景**: 检验三个或三个以上算法在给定问题上的测试数据的均值有没有显著差异。

2. **前提假设**: (1) 正态总体; (2) 总体方差相等。

- **所需数据**: $\boldsymbol{H}(\mathrm{end}, 1:n_{\mathrm{r}}, 1:n_{\mathrm{p}}, 1:n_{\mathrm{s}})$。

- 对每一个测试问题 $k = 1, 2, \cdots, n_{\mathrm{p}}$, 执行以下检验:
  - 对所有算法 $1, 2, \cdots, n_{\mathrm{s}}$, 执行 anova1 检验:
    * 按照式 (6.19) 计算检验统计值。
    * 查表判断检验结果。
- 汇总不同问题上的检验结果, 推断出整个测试集上的排序结果。

单因素方差分析在 Python 中用 f_oneway 实现, 调用格式为

$$\mathrm{scipy.stats.f\_oneway}(\boldsymbol{X})$$

其中, 输入 $\boldsymbol{X}$ 是一个 $n_{\mathrm{r}} \times n_{\mathrm{s}}$ 的矩阵, 也可按列输入, 每一列代表一个算法在该问题中的测试数据。在 MATLAB 中可用 anova1 来实现, 常用调用格式为

$$[p, {\sim}, \mathrm{STATS}] = \mathrm{anova1}(\boldsymbol{X})$$

其中, 输入 $\boldsymbol{X}$ 含义同上; 输出的是检验得到的 p 值和结构体 STATS。如果 p 值小于 0.05, 则拒绝原假设。此时, 为了搞清楚是哪一组样本数据具有不同的分布, 可以用结构体 STATS 中的信息, 进行多个两两检验来判断。调用格式如下:

$$\boldsymbol{c} = \mathrm{multcompare}(\mathrm{STATS})$$

其中, $\boldsymbol{c}$ 是一个 6 列的矩阵, 行数取决于两两检验的次数。第 1、2 列给出了哪两个算法的样本数据进行检验, 第 6 列给出了检验的 p 值。从这些信息可以知道哪一组或哪些组样本数据来自不同的总体分布。

例 6.10　用 anova 检验来处理例 6.1 中的测试数据, 先只考虑对第一个测试问题进行检验, 所需数据为 $\boldsymbol{H}(\mathrm{end}, 1:50, 1, 1:3)$。anova1 检验得到 p 值为 0.1675, 不拒绝原假设, 即认为 SPSO、GA 和 DE 三个算法在这个测试问题上的测试数据没有显著差异。如果继续执行 multcompare 检验, 得到矩阵 $\boldsymbol{c}$ 如图 6.4 所示。从图 6.4 的矩阵可以看到, 每个两两检验 p 值都不小, 因此不能拒绝 SPSO、GA 和 DE 三个算法在这个测试问题上的测试数据的均值不同。

$$
\boldsymbol{c}=
\begin{array}{cccccc}
1.0000 & 2.0000 & -0.3858 & -0.1592 & 0.0674 & 0.2260 \\
1.0000 & 3.0000 & -0.2266 & 0.0000 & 0.2266 & 1.0000 \\
2.0000 & 3.0000 & -0.0674 & 0.1592 & 0.3858 & 0.2260 \\
\end{array}
$$

图 6.4　anova1 检验的后续 multcompare 检验结果

下面根据定义 6.2 (用 anova1 检验代替 Kruskal-Wallis 检验), 如果三个算法比较, 且没有显著差异, 则全部打分为 (1+2+3)/3=2 分。如果三个算法比较, 两个算法没有显著差异, 但都比第三个算法好, 则前两个算法打分为 (1+2)/2=1.5 分, 第三个算法打分为 3 分。反之, 若两个算法没有显著差异, 但都比第三个算法差, 则前两个算法打分为 (2+3)/2=2.5 分。下面的例题把这个打分策略用在了例题 6.1 的测试数据上。

例 6.11　用 anova1 检验来处理例 6.1 的测试数据。所需数据为 H(end, 1 : 50, 1 : 68, 1 : 3)。并继续采用 multcompare 检验和定义 6.2 的打分策略，得到三个算法的具体打分结果如表 6.8 所示。最终，汇总得分后 SPSO, GA 和 DE 三个算法分别得到 120.5 分，171.5 分和 116 分。

表 6.8　SPSO, GA 和 DE 求解 Hear 测试集的 ANOVA 检验

问题名称	SPSO	GA	DE	问题名称	SPSO	GA	DE
Ackley-2D	2	2	2	Matyas	1.5	3	1.5
Ackley-5D	1.5	3	1.5	Michalewics-2D	1.5	3	1.5
Ackley-10D	1.5	3	1.5	Michalewics-5D	2	3	1
Ackley-20D	1.5	3	1.5	Michalewics-10D	3	2	1
Beal	2	2	2	Perm	1.5	3	1.5
Bohachevsky-1	2	2	2	Powell-4D	1.5	3	1.5
Bohachevsky-2	1.5	3	1.5	Powell-12D	1.5	3	1.5
Bohachevsky-3	1.5	3	1.5	Powell-24D	1.5	1.5	3
Booth	1.5	3	1.5	Powell-48D	1.5	1.5	3
Branin	2	2	2	powersum	1	2.5	2.5
Colville	1.5	3	1.5	Rastrigin-2D	1.5	3	1.5
Dixon-Price-2D	2	2	2	Rastrigin-5D	2.5	2.5	1
Dixon-Price-5D	1.5	3	1.5	Rastrigin-10D	3	1.5	1.5
Dixon-Price-10D	2.5	1	2.5	Rastrigin-20D	2	1	3
Dixon-Price-20D	1.5	3	1.5	Rosenbrock-2D	1.5	3	1.5
Easom	1.5	3	1.5	Rosenbrock-5D	1.5	3	1.5
gp	2	2	2	Rosenbrock-10D	3	1.5	1.5
Griewank-2D	2	2	2	Rosenbrock-20D	2	3	1
Griewank-5D	3	1.5	1.5	Schwefel-2D	1.5	3	1.5
Griewank-10D	2.5	1	2.5	Schwefel-5D	3	2	1
Griewank-20D	1.5	1.5	3	Schwefel-10D	3	2	1
Hart3	2	2	2	Schwefel-20D	3	2	1
Hart6	1.5	3	1.5	Shekel5	1.5	3	1.5
Hump	2	2	2	Shekel7	1.5	3	1.5
Levy-2D	1.5	3	1.5	Shekel10	1.5	3	1.5
Levy-5D	2	2	2	Shubert	2	2	2
Levy-10D	1.5	3	1.5	sphere-2D	1.5	3	1.5
Levy-20D	1.5	3	1.5	sphere-5D	1.5	3	1.5

续表

问题名称	SPSO	GA	DE	问题名称	SPSO	GA	DE
sphere-10D	1.5	3	1.5	trid-6D	1.5	3	1.5
sphere-20D	1.5	3	1.5	trid-10D	1	3	2
sum square-2D	1.5	3	1.5	Zakharov-2D	1.5	3	1.5
sum square-5D	1.5	3	1.5	Zakharov-5D	1.5	3	1.5
sum square-10D	1.5	3	1.5	Zakharov-10D	1	2.5	2.5
sum square-20D	1.5	3	1.5	Zakharov-20D	1	2	3
总分					120.5	171.5	116

6.3　基于累积分布函数的数据分析方法

6.2 节介绍的基于推断统计的数据分析方法, 虽然可以较好地分析数据的随机波动, 但是也带来了不少问题, 下面仅列举三个重要方面。第一, 通常对每个测试问题都要进行 $C_{n_s}^2$ 次检验, 当测试问题个数 n_p 或测试算法个数 n_s 较大时, 需要进行很多次的检验。把这些单个测试问题上的检验结果汇总成整个测试问题集上的结果, 并不是一件简单的任务, 里面存在大量的理论困境[92]。第二, 要把这大量的检验结果呈现出来, 通常需要一张很大的表格, 这种方式很不直观, 阻碍了对比较结果的深入把握[44]。第三, 基于假设检验的数据分析方法虽已诞生百年, 但作为一种 "以样本推断总体、以局部推断整体" 的方法和艺术, 远没有达到成熟, 至今仍饱受非议和诟病, 也出现了大量的误用[124-126]。

最近二十年, 几个重要的基于累积分布函数 (cumulative distribution function, CDF) 的数据分析方法相继被提出来, 试图解决以上问题。这些方法直接面向整个测试问题集合, 而不是单个测试问题, 采用累积分布函数的形式图形呈现结果, 很好地解决了上面提到的前两个问题。这类方法从数学规划中首先得到广泛应用, 并逐渐在全局最优化领域和智能优化领域也受到越来越多的重视[44,65]。

本节首先介绍在数学规划中的主流数据分析方法: performance profile 方法和 data profile 方法, 然后介绍这些方法在整个最优化领域的推广、变化和应用。

6.3.1　performance profile 方法和 data profile 方法

performance profile 方法由美国 Argonne 国家实验室的 Jorge Moré 教授等人于 2002 年提出[63], 很快成了数学规划领域的主流数据分析方法。2009 年, Jorge Moré 教授又把它推广到无导数优化算法的数据分析与算法评价中, 提出了 data profile 方法[64]。下面分别进行介绍。

1) performance profile 方法

performance profile 方法在提出之初适用于对数学规划算法的数值评价, 这类算法通常都是确定性的, 因此无须多次独立测试来消除随机波动。如果采用本章开始的记号, 数值

实验得到的过程数据矩阵为

$$\boldsymbol{H}(1:n_{\mathrm{f}}, 1:n_{\mathrm{p}}, 1:n_{\mathrm{s}}) \tag{6.20}$$

且满足如下单调非增性

$$\boldsymbol{H}(k+1, j, i) \leqslant H(k, j, i), \quad \forall j = 1, 2, \cdots, n_{\mathrm{p}}; i = 1, 2, \cdots, n_{\mathrm{s}}$$

performance profile 方法首先给定每个测试问题的 "求解出" 标准有效性, 然后评价每个最优化算法是否求解出该测试问题, 并通过算法求解出该问题时所花费的计算成本, 比较各个最优化算法的求解效率 (efficiency)。因此, performance profile 方法融合分析了最优化算法的有效性 (effectiveness) 和效能性 (efficiency)。具体来说, performance profile 方法采用了如下的 "求解出" 标准:

$$f(x) \leqslant f_{\mathrm{L}} + \tau(f(x_0) - f_{\mathrm{L}}) \tag{6.21}$$

其中, x_0 是参与比较的 n_{s} 个最优化算法在给定测试问题上共同的初始搜索位置; τ 是用户提供的精度要求; f_{L} 是这 n_{s} 个最优化算法在给定的该测试问题上找到的最小的函数值, 即

$$f_{\mathrm{L}} = \min_i \boldsymbol{H}(\mathrm{end}, j, i), \quad j = 1, 2, \cdots, n_{\mathrm{p}} \tag{6.22}$$

也就是说, "求解出" 标准 (6.21) 要求算法能找到最好解 f_{L} 的一个近似, 误差不能超过 $\tau(f(x_0) - f_{\mathrm{L}})$, τ 取值一般为 $10^{-1}, 10^{-3}, 10^{-5}$ 或 10^{-7}。

"求解出" 标准 (6.21) 的一个优点是, 至少有一个算法能在 n_{f} 个目标函数值计算次数的计算成本内满足该标准, 该算法就是找到 f_{L} 的算法。记 $T_{ji}, j = 1, 2, \cdots, n_{\mathrm{p}}, i = 1, 2, \cdots, n_{\mathrm{s}}$ 为第 i 个优化算法求解第 j 个测试问题时, 恰好找到一个满足条件 (6.21) 的解的计算成本 (目标函数值计算次数)。显然, 对给定的测试问题 j, T_{ji} 越小对应的优化算法求解效率 (efficiency) 越高。对于那些在 n_{f} 个目标函数值计算次数内始终无法满足条件 (6.21) 的算法, 令 $T_{ji} = +\infty$, 这样就实现了从下降过程矩阵 $\boldsymbol{H}(1:n_{\mathrm{f}}, 1:n_{\mathrm{p}}, 1:n_{\mathrm{s}})$ 到求解成本矩阵 $\boldsymbol{T}(1:n_{\mathrm{p}}, 1:n_{\mathrm{s}})$ 的转换。

由于求解成本矩阵 $\boldsymbol{T}(1:n_{\mathrm{p}}, 1:n_{\mathrm{s}})$ 中的元素通常较大, 且跨度很大。因此, performance profile 方法并没有直接针对矩阵 $\boldsymbol{T}$ 进行累积分布函数的计算, 而是把矩阵 $\boldsymbol{T}$ 进行如下的变换, 得到性能比矩阵 $\boldsymbol{R}$。性能比定义如下:

$$R_{ji} = \frac{T_{ji}}{\min_s\{T_{js}\}}, \quad j = 1, 2, \cdots, n_{\mathrm{p}}; \ i = 1, 2, \cdots, n_{\mathrm{s}} \tag{6.23}$$

从定义式 (6.23) 可以看出, 性能比 R_{ji} 总是大于等于 1; 当 $R_{ji} = 1$ 时, 表明对第 j 个测试问题来说, 第 i 个优化算法是求解效率最高的。

文献 [63] 提出的 performance profile 方法, 本质上就是对性能比矩阵 $\boldsymbol{R}$ 的每一列 (每一个算法) 定义如下的累积分布函数:

$$\rho_i(\alpha) = \frac{|\{j : R_{ji} \leqslant \alpha\}|}{n_{\mathrm{p}}}, \quad i = 1, 2, \cdots, n_{\mathrm{s}} \tag{6.24}$$

其中, 分子表示第 i 个优化算法的性能比不超过 α 的测试问题个数。也就是说, $\rho_i(\alpha)$ 描述了在性能比不超过 α 的计算成本范围内, 第 i 个优化算法 "求解出" 的问题比例。

performance profile 方法的 Matlab 代码可以从 Jorge Moré 教授的个人主页下载得到, 具体链接为 http://www.mcs.anl.gov/ more/dfo/。实际应用中, 输入测试数据矩阵 (6.20) 就可以了。图 6.5 给出了 performance profile 方法的一个应用示例, 数据来自三个确定性算法在 Hedar 测试问题集上的测试计算成本为 20000 次目标函数值计算次数。这三个算法分别是内点法 (interior-point), 序列二次规划 (SQP) 和 MCS 算法。前两个算法直接调用了 MATLAB 中的 fmincon 命令, 算法选择分别设置为内点法 (interior-point) 和 SQP; MCS 算法的代码来自算法提出者本人的代码[127]。

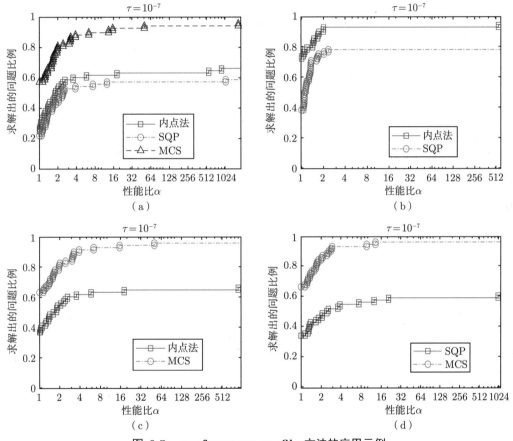

图 6.5 performance profile 方法的应用示例

在图 6.5 中, 图 6.5(a) 进行了三个算法的一起比较, 图 6.5(b)~ 图 6.5(d) 进行了三个算法的两两比较。从图 6.5(a) 的结果可以看到, 在性能比为 1 时, MCS 算法求解出了约 60% 的问题, 其他两个算法各约 20%。这表明 MCS 算法在约 60% 的问题上呈现出最高的求解效率, 而其他两个算法也在约 20% 的问题上呈现出最高的求解效率。注意, 这三个比例之和可能会超过 100%, 此时意味着两个或多个算法在同一些问题上具有同样高的求解效率。比如, 图 6.5(b) 就是一个例子, 内点法和序列二次规划法在纵轴上的截距之和约为

120%, 说明它们在约 20% 的问题上具有同样的高效率 (在相同的计算成本下, 找到了同样好的解)。通常, 截距之和超过 1 越多, 表明这些算法的共同之处越多, 关系越密切。

对比图 6.5 (a)(b)(c)(d) 可以发现, 在任何给定性能比下, 算法之间的排序都是相容的。但是, 算法之间的性能差却有较大的变化。这里的性能差是指不同算法的 performance profile 曲线之间的距离。比如, 图 6.5 (b) 中内点法 (interior-point) 与序列二次规划 SQP 之间的性能差, 就显著大于图 6.5 (a) 的结果。出现这一现象的原因是, "求解出" 条件 (6.21) 采用的 f_L 会随着参与比较的算法不同而不同, 也就是 "求解出" 的标准发生了变化。

2) data profile 方法

performance profile 方法的设计初心是分析与比较梯度型优化算法的数值性能, 与此相反, data profile 方法的设计初心是分析与比较无导数优化算法的数值性能[64]。这两个方法都需要输入下降过程矩阵 (6.20), 也都需要将该矩阵转换成求解成本矩阵 T。但不需要再变换成性能比矩阵 R, 而是变换成相对计算成本矩阵 C, 其元素定义如下:

$$C_{ji} = \frac{T_{ji}}{n_j + 1}, \quad j = 1, 2, \cdots, n_{\mathrm{p}}, \ i = 1, 2, \cdots, n_{\mathrm{s}} \tag{6.25}$$

其中, n_j 表示第 j 个测试问题的维数。文献 [64] 将 $\frac{T_{ji}}{n_j+1}$ 解读为单纯形梯度的个数, 其本质就是消除维数影响的相对计算成本, 因此称 C 为相对计算成本矩阵。

文献 [64] 提出的 data profile 方法对矩阵 C 的每一列 (每一个算法) 定义如下的累积分布函数:

$$d_i(\kappa) = \frac{|\{j : C_{ji} \leqslant \kappa\}|}{n_{\mathrm{p}}}, \quad i = 1, 2, \cdots, n_{\mathrm{s}} \tag{6.26}$$

其中, 分子表示第 i 个优化算法的相对计算成本不超过 κ 的测试问题个数。也就是说, $d_i(\kappa)$ 描述了在相对计算成本不超过 κ 的计算成本范围内, 第 i 个优化算法 "求解出" 的问题比例。

data profile 技术的应用示例可参看图 4.4。

3) 适用于随机优化的 performance profile 方法和 data profile 方法

前面已介绍, performance profile 通常用于分析梯度型优化算法的数值性能, 而 data profile 通常用于分析无导数优化算法的数值性能。不管哪一类优化算法, 都要求是确定性的, 才能直接用这两个分析技术。也就是说, 文献 [63]~ 文献 [64] 并没有考虑随机优化算法的数值性能分析。近几十年, 以演化优化 (evolutionary optimization) 和群体智能优化 (swarm intelligence optimization) 为代表的随机优化算法蓬勃发展, 将 performance profile 技术和 data profile 技术推广到适用于随机优化的数值性能分析, 具有重要意义和价值。下面介绍相关进展。

一种思路是将随机优化算法的测试数据取平均值, 然后比较各算法的平均性能[30,94]。具体来说, 把随机优化算法的下降过程矩阵

$$\boldsymbol{H}(1 : n_{\mathrm{f}}, 1 : n_{\mathrm{r}}, 1 : n_{\mathrm{p}}, 1 : n_{\mathrm{s}})$$

沿着第二个维度取平均, 得到

$$\bar{\boldsymbol{H}}(1 : n_{\mathrm{f}}, 1 : n_{\mathrm{p}}, 1 : n_{\mathrm{s}})$$

然后就可以把 $\bar{H}$ 当成确定性算法的下降过程矩阵, 用 performance profile 技术和 data profile 技术来加以分析。这个思路的缺陷是, 只考虑了算法的平均性能, 没有考虑到对平均性能的波动和偏离。

2017 年, 文献 [65] 提出了一种 ""均值-波动" 两步比较的策略, 将 performance profile 技术和 data profile 技术直接应用到了随机优化算法的数值性能分析。首先, 将各随机优化算法的平均性能进行比较, 也即跟上一种思路的做法一样。但是, 并不是马上宣告平均性能比较中的获胜者为最终的获胜者, 而是要让它经受第二场数值比较的考验。为此, 要沿着 $H(1:n_{\mathrm{f}}, 1:n_{\mathrm{r}}, 1:n_{\mathrm{p}}, 1:n_{\mathrm{s}})$ 的第二个维度, 计算标准差矩阵

$$S(1:n_{\mathrm{f}}, 1:n_{\mathrm{p}}, 1:n_{\mathrm{s}}) \tag{6.27}$$

然后计算出置信下界矩阵和置信上界矩阵, 其定义分别为

$$L = \bar{H} - \frac{\lambda S}{\sqrt{n_{\mathrm{r}}}}, \quad U = \bar{H} + \frac{\lambda S}{\sqrt{n_{\mathrm{r}}}} \tag{6.28}$$

换句话说, 用置信区间 $[L, U]$ 描述了算法对平均性能 $\bar{H}$ 的偏离程度, 而参数 λ 则刻画了置信区间的置信度。通常, $\lambda = 2$ 是一个好的选择, 此时对应了约 95% 的置信度。

第二场数值比较是在第一场比较的获胜算法的置信上界和其他算法的置信下界中展开。注意到在最小化问题中, 置信上界是 "最坏" 的情形, 而置信下界是 "最好" 的情形。所以, 第二场数值比较是要考验平均性能最好的算法, 看看它 "最坏" 情况下是否仍然比其他算法 "最好" 情况下仍然好。如果是, 则可以宣告即使考虑了随机波动, 平均性能最好的算法仍是最好的。反之, 如果某些算法的置信下界比平均性能最好算法的置信上界更好, 则说明这些算法与后者并没有显著差异。而且, 以上结论的置信度达到 95%。

想要了解更多细节和应用案例请参阅文献 [65]。

4) 算法无关的 "求解出" 条件

在 performance profile 和 data profile 中, 都采用了 "求解出" 条件 (6.21)。该条件中的 "最优解"f_{L} 并不是目标函数真正的全局最优解, 而是参与比较的算法找到的最好函数值, 因此条件 (6.21) 常被称为算法依赖的 "求解出" 条件。这一策略的好处是, 任何一个测试问题都至少被一个算法 "求解出", 这样得到的 profile 曲线相对较高。但是, 这种策略也带来了一些问题, 比如, 同一个算法的 profile 曲线在不同的比较中往往不同, 数值比较结果不满足传递性[92], 等等。

为了克服上述的算法依赖性, 一个很自然的想法是, 将 f_{L} 替换为真正的全局最优值。比如, 文献 [66] 建议用如下的 "求解出" 条件:

$$f(x) \leqslant f^* + \tau(1 + |f^*|) \tag{6.29}$$

其中, f^* 是目标函数的全局最优值。基于这一 "求解出" 条件的 performance profile 方法和 data profile 方法, 可以很好地消除原始 performance profile 方法和 data profile 方法的问题, 但是要求全局最优值 f^* 已知。

在目标函数的全局最优值未知的场合, 条件 (6.29) 其实仍然可以用。此时, 可以将 f^* 定义为全局最优值的一个近似, 这个近似值甚至可以比全局最优值更小。只要大家都用这个值作为参照, 并不妨碍结论的正确性和可传递性。当然, f^* 定的太小会导致 profile 曲线比较低。

6.3.2 其他基于累积分布函数的数据分析方法

除了前面介绍的 performance profile 方法和 data profile 方法以及它们的改进版本, 还有其他一些方法也基于累积分布函数来直观分析数据[44]。这里主要介绍 function profile 方法[128], operational zones 方法[129], 以及 accuracy profile 方法[130]。

function profile 方法与 data profile 方法一样于 2009 年被提出[128], 而且它们在数据分析方法的本质上, 具有很多相似之处。function profile 方法采用了如下的 "求解出" 条件:

$$f(x) \leqslant f_{\mathrm{L}} + \tau |f_{\mathrm{L}}| \tag{6.30}$$

其中, $f(x), f_{\mathrm{L}}, \tau$ 的含义与条件 (6.21) 中完全一致。给定下降过程矩阵 $\boldsymbol{H}(1:n_{\mathrm{f}}, 1:n_{\mathrm{p}}, 1:n_{\mathrm{s}})$, 第 i 个最优化算法的 function profile 曲线定义为

$$\rho_i(v) = \frac{|\{j : T_{ji} \leqslant v\}|}{n_{\mathrm{p}}} \tag{6.31}$$

其中, T_{ji} 的定义与 performance profile 中一致, 即第 i 个算法在求解第 j 个测试问题时, 恰好找到满足条件 (6.30) 的解时所花费的目标函数值计算次数; 若未能在给定的计算成本内找到满足 (6.30) 条件的解, 则 $T_{ji} = \infty$。

可以看到, function profile 方法和 data profile 方法非常类似。它们的区别主要在于 "求解出" 条件不同; 再就是在定义 profile 曲线时, 前者用的是绝对计算成本, 而后者用的是相对计算成本。图 6.6 (文献 [128] 中的图 10) 给出了 function profile 方法的一个示例, 图中的横坐标是函数值计算次数, 纵坐标是求解出的问题比例。

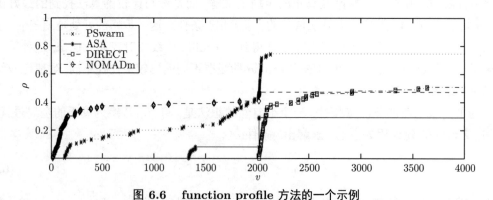

图 6.6 function profile 方法的一个示例

operational zones 方法由 Yaroslav D. Sergeyev 教授于 2017 年提出[129]。该方法与文献 [65] 提出的 "均值-波动" 两步比较的 data profile 方法有异曲同工之妙, 也是先比较均

值, 再比较随机波动。但是, 文献 [129] 提出的 operational zones 方法只考虑了单变量连续优化问题, 且要求目标函数满足 Lipschitz 连续性; 同时, 数值比较局限于一个随机优化算法与多个确定性优化算法的比较。

具体来说, operational zones 方法采用了如下的 "求解出" 条件:

$$|x^k - x^*| \leqslant \varepsilon(b-a), 1 \leqslant k \leqslant k_{\max} \tag{6.32}$$

其中, a 和 b 是单变量连续优化问题的上下界; x^* 是全局最小值点; x^k 是算法在第 k 次目标函数值计算时找到的点; $k_{\max}$ 是最大函数值计算次数。精度 ε 通常取值为 $10^{-4}, 10^{-6}$。相比前面介绍的几种数据分析方法, operational zones 方法采用的 "求解出" 条件更关注搜索空间, 而不是目标空间。这在目标函数有多个最优解的多模环境和小生境 (niching) 环境中具有一定优势。

operational zones 指的是多条运行特征 (operational characteristic) 曲线组成的一个区域。而某个算法 s 的运行特征 (operational characteristic) 曲线定义为

$$\phi_s(k) = \phi_s(k-1) + p_s^k, \quad \phi_s(0) = 0 \tag{6.33}$$

其中, p_s^k 是算法 s 在第 k 次目标函数值计算时求解出的优化问题数量。为了更准确地分析随机优化算法, 文献 [129] 建议至少要独立运行随机优化算法 30 次, 并画出每一次运行时的运行特征 (operational characteristic) 曲线, 这些曲线组成的区域就称为 operational zone。

图 6.7 是 operational zones 方法的一个示例, 更多示例可参见文献 [131]。图 6.7 中的阴影区域就是算法 1 的 operational zone, 中间的黑色线条是该算法的平均运行特征 (operational characteristic) 曲线。这表明算法 1 是一个随机优化算法, 而其他算法都是确定性算法。从图 6.7 中可以看到, 算法 2,3,4 的运行特征 (operational characteristic) 曲线都在算法 1 平均运行特征 (operational characteristic) 曲线的上方, 表明三个确定性算法的数值性能都比算法 1 的平均性能好。然而, 如果考虑算法 1 的随机波动, 算法 2 的曲线和阴影区域有交集, 这意味着算法 2 和算法 1 并没有显著差异 (在计算成本超过 14000 时)。当然, 即使考虑随机波动, 算法 3 和算法 4 仍然显著比算法 1 要好。

从图 6.7 还能发现 operational zones 方法的一个优点, 它用一幅图就完成了 "均值-波动" 两次比较。而文献 [65] 提出的两步走方法需要两幅图才能完成两次比较。总之, operational zones 方法与文献 [65] 提出的基于置信区间的两步走方法有许多相似之处, 但也有很多不同之处, 可以相互借鉴和完善。

通常, 基于累积分布函数的数据分析方法得到的直观图形都是一条条 (经验) 累积分布函数, 最小为 0, 最大为 1, 且具有单调递增性质。然而, 有些方法采用了从 1 到 0 单调递减的曲线来呈现数据, 比如 accuracy profile 方法[130]。本书一并把它们称为基于累积分布函数类的数据分析方法。下面粗略介绍一下 accuracy profile 方法。

accuracy profile 方法被提出于 2006 年[130]。不同于其他数据分析方法, accuracy profile 描绘的是最优化算法求解出的问题比例随着某种相对精度的不同而变化的情况。图 6.8 是

accuracy profile 的一个示例, 其中横坐标是某种相对精度的对数, 而纵坐标是算法在相对精度内求解出的问题比例。从图 6.8 可以看到, accuracy profile 得到的曲线是从 1~0 单调递减的。

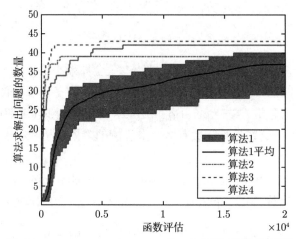

图 6.7　operational zones 的一个示例 (见文后彩图)

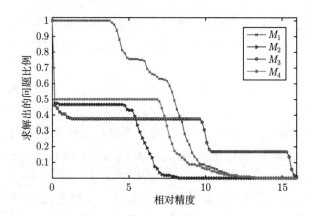

图 6.8　accuracy profile 方法示例

第3部分

数值比较中的策略选择与悖论消除

第 7 章
数值比较的策略

本书的研究焦点是, 如何从数值比较的角度分析最优化算法的相对性能优劣。前面的第 4 章指出了数值比较的必要性和可行性, 并给出了开展数值比较的流程框架和主要环节。第 5 章介绍了度量测试问题 (集) 的代表性的前沿研究进展。在选择了参与比较的最优化算法和测试问题, 并完成了数值测试后, 记录得到的过程数据就成了一个客观实在的数据。如何对这个客观实在的数据进行数据分析并恰当地解读结果, 就成了最重要和富有挑战性的任务。

本书第 6 章深入介绍了当前主流的数据分析方法, 特别是基于描述性统计、推断统计和累积分布函数的三类方法。因此, 在系统学习了本书前 6 章的内容后, 读者将有能力开展一个完整的数值比较, 从数值角度分析和评价所关注的最优化算法的性能。然而, 要更专业地分析数据并解读比较结果, 还得了解更多深层次的逻辑。

从本章开始, 我们进入最优化算法数值评价的理论研究前沿。本章介绍的数值比较策略是一个长期被忽视的研究方向, 但正是对这个方向的最新探索, 指出了最优化算法数值比较这个理工科的研究内容, 跟社会科学有多么深刻而广泛的联系; 特别是这些学科竟然存在着一些共同的理论困境。从第 8 章开始, 我们将介绍这些理论困境是什么, 它们是如何产生的, 以及解决这些理论困境的最新研究进展。

7.1 数据分析方法与比较策略

数值比较的策略可以认为是一个 "隐含" 在数据分析方法上的概念, 这也是为什么它们很少被重视以及图 4.2 中把它们并列的一个原因。然而, 数据分析方法的选择并不等同于数值比较策略的选择, 下面详细论述。

7.1.1 两种比较策略

在本书中, 数值比较策略是指, 依据什么策略来完成整个数值比较, 一共需要进行多少场比较, 以及如何将每一场比较的结果汇总成最后的排序[92]。在每一场比较中, 需要选择跟该策略相适应的数据分析方法来分析数据并得到比较结果, 因此, 每一场比较对应着一次数据分析方法的应用, 汇总每一场的比较结果就得到最终的算法排序。本书把如何汇总这些结果也纳入到比较策略的研究范畴。随着后续章节的展开, 读者将会理解到, 对数值比较策略的研究主要就在选择什么策略和如何汇总结果两个方面。

为了进一步解释数值比较策略与数据分析方法的关系, 可以把最优化算法的数值比较类比成跑步比赛, 此时最优化算法对应着运动员, 测试问题集合对应着多种不同的比赛场地。在这一类比下, 数值比较策略就对应着赛程安排表和分数汇总规则, 而数据分析方法对应着每一场比赛的打分方法。因此, 它们是一种互补关系。

在实践中, 只有参与比较的算法超过两个时 (这在实践中是很普遍的), 区分不同的数值比较策略才有意义。当只有两个算法参与数值比较时, 在每个测试问题以及整个测试集合上, 都只能进行两两比较, 没有其他的选择。但是, 当算法数量达到 3 个及以上时, 除了两两比较, 还可以所有算法一起集体比较。事实上, 两两比较和集体比较正是两种最基本和最主流的数值比较策略。下面给出它们的定义。

定义 7.1 在有 $n_s > 2$ 个算法、n_p 个测试问题参与的数值比较中, 两两比较策略是指在每一个测试问题或整个测试集合上, 任何两个算法都需要进行一场单独比较的策略。前者被称为元素层两两比较策略, 而后者被称为集合层两两比较策略, 它们分别需要 $n_p n_s(n_s - 1)/2$ 场和 $n_s(n_s - 1)/2$ 场比较才能完成整个数值比较。在新算法提出等场合, 有时并不需要任何两个算法都进行比较, 但每一场比较都只有两个算法参加, 称这类策略为非完整两两比较策略。

定义 7.2 在有 $n_s > 2$ 个算法、n_p 个测试问题参与的数值比较中, 集体比较策略是指在每一个测试问题或整个测试集合上, 所有算法一起进行比较的策略。前者被称为元素层集体比较策略, 而后者被称为集合层集体比较策略, 它们分别需要 n_p 场和 1 场就能完成整个数值比较的策略。

文献 [92] 将两两比较策略记为 "C2", 将集体比较策略记为 "C2+", 这里的 "C" 代表的是 "比较"(comparing), "2" 代表的是 "每次只比较两个算法", "2+" 代表的是 "每次比较2 个以上算法"。虽然 "2 个以上算法" 可以是 3 个, 4 个, $\cdots$, n_s 个算法, 但结合各种实践, 很少出现中间状态的应用。因此, 本书中的 "C2+" 策略就是指同时比较所有 n_s 个算法。

无论是 "C2" 策略还是 "C2+" 策略, 在最优化领域都十分流行。例如, "C2" 策略被应用于算法设计与改进中[90,132-136], 还被用于 CEC 算法竞赛中; 而 "C2+" 比较策略则被应用于BBOB/COCO 算法竞赛[94,137], IOHprofiler[138], 黑箱最优化竞赛 (black-box optimization competition, BBComp)[139] 以及各种算法设计与改进[27,63-65,140-141]。

事实上, "C2" 策略和 "C2+" 策略的应用远远超出了最优化算法的数值比较领域。比如, 在各种体育竞技中也有广泛应用。据我们所知, 所有主流的体育竞技, 要么采用 "C2+" 策略, 如跑步、跳高等所有田径比赛, 以及游泳、滑冰等比赛; 要么采用 "C2" 策略, 如足球、篮球等几乎所有球类比赛。而且, 不存在任何主流的体育竞技, 会混用 "C2" 和 "C2+" 策略。

在各种各样的选举活动中, "C2" 策略和 "C2+" 策略也有广泛的应用。这里的 "C2" 策略对应着两个候选人的选举, 而 "C2+" 策略对应着 3 个及以上候选人的选举。跟体育竞技不同的是, 在各类选举中, 会比较多地混用 "C2" 和 "C2+" 策略, 且通常先采用 "C2+" 策略, 再采用 "C2" 策略。比如, 在实行两党制的西方国家, 一般先在党内从多名党员中选出党派候选人, 再进行两党候选人的总统竞选。

因此, "C2" 和 "C2+" 这两个数值比较的策略是一座桥梁, 连接起了最优化算法的数值比较, 以及体育竞技和社会选举等多学科多领域的实践活动。所有的这些实践活动都有共同的本质, 可以称为社会选择或集体选择 (social selection or collective selection) 或群体决策 (group decision)。我们将借鉴社会科学领域中成熟的研究成果, 推进最优化算法数值比较的理论和方法研究。反过来, 也可以把最优化算法的数值比较看成是一个纯粹的理想的竞技或选举, 因为这里没有欺诈、串谋、黑哨等, 有的只是单纯的数据。这个理想的世界可以发挥重要的作用, 就像没有摩擦力的理想世界对于物理学的重要意义。

总之, 比较策略的研究是一个跨学科的研究方向, 具有重要的研究价值。

7.1.2　方法选择与策略选择

前面已说明, 数据分析方法需要和数值比较策略相适应。那么, 主流的数据分析方法跟 7.1.1 节介绍的哪一种比较策略相适应呢？表 7.1 给出了第 6 章介绍的常用数据分析方法可以服务于 7.1.1 节定义的哪种比较策略。

表 7.1　常用数据分析方法与比较策略的适用关系

比较策略	元素层	集合层
两两比较 (C2)	L 形曲线法 Wilcoxon 秩和检验 近似 t 检验,	Wilcoxon 符号秩检验, 成对 t 检验 performance profile, data profile function profile, operational zones, accuracy profile
集体比较 (C2+)	L 形曲线法 Kruskal-Wallis 检验 方差分析	performance profile, data profile function profile, operational zones accuracy profile

从表 7.1 可以看到, 基于描述性统计和推断统计的方法主要适用于元素层 (即单个测试问题), 而基于累积分布函数的方法主要适用于集合层 (即整个测试集)。另外, 适用于集体比较策略的数据分析方法, 也可以应用到两两比较策略中 (注意到 Kruskal-Wallis 检验和方差分析分别是 Wilcoxon 秩和检验和近似 t 检验的推广)。鉴于这是一种退化式的应用, 所以, 这部分数据分析方法被加框处理。

然而, 正是加框的这部分数据分析方法带来了困惑, 也带来了新的洞见。一方面, 这部分数据分析方法能进行集体比较, 这种便利使得它们在实践中很少结合两两比较策略来使用。也就是说, 既然能多个算法一起比较, 为什么要两个两个费力地比较呢？因此, 在传统的认知中, 表 7.1 是不会列出加框的方法的。删除加框的内容后, 表 7.1 中的数据分析方法和比较策略就变成一一对应了。正因为这个原因, 在传统认知下, 没有去研究数值比较策略的选择问题。

另一方面, 加框的内容又是不能随便删除的: 既然可以多个算法集体比较, 当然也可以进行两两比较。虽然需要更多次的比较, 但只要愿意就可以这么做。于是, 一个很自然的问题就来了: 同样的数据分析方法, 采用集体比较策略得到的结果, 跟采用两两比较策略得到的结果一致吗? 相容吗? 乍一看, 这个问题的答案应该是肯定的, 甚至会认为这个问题有点幼稚。然而, 深入的研究表明, 这两种结果未必总是一致的, 也就是说, 两种比较策略下结果的相容性并不是必然的, 存在不相容的情形[92]。而这又揭开了更多的悖论面纱, 比如, 两两比较策略下的结果可能不满足传递性[92], 等等。

而要理解以上理论困境和悖论, 需要更深刻地认识集体比较和两两比较这两个策略, 特别是需要从数学和统计学的角度认识它们的本质。

7.2 集体比较策略

数值比较策略这个概念是本书第 3 部分的基础。7.1 节给出了数值比较策略的定义, 并围绕它与数据分析方法的关系, 解释了为什么数值比较策略这个概念很少在传统研究中被关注, 也指出了这个概念是一座重要桥梁, 连接了自然科学和社会科学的诸多学科领域。

这一节重点关注集体比较策略, 要建立起它的数学模型, 为后续研究做铺垫。

7.2.1 元素层集体比较和集合层集体比较

根据定义 7.2, 集体比较策略包含元素层和集合层的集体比较, 前者将集体比较作用在单个测试问题上, 而后者则将集体比较作用在整个测试问题集合上。为了更加清楚地解释这两类集体比较策略, 再次将最优化算法的数值比较类比成跑步比赛。图 7.1 给出了 3 个运动员在 n_s 个不同颜色的场地跑步比赛的图形示例。

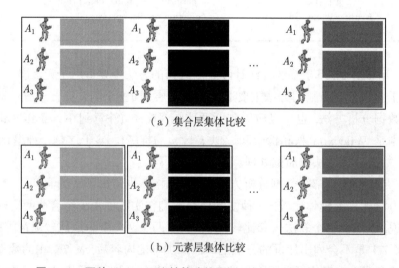

(a) 集合层集体比较

(b) 元素层集体比较

图 7.1 两种 "C2+" 比较策略的图形示例 (以跑步比赛为类比)

在图 7.1 中, 3 个运动员 (对应 3 个优化算法)A_1, A_2, A_3 在 n_p 个不同颜色的场地 (对应 n_p 个测试问题) 进行跑步比赛。图 7.1(a) 展示的是集合层集体比较, 即整个数值比较只需要进行 1 次数据分析; 而图 7.1(b) 展示的是元素层集体比较, 整个数值比较需要进行 n_p

次数据分析, 还要进行结果汇总。无论哪一种情况, 在每个场地 (测试问题) 上都同时比较所有 3 个算法, 这是元素层集体比较和集合层集体比较这两个策略的共同点。

元素层集体比较和集合层集体比较这两个策略的主要不同点, 体现在需要多少场比较上, 从而也就体现在需要多少次数据分析方法的应用上。对元素层集体比较, 需要 n_p 场比较和数据分析; 而对于集合层集体比较来说, 只需要 1 场比较和数据分析。前者需要将 n_p 场比较和数据分析的结果进行汇总, 而后者不需要这种汇总, 它一次数据分析得到的就是最终的结果。在第 8 章将会看到, 这个区别是很本质的: 结果汇总的过程充满了魔幻色彩, 是导致悖论的根源。

7.2.2　元素层集体比较与投票选举

7.2.1 节集体比较需要将 n_p 个测试问题上的集体比较结果汇总成最终的算法排序, 而这一结果汇总过程并不简单。为了更好地看清楚这一点, 本节把最优化算法的数值比较和投票选举进行对比。这里的投票选举指的是有若干个候选人竞选某个岗位, 有一些选民对他们进行投票, 最后得票数最高的候选人获胜。

表 7.2 列出了最优化算法的数值比较与投票选举、体育比赛之间的对应关系。注意, 这里的体育比赛与现实中稍有不同, 运动员需要在不同类型的比赛场地比赛, 再根据总得分进行排序。从表 7.2 中可以看到, 这些表面迥异的人类活动类比性很强, 有着相似甚至完全相同的本质。因此, 本书后面章节, 我们有时会混用这些相对应的概念, 以帮助更直观的理解。

表 7.2　最优化算法的数值比较与投票选举、体育比赛之间的对应

投票选举	最优化算法的数值比较	体育比赛
候选人	最优化算法	运动员
选民	测试问题	比赛场地
竞选过程	数值实验过程	比赛过程
每次投票的计票方法	数据分析方法	每场比赛的计分方法
选举安排与积分方法	数值比较策略	赛程安排与积分方法

当候选人 (最优化算法、运动员) 只有两个时, 事情比较简单, 让每个选民 (测试问题、比赛场地) 对他 (它) 们进行排序。根据排序产生票数或计分的过程, 就是数据分析的过程。把单个选民 (测试问题、比赛场地) 上的票数或分值汇总成最后的结果, 就属于比较策略的研究范围。当候选人 (最优化算法、运动员) 超过两个时, 比较策略还得研究选举 (比赛) 如何安排, 是两两比较还是集体比较。当然, 对现实中的投票选举和体育比赛来说, 经历了几百年甚至更久的实践后, 早就有了成熟的选举 (比赛) 规则和办法。这些可以结合最优化算法数值比较的具体实际, 进行适当的迁移。

在经济学和政治学等社会科学领域, 有专门的投票理论来研究投票选举问题。在经历了 200 多年的实践和研究后, 这个领域产生了大量成熟的理论和方法[142], 可以适当迁移到最优化算法的数值比较中来。因此, 从 7.2.3 节开始, 我们借鉴投票理论中的概念体系和分析方法, 来分析最优化算法的数值比较问题。

7.2.3 集体比较的投票模型

当把最优化算法看成候选人, 把测试问题看成选民后, 最优化算法的数值比较问题就等价于投票选举问题。本节研究集体比较策略下, 最优化算法数值比较的数学模型, 该模型本质上就是一个投票模型 (voting model)。

假设有 n_s 个算法、n_p 个测试问题参与数值性能比较。首先, 要确定算法优劣排序的内涵和依据。这要区分元素层集体比较和集合层集体比较, 因为单个测试问题上和整个测试集合上的数值性能指标有显著差异, 前者通常用算法找到的最好函数值, 而后者一般用求解出的问题比例。首先考虑元素层集体比较。

定义 7.3 给定两个算法 $A_i (i = 1, 2)$、一个测试问题和允许的计算成本。假设 $f_{\min}^i$ 是算法 A_i, $i = 1, 2$ 在计算成本内找到的最好函数值。当且仅当 $f_{\min}^1 \leqslant f_{\min}^2$ 时, 认为算法 A_1 在该测试问题上的性能不差于 A_2, 记为 $A_1 \succeq A_2$。进一步, 当且仅当 $f_{\min}^1 < f_{\min}^2$ 时, 认为算法 A_1 在该测试问题上的性能优于 A_2, 记为 $A_1 \succ A_2$; 当且仅当 $f_{\min}^1 = f_{\min}^2$ 时, 认为 A_1 在该测试问题上的性能等于 A_2, 记为 $A_1 = A_2$。

上述定义明确了判断算法好坏的依据是算法找到的最好函数值。后者是一个实数, 可以方便地比较大小。因此, 定义 7.3 将算法的性能优劣转化为函数值的好坏。这一定义方式可以很容易地推广到一般情况。

定义 7.4 假设需要比较 n_s 个算法 $A_i, i = 1, 2, \cdots, n_s$。给定测试问题和计算成本后, 经过数值实验, 假设算法 A_i 在该测试问题上找到的最好函数值为 $f_{\min}^i, i = 1, 2, \cdots, n_s$。对这些最好函数值进行大小排序, 便可以得到如下的算法性能排序:

$$A_{i_1} \succeq A_{i_2} \succeq \cdots \succeq A_{i_k} \tag{7.1}$$

其中, $i_1, i_2, \cdots, i_k$ 是 $1, 2, \cdots, n_s$ 的某种排列组合; $\succeq$ 的含义由定义 7.3 给出。

类似地, 可以给出集合层集体比较策略下算法排序的内涵和依据。

定义 7.5 给定两个算法 $A_i (i = 1, 2)$、测试问题集合和允许的计算成本。假设 r_i 是算法 A_i, $i = 1, 2$ 在计算成本内求解出的问题比例, 当且仅当 $r_1 \geqslant r_2$ 时, 认为算法 A_1 在测试问题集合上的性能不差于 A_2, 记为 $A_1 \succeq A_2$。进一步, 当且仅当 $r_1 > r_2$ 时, 认为算法 A_1 在测试问题集合上的性能优于 A_2, 记为 $A_1 \succ A_2$; 当且仅当 $r_1 = r_2$ 时, 认为算法 A_1 在测试问题集合上的性能等于 A_2, 记为 $A_1 = A_2$。

定义 7.6 假设需要比较 n_s 个算法 $A_i (i = 1, 2, \cdots, n_s)$。给定测试问题集合和计算成本后, 经过数值实验, 假设算法 A_i 求解出的问题比例为 $r_i (i = 1, 2, \cdots, n_s)$。对这些比例按大小排序, 便可以得到如下的算法性能排序:

$$A_{i_1} \succeq A_{i_2} \succeq \cdots \succeq A_{i_k} \tag{7.2}$$

其中, $i_1, i_2, \cdots, i_k$ 是 $1, 2, \cdots, n_s$ 的某种排列组合; $\succeq$ 的含义由定义 7.5 给出。

无论是式 (7.1) 还是式 (7.2), 都包含了 $n_s!$ 种不同的排序结果。然而, 有些表达方式可能会产生部分重复。比如, $A_1 \succeq A_2 \succeq A_3$ 和 $A_1 \succeq A_3 \succeq A_2$ 这两种表述都包含 $A_1 = A_2 = A_3$ 的情况。为了避免这个问题, 引进下面的 "分层先等后不等" 策略来处理这个问题。

定义 7.7 在 n_s 个算法的性能排序中, 为了保证完备性, 同时避免重复, 可以按 "分层" 再 "先等后不等" 的策略来处理。"分层" 是指 n_s 个算法有 $n_s - 1$ 层排序; "先等后不等" 是指在每一层排序中, 对任何两个算法 A_i, A_j, 先排 "$\succeq$", 后排 "$\succ$"。这一策略被称为 "分层先等后不等" 策略。

例如, 当 $n_s = 2$ 时, 按 "分层先等后不等" 策略得到 $A_1 \succeq A_2$ 和 $A_2 \succ A_1$。当 $n_s = 3$ 时, 按 "分层先等后不等" 策略得到如下排序:

$$
\begin{aligned}
A_1 &\succeq A_2 \succeq A_3 \\
A_1 &\succeq A_3 \succ A_2 \\
A_2 &\succ A_1 \succeq A_3 \\
A_2 &\succeq A_3 \succ A_1 \\
A_3 &\succ A_1 \succeq A_2 \\
A_3 &\succ A_2 \succ A_1
\end{aligned}
\tag{7.3}
$$

上述排序可以用下面的矩阵来简洁描述, 其中的第一列对应上述第一种排序, 以此类推。

$$
\begin{bmatrix}
A_1 & A_1 & A_2 & A_2 & A_3 & A_3 \\
A_2 & A_3 & A_1 & A_3 & A_1 & A_2 \\
A_3 & A_2 & A_3 & A_1 & A_2 & A_1
\end{bmatrix}
\tag{7.4}
$$

注意, 这一类排序矩阵将被包含进后续的比较策略模型中, 默认都采用了基于 "分层先等后不等" 策略的排序。

理论上, 式 (7.1) 或者式 (7.2) 中的 $n_s!$ 种不同的排序结果 (采用了基于 "分层先等后不等" 策略的排序) 都有可能发生, 只是发生的概率可能不同。记这些概率分别为 $p_i (i = 1, 2, \cdots, n_s!)$, 且满足

$$
p_i \in (0, 1), \quad \sum_{i=1}^{n_s!} p_i = 1
\tag{7.5}
$$

每一场比较和数据分析就相当于从这 $n_s!$ 种不同的排序结果中进行了一次独立抽样。因此, 对元素层和集合层集体比较策略来说, 分别进行了 n_p 次和 1 次独立抽样。

所以, 可以用一个多项分布的随机变量 $\boldsymbol{X}$ 来描述每一种排序结果发生的次数 (即得票数), 其分布律为

$$
P\{\boldsymbol{X} = (x_1, x_2, \cdots, x_{n_s!})\} = \frac{m!}{x_1! x_2! \cdots x_{n_s!}!} \prod_{i=1}^{n_s!} p_i^{x_i}
\tag{7.6}
$$

其中, 每个排序结果的得票数 $x_i (i = 1, 2, \cdots, n_s!)$ 满足

$$
x_i \in [0, m], \quad \sum_{i=1}^{n_s!} x_i = m
\tag{7.7}
$$

其中, m 是集体比较策略下的比较次数或数据分析次数, 对元素层和集合层集体比较策略, 分别有 $m = n_p$ 和 $m = 1$。

换言之, 随机向量 $\boldsymbol{X} = (x_1, x_2, \cdots, x_{n_s!})^{\mathrm{T}}$ 服从参数 m 和 $(p_1, p_2, \cdots, p_{n_s!})$ 的多项分布。为了便于叙述, 这个多项分布可以记为如下的矩阵, 其中 $k = n_s$, 且采用了基于 "分层先等后不等" 策略的排序方式。

$$
\begin{bmatrix}
p_1 & p_2 & \cdots & p_{k!} \\
x_1 & x_2 & \cdots & x_{k!} \\
A_1 & A_2 & \cdots & A_k \\
A_2 & A_3 & \cdots & A_{k-1} \\
\vdots & \vdots & & \vdots \\
A_k & A_{k-1} & \cdots & A_1
\end{bmatrix}_{(k+2) \times k!}
\tag{7.8}
$$

其中, 第一列表示事件 "$A_1 \succeq A_2 \succeq \cdots \succeq A_k$" 发生的概率是 p_1, 但在 m 次抽样中的发生次数为 x_1, 其余的含义类似。

矩阵 (7.8)、分布律 (7.6) 以及式 (7.5) 和式 (7.7) 就构成了集体比较策略 "C2+" 的数学模型。这个模型和投票模型 (有 n_s 个候选人和 n_p 个选民) 本质上是完全一致的[142]。对于集合层集体比较来说, 因为 $m = 1$, 所以向量 $(x_1, x_2, \cdots, x_{n_s})^{\mathrm{T}}$ 中只有一个 1 其余都是 0, 从而上述模型可以简化。

7.3 两两比较策略

能做两两比较的数据分析方法, 未必能做集体比较; 但是, 能做集体比较的数据分析方法, 却一定能做两两比较。因此, 两两比较可以看成是集体比较的某种退化。

7.3.1 元素层两两比较和集合层两两比较

借助于前面提出的跑步比赛类比, 可以给出两两比较策略 "C2" 的形象说明, 详见图 7.2。与图 7.1 类似, 3 个运动员 (对应 3 个优化算法)A_1, A_2, A_3 在 n_p 个不同颜色的场地 (对应 n_p 个测试问题) 进行跑步比赛。图 7.2(a) 展示的是集合层两两比较, 整个数值比较只需要进行 $n_s(n_s - 1)/2$ 次数据分析; 而图 7.2(b) 展示的是元素层两两比较, 整个数值比较需要进行 $n_p n_s(n_s - 1)/2$ 次数据分析, 且需要进行结果汇总。无论哪一种情况, 在每个场地 (测试问题) 上都只能比较两个算法, 这是元素层两两比较和集合层两两比较这两个策略的共同点。

元素层两两比较和集合层两两比较的不同点主要体现在比较 (数据分析) 次数不同, 以及是否需要进行结果汇总上。首先, 两者需要的比较次数相差很大, 达到 $(n_p - 1)n_s(n_s - 1)/2$, 且随着算法个数 n_s 或测试问题个数 n_p 的增加而快速提升。其次, 与元素层集体比较类似, 也需要将单个测试问题上的算法排序, 汇总成整个测试问题集合上的算法排序。第 8 章将会介绍, 这个结果汇总过程会带来严重的理论困境。

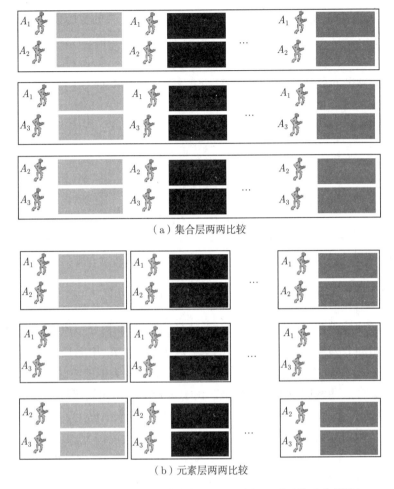

（a）集合层两两比较

（b）元素层两两比较

图 7.2　两种 "C2" 比较策略的图形示例 (以跑步比赛为类比)

7.3.2　两两比较的数学模型

假设参与比较的算法为 A_1 和 A_2，则无论在测试问题集合层面还是单个测试问题层面，结果只有两种可能性：要么 $A_1 \succeq A_2$，要么 $A_2 \succ A_1$。对元素层两两比较和集合层两两比较，这里 "$\succeq$" 和 "$\succ$" 的内涵分别由定义 7.3 或定义 7.5 确定。也就是说，两两比较和集体比较中两个算法的性能排序由同样的定义确定，这为研究两个模型的关系奠定了坚实的基础。

先分析元素层两两比较和元素层集体比较的关系。前面已介绍，元素层集体比较需要进行 n_p 场比较和数据分析 (见图 7.1(b))，然后将结果汇总成整个测试问题集合上的算法排序。对于元素层两两比较，需要 $n_p n_s(n_s - 1)/2$ 场比较和数据分析 (见图 7.2(b))，但这里包含了 $n_s(n_s - 1)/2$ 对算法，因此，每一对算法仍然只需要 n_p 场比较。

事实上，元素层两两比较和元素层集体比较的关系远不止这一点。前面已提及，前者可以看成是后者的一种退化，因此，前者的数学模型也可以从后者的数学模型中推导出来。下面从 "C2+" 的矩阵描述 (7.8) 推导 "C2" 的矩阵描述。

7.3.1 节已经论证, 集体比较策略下所有可能的排序结果的实际发生次数 (得票数) 服从多项分布, 分布参数为 m 和 $(p_1, p_2, \cdots, p_{n_s}!)$, 且可以用矩阵 (7.8) 来描述。当算法个数 n_s 降为 2 时, 所有可能的排序结果只有 $A_i \succeq A_j$ 和 $A_j \succ A_i$ 两种, $i, j = 1, 2, \cdots, n_s$ 且 $i \neq j$。此时, 多项分布就退化为二项分布, 分布参数为 m 和 (p_1, p_2)。为了避免混淆, 这个二项分布可以记为如下的矩阵:

$$
\begin{bmatrix}
q & 1-q \\
y & m-y \\
A_i & A_j \\
A_j & A_i
\end{bmatrix}
\tag{7.9}
$$

其中, $q \in [0,1]$ 是矩阵 (7.8) 中所有满足 $A_i \succeq A_j$ 的列的概率 p_i 之和; 类似地, $y \in [0, m]$ 是矩阵 (7.8) 中所有满足 $A_i \succeq A_j$ 的列的发生次数 (实际得票数) x_i 之和。也就是说, 排序结果 $A_i \succeq A_j$ 的发生次数 Y 服从二项分布 $B(m, q)$, 从而其分布律为

$$
P\{Y = y\} = \frac{m!}{y!(m-y)!} q^y (1-q)^{m-y}
\tag{7.10}
$$

对于元素层两两比较策略, 这里 $m = n_p$。于是, 矩阵 (7.9) 和分布律 (7.10) 就构成了元素层两两比较策略的数据模型。注意, 这里的 i, j 是 $1, 2, \cdots, n_s$ 中的任意两个不同数的组合, 因此, 包含了 $n_s(n_s - 1)/2$ 个矩阵和分布律, 只是它们都有类似的表达式。

下面推导集合层两两比较的数学模型。由于集合层两两比较可以看成是集合层集体比较的退化, 而集合层集体比较和元素层集体比较的模型基本一样, 只是参数 $m = 1$。所以, 集合层两两比较也可以推导出跟元素层两两比较一样的数学模型, 即矩阵 (7.9) 和分布律 (7.10), 只是取 $m = 1$。换句话说, 在集合层两两比较策略下, 排序结果 $A_i \succeq A_j$ 的发生次数 Y 服从二项分布 $B(1, q)$, 也就是 0-1 分布, 从而可以用如下的矩阵描述。

$$
\begin{bmatrix}
q & 1-q \\
y & 1-y \\
A_i & A_j \\
A_j & A_i
\end{bmatrix}
\tag{7.11}
$$

其中, $q \in [0,1]$, y 取值为 0 或者 1。随机变量 Y 的分布律为

$$
P\{Y = y\} = q^y (1-q)^{m-y}
\tag{7.12}
$$

于是, 矩阵 (7.11) 和分布律 (7.12) 就构成了集合层两两比较策略的数据模型。类似地, 这里的 i, j 是 $1, 2, \cdots, n_s$ 中的任意两个不同数的组合, 因此, 包含了 $n_s(n_s - 1)/2$ 个矩阵和分布律, 只是它们都有类似的表达式。

7.3.3 相对多数规则与结果汇总

前面介绍了集体比较和两两比较的数学模型, 根据 m 等于 1 或者 n_p, 可以分为四个模型。按照投票理论的术语, 这里的 m 相当于选民数量, 也就是 "总票数"。$m = 1$ 可以理解

为 100% 票数, 对应着集合层的集体比较和两两比较模型; $m = n_\mathrm{p}$ 对应元素层的集体比较和两两比较模型。这两种情况的一个很大区别是, $m = n_\mathrm{p}$ 时需要从单个测试问题的比较结果汇总到整个测试问题集合的比较结果, 而 $m = 1$ 时直接得到测试问题集合上的比较结果, 不需要汇总。当然, 无论哪一种模型, 在结果汇总到整个测试问题集合层面后, 都需要借助如下的相对多数规则 (plurality rule) 来判断算法的好坏。

假设 7.1 (相对多数规则 (relative plurality rule))。在最优化算法的数值比较中, 若采用相对多数规则来对算法的数值性能进行排序, 则要求在总票数 m 给定的情况下, 算法的 "得票数" 越多, 性能越好, "得票数" 最多的算法成为最好的算法。

注　相对多数规则是用于在整个测试问题集合层面, 判断算法性能好坏的标准; 而在单个测试问题层面, 算法性能的好坏还是要依据定义 7.4。

作为一种评价标准, 相对多数规则常用于选举投票和最优化算法的数值比较中[65,90,94,133,136]。在只有两个算法的情形下, 相对多数规则要求获胜算法得票数超过半数, 这等价于如下的绝对多数规则。但是, 算法更多时, 这种等价关系并不成立。

假设 7.2 (绝对多数规则 (absolute majority rule))。在最优化算法的数值比较中, 若采用绝对多数规则来对算法的数值性能进行排序, 则要求在总票数 m 给定的情况下, "得票数" 过半的算法, 才能成为最好的算法。

相对多数规则有一个很显然的推论, 总结如下。

命题 7.1　当总票数 m 为奇数时, 根据相对多数规则, 任何两个算法之间不会出现 "平局" 现象。

由于数值比较策略对多数读者来说都是一个相对陌生的概念, 其数学模型也有些抽象。这里给出一个数值例子, 来说明这些数学模型的应用和相互关系。

例 7.1　假设需要对三个算法 A_1, A_2, A_3 进行数值性能比较, 选择了 25 个问题组成的测试集合。经过数值实验, 并采用元素层集体比较策略进行数据分析, 得到的结果用下面的矩阵描述。该矩阵经过了 "分层先等后不等" 策略的处理。

$$\begin{bmatrix} 0.25 & 0.3 & 0.15 & 0.1 & 0.05 & 01.5 \\ 5 & 6 & 4 & 4 & 2 & 4 \\ A_1 & A_1 & A_2 & A_2 & A_3 & A_3 \\ A_2 & A_3 & A_1 & A_3 & A_1 & A_2 \\ A_3 & A_2 & A_3 & A_1 & A_2 & A_1 \end{bmatrix} \tag{7.13}$$

请问:(1) 采用集体比较策略, 算法排序如何? (2) 采用两两比较策略, 算法排序如何?

解　矩阵 (7.13) 是矩阵 (7.8) 的一个应用, 第一行是理论概率 p_i, 其和为 1, 第二行是实际得票数 x_i, 其和为总票数 25。

矩阵 (7.13) 表明, 三个算法的六种排序中, $A_1 \succeq A_2 \succeq A_3$ 的理论发生概率为 0.25, 但在 25 个测试问题的实际测试中, 在 5 个问题上出现了这种排序, 换句话说, 这个排序的得票数为 5 票。类似地, $A_1 \succeq A_3 \succ A_2$ 得票数为 6 票, $A_3 \succ A_1 \succeq A_2$ 的理论发生概率最低, 为 0.05, 在实际测试中得票数为 2 票。

此外, 在整个测试问题集合层面, 根据相对多数规则, 由于总票数为 25 票, 任何两个算法不可能出现 "平局 (性能相同)" 的情况。根据以上解读, 下面分析不同比较策略下的算法排序。

(1) 采用集体比较策略时, 在六种可能的排序中, 只有第一名的算法才能得到票数。因此, 算法 A_1 获得票数为 5+6=11, 算法 A_2 获得票数为 $4+4=8$, 算法 A_3 获得票数为 $2+4=6$。根据相对多数规则, 认为算法 A_1 性能最好, A_2 次之, A_3 最差, 即 $A_1 \succ A_2 \succ A_3$。

(2) 从矩阵 (7.13) 可以推导出元素层两两比较策略下的如下三个矩阵描述:

$$\begin{bmatrix} 0.6 & 0.4 \\ 13 & 12 \\ A_1 & A_2 \\ A_2 & A_1 \end{bmatrix}, \begin{bmatrix} 0.7 & 0.3 \\ 15 & 10 \\ A_1 & A_3 \\ A_3 & A_1 \end{bmatrix}, \begin{bmatrix} 0.5 & 0.5 \\ 13 & 12 \\ A_2 & A_3 \\ A_3 & A_2 \end{bmatrix} \tag{7.14}$$

因此, 得到 $A_1 \succ A_2$, $A_1 \succ A_3$, $A_2 \succ A_3$。因此, 汇总这三个结果, 可得三个算法在整个测试问题集合上的性能排序为 $A_1 \succ A_2 \succ A_3$。这个结果与元素层集体比较时一致。

从例 7.1 可以发现, 决定排序的主要是矩阵第二行的实际得票数 x_i, 矩阵第一行的理论概率 p_i 并没有直接影响算法的性能排序。但是, 如果要计算某些事件 (比如某种悖论) 发生的概率, 就得依赖矩阵第一行的理论概率 p_i 了。这个观察带来的一个好处是, 在不需要计算概率的场景下, 只需要矩阵 (7.8) 就可以代表数值比较策略的数学模型; 在需要计算概率的场景下, 才需要加上多项分布的分布律 (7.6)。第 8 章将会遇到概率计算的需求。

第 8 章
数值比较中的悖论

借助于第 7 章介绍的数值比较策略及其数学模型, 本章将深入分析最优化算法数值比较中的两个理论问题: 两两比较策略下的结果满足可传递性吗? 两两比较和集体比较的结果是相容的吗? 我们将阐明, 这两个理论问题的答案都是否定的。具体来说, 两两比较策略下的排序结果可能形成一个圈, 此时发生了循环排序 (cycle ranking) 悖论; 而两两比较和集体比较结果的不相容, 意味着非适者生存 (survival of the non-fittest) 悖论的发生[92]。

本章首先用实际例子来说明上述两个悖论的可能出现, 然后对悖论发生的概率展开理论计算, 探讨悖论的发生有多大的可能性, 最后分析这两个悖论发生的原因, 并给出相应对策。

8.1 两种悖论的实例

第 8 章介绍了集体比较和两两比较策略的数学模型, 结合元素层和集合层共分了四种模型。本节我们采用元素层集体比较和元素层两两比较的数学模型 (7.8) 和模型 (7.9), 介绍循环排序和非适者生存两个悖论的可能发生, 并给出其准确定义。

关于集合层集体比较和集合层两两比较策略是否导致悖论, 我们将在第 9 章深入分析。

8.1.1 循环排序悖论的例子

本节我们将论证, 元素层两两比较策略可能产生循环排序悖论。

下面这个矩阵 (8.1) 是元素层集体比较矩阵 (7.8) 的一个实例, 显示了 3 个优化算法 A_1, A_2, A_3 在 25 个测试问题上数值比较的结果, 其中的参数 p_i 满足条件 (7.5)。矩阵经过了 "分层先等后不等" 策略的处理, 因此, 第二列的含义是事件 $A_1 \succeq A_3 \succ A_2$ 的发生概率为 0.15, 但只在 5 个测试问题上实际发生, 其他列的含义类似。

$$
\begin{bmatrix}
0.05 & 0.15 & 0.4 & 0.05 & 0.15 & 0.2 \\
0 & 5 & 10 & 0 & 5 & 5 \\
A_1 & A_1 & A_2 & A_2 & A_3 & A_3 \\
A_2 & A_3 & A_1 & A_3 & A_1 & A_2 \\
A_3 & A_2 & A_3 & A_1 & A_2 & A_1
\end{bmatrix}
\tag{8.1}
$$

采用 "C2" 策略对矩阵 (8.1) 进行分析, 可以得到如下的三个矩阵:

$$\begin{bmatrix} 0.35 & 0.65 \\ 10 & 15 \\ A_1 & A_2 \\ A_2 & A_1 \end{bmatrix}, \begin{bmatrix} 0.6 & 0.4 \\ 15 & 10 \\ A_1 & A_3 \\ A_3 & A_1 \end{bmatrix}, \begin{bmatrix} 0.5 & 0.5 \\ 10 & 15 \\ A_2 & A_3 \\ A_3 & A_2 \end{bmatrix} \tag{8.2}$$

它们分别是使用 "C2" 策略分别比较 (A_1, A_2), (A_1, A_3), (A_2, A_3) 时的数学模型。

由于测试问题共 25 个, 相当于总票数为 25。根据命题 7.1, 不会出现平局现象。从式 (8.2) 的第一个矩阵, 可以看到, A_2 在 15 个问题上更好, 而 A_1 只在 10 个问题上更好。根据相对多数规则, 在整个测试问题集合上的算法排序为 $A_2 \succ A_1$。类似地, 可以得到 $A_1 \succ A_3$, $A_3 \succ A_2$。于是, "C2" 策略的比较结果 $A_2 \succ A_1$, $A_1 \succ A_3$, $A_3 \succ A_2$ 形成了一个圈 $A_2 \succ A_1 \succ A_3 \succ A_2$, 不仅无法推断出性能最好的算法, 而且产生了一个悖论。这种算法性能的排序成圈的现象被称为 "循环排序悖论", 其一般情况下的定义如下[92]。

定义 8.1 (循环排序悖论) 当采用 "C2" 策略对算法 $A_i(i = 1, 2, \cdots, k)$ 进行数值性能比较时, 如果不存在任何一个算法 A_i 使得 $A_i \succeq A_j$ 对于所有 $1 \leqslant j \leqslant k$ 成立, 则称为循环排序悖论发生, 并用事件 $\mathbb{C}$ 表示该悖论。换言之, 循环排序悖论是指在 "C2" 策略下没有获胜算法。

矩阵 (8.1) 描述的例子表明, 循环排序悖论是可能发生的。而根据定义 8.1, 循环排序的发生相当于算法两两比较的结果是不满足传递性的。这一结论可以总结为下面的命题。

命题 8.1 元素层两两比较策略下, 最优化算法两两比较的结果可能不满足传递性。

8.1.2 非适者生存悖论的例子

本节我们将论证, "C2" 策略下的获胜算法与 "C2+" 策略下的获胜算法可能不一致, 它们的排序结果甚至可能相反。

下面的矩阵 (8.3) 是元素层集体比较矩阵 (7.8) 的另一个实例, 显示了 3 个优化算法 A_1, A_2, A_3 在 50 个测试问题上数值比较的结果, 其中的参数 p_i 满足条件 (7.5)。矩阵经过了 "分层先等后不等" 策略的处理。

$$\begin{bmatrix} 0.15 & 0.03 & 0.35 & 0.03 & 0.4 & 0.04 \\ 10 & 0 & 20 & 0 & 20 & 0 \\ A_1 & A_1 & A_2 & A_2 & A_3 & A_3 \\ A_2 & A_3 & A_1 & A_3 & A_1 & A_2 \\ A_3 & A_2 & A_3 & A_1 & A_2 & A_1 \end{bmatrix} \tag{8.3}$$

首先, 采用 "C2+" 策略对这三个算法进行比较时, 由于 A_2 和 A_3 都得 20 票, 而 A_1 只得了 10 票。因此, 根据相对多数规则, 获胜算法是 A_2 和 A_3, 它们并列第一, 算法 A_1 最差。

然后, 采用 "C2" 策略, 可以得到如下三个矩阵:

$$\begin{bmatrix} 0.58 & 0.42 \\ 30 & 20 \\ A_1 & A_2 \\ A_2 & A_1 \end{bmatrix}, \begin{bmatrix} 0.53 & 0.47 \\ 30 & 20 \\ A_1 & A_3 \\ A_3 & A_1 \end{bmatrix}, \begin{bmatrix} 0.53 & 0.47 \\ 30 & 20 \\ A_2 & A_3 \\ A_3 & A_2 \end{bmatrix} \quad (8.4)$$

由于总票数 50 为偶数, 不能排除两个算法平局的可能。所以, 上述三个矩阵的结果为 $A_1 \succeq A_2$, $A_1 \succeq A_3$, $A_2 \succeq A_3$, 即 $A_1 \succeq A_2 \succeq A_3$。也就是说, 算法 A_1 是 "C2" 策略下的最好算法。

于是, 这个实例表明, 采用不同比较策略, 可以得到不同的最好算法: 在 "C2+" 策略下是 A_2 和 A_3, 而在 "C2" 策略下却是 A_1。换句话说, 在 "C2" 策略下的"非适者"A_2 和 A_3, 却在 "C2+" 策略下获得最终胜利。这种现象被称为 "非适者生存" 悖论, 其在一般情况下的定义如下[92]。

定义 8.2 (非适者生存悖论)　在最优化算法的数值比较中, 如果在 "C2" 策略下的非最好算法成为在 "C2+" 策略下的最好算法。也就是说, 在 "C2+" 策略下的最好算法并不是在 "C2" 中的最好算法, 就认为 "非适者生存悖论" 发生了, 并用事件 $\mathbb{S}$ 表示。换句话说, 非适者生存悖论是指, 在 "C2+" 策略下的最好算法在 "C2" 策略下至少会被一个算法打败。

定义 8.3 (比较结果的相容性)　用两种不同的策略对最优化算法进行数值比较, 如果某一种比较策略下的最好算法也是另一种策略下的最好算法, 则称这两种策略下的比较结果是相容的 (compatible)。反之, 如果某一种比较策略下的所有最好算法都不是另一种策略下的最好算法, 则称这两种策略下的比较结果是不相容的 (incompatible)。

矩阵 (8.3) 描述的例子表明, 非适者生存悖论是可能发生的。而根据定义 8.2 和定义 8.3, 非适者生存的发生揭示了 "C2+" 策略和 "C2" 策略下的比较结果可能不相容。这一结论可以总结为下面的命题。

命题 8.2　在最优化算法的数值比较中, 元素层两两比较策略和元素层集体比较策略下的排序结果可能不相容。

8.1.3　两种悖论的实际案例

前面我们给出了两个例子, 用以说明循环排序悖论和非适者生存悖论的可能发生。这两个悖论都是用集体比较的数学模型来描述的, 可以发现, 这是讨论和分析悖论的一个简便而有效的方式。按照同样的方式, 可以找到其他更多的悖论例子[143-144], 也可以尝试发现其他类型的悖论。本节我们用真实的算法和测试数据来说明循环排序悖论和非适者生存悖论的存在。

从真实算法和测试数据中发现悖论并不困难。文献 [92] 汇报了发现悖论的真实过程。作者直接从 MATLAB2016b 中选取了 3 个全局最优化算法: 粒子群优化 (PSO) 算法, 遗传算法 (GA), 模拟退火 (simulate anneal, SA) 算法。测试问题集为 Hedar 测试集[95], 内含 27 个测试函数 (考虑同一问题的不同维度时, 为 68 个)。由于这三个都是随机优化算法,为分析随机波动, 每个算法在每个问题上独立测试 50 次, 每次测试用光 20000 次函数计算次数后退出。

给定测试过程数据, 对算法在每个测试问题上做统计检验, 得到这三个优化算法在每个测试问题上的排名。然后, 把存在平局的测试问题剔除。最后, 文献 [92] 选择了 12 个测试问题来介绍实际发生的悖论。

表 8.1 展示了这 3 个算法在其中 5 个测试问题上的性能排序。对每个问题, 排序 "1" 表明算法在这个问题上表现最好, "2" 其次, 而 "3" 最差。由于总票数为 5 票, 根据相对多数规则, 采用 "C2" 策略来分析表 8.1 中的排序结果, 可以得到两两比较的结果分别为 "GA≻PSO", "PSO≻SA", "SA≻GA" (得票数都是 3 票 VS 2 票)。此时, 算法排序成圈 "GA≻PSO≻SA≻GA", 即发生了循环排序悖论。

表 8.1　真实算法和数据中的循环排序悖论

函数名称	PSO	GA	SA
Griewank(5D)	2	1	3
Hump(2D)	1	3	2
Michalewics(10D)	2	1	3
Rosenbrock(20D)	2	3	1
Rastrigin(5D)	3	2	1

表 8.2 展示了同样 3 个算法在 9 个测试问题上的性能排序。对每个问题, 排序 "1" 表明算法在这个问题上表现最好, "2" 其次, 而 "3" 最差。由于总票数为 9 票, 根据相对多数规则, 最终排序不会出现平局。如果采用 "C2" 策略来分析表 8.2 中的排序结果, 那么可以得到 "PSO≻SA"(5 票对 4 票), "PSO≻GA"(7 票对 2 票), 以及 "SA≻GA"(5 票对 4 票)。因此, 最终排序为 "PSO≻SA≻GA", PSO 是 "C2" 策略下的最好算法。

表 8.2　真实算法和数据中的非适者生存悖论

函数名称	PSO	GA	SA
Beale(2D)	1	3	2
Easom(2D)	1	2	3
Levy(2D)	1	2	3
Michalewics(10D)	2	1	3
Powersum(4D)	2	3	1
Rosenbrock(20D)	2	3	1
Schwefel(2D)	2	1	3
Shekel7(4D)	2	1	3
Sphere(20D)	2	3	1
"C2+" 策略下的得票数	3	2	4

但是, 如果采用 "C2+" 策略来分析表 8.2 中数据, 三个算法的得票数分别为: PSO 3 票, GA 2 票, SA 4 票。根据相对多数规则, "C2+" 策略下的最好算法是 SA。因为, "C2+" 策略下的最好算法 SA 并不是 "C2" 策略下的最好算法, 而且在 "C2" 策略下 SA 会被 PSO 打败, 所以, 非适者生存悖论发生了。

事实上，以循环排序为代表的悖论研究远远超出了最优化算法的数值比较领域。正如前面指出的，在投票选举和体育竞技等众多领域，都存在 "C2" 策略和 "C2+" 策略，因此早就在实践中发现了悖论。例如，早在 1785 年，法国学者孔多塞 (Marquis de Condorcet) 就发现了，在投票选举中存在循环排序悖论，因此这一悖论也被称为孔多塞悖论 (Condorcet paradox) [142]。因此，本书所提出的循环排序悖论实际上是孔多塞悖论在最优化算法的数值比较领域中的一个推广或应用。

此外，在大量的投票选举实践中，也发现了类似于非适者生存的悖论，分别叫作强博尔达悖论 (strong Borda paradox) 和严格博尔达悖论 (strict Borda paradox) [142]。本书中的非适者生存悖论是这两个博尔达悖论的推广。强博尔达悖论要求 "C2" 中最差的算法被选为 "C2+" 策略下的最好算法；除此之外，严格博尔达悖论还要求排序完全倒置，也就是说，"C2" 中的最差算法是 "C2+" 中的最好算法，"C2" 中倒数第二的算法是 "C2+" 中的第二好算法，以此类推。而非适者生存悖论只要求 "C2" 策略下的非最好算法成为 "C2+" 策略下的最好算法。

经过上百年的实践和探索，从 20 世纪 50 年代开始，对排序悖论的研究就已经成了投票理论等社会科学研究的主流，产生了大量很有价值的研究成果。后续章节的内容将大量借鉴这些研究成果，帮助更快、更好地理解最优化算法数值比较中的理论困境和解决办法。

8.2　悖论发生的概率计算

8.1 节举例论证了循环排序和非适者生存这两种悖论都是可能发生的，本节计算这两种悖论发生的概率. 如果这些概率都很小，说明这两种悖论发生的可能性很小，悖论更多是理论的，在实践中则无须过于担心。但是，如果这些概率不小，那无论在理论上还是实践中，这两种悖论都变得很重要。

本节首先介绍概率计算必需的数学铺垫，然后分别计算循环排序悖论、非适者生存悖论以及没有悖论的发生概率。

8.2.1　概率计算的数学铺垫

这里的数学铺垫主要包括多项分布概率值 p_i 的分布假设，两种策略下最好算法的存在性和唯一性，所有可能排序结果这个样本空间的划分，以及如何降低仿真计算时的复杂度。

1) 多项分布概率值 p_i 的等可能假设

前面已经指出，在集体比较和两两比较的数学模型 (7.8) 和模型 (7.9) 中，第一行的概率值 p_i 对悖论的存在并没有说明影响，但是对悖论的发生概率却有重要影响。为了计算悖论的发生概率，首先需要确定多项分布的概率值 $p_i(i = 1, 2, \cdots, k!)$。

然而，要确定这些概率值，需要根据算法和测试问题的具体情况具体分析。事实上，即便给定了最优化算法和测试问题集合，也很难准确定义这些概率值 p_i，做出一些合适的假设是必要的。因此，作为初始的尝试，文献 [92] 选择了等可能性假设，即所有的 p_i 都相等。

等可能性假设不仅仅是为了计算的方便, 从本质上也是符合最优化算法数值比较这个领域的哲学基础的。这个领域有一个著名的定理叫作没有免费午餐 (NFL) 定理[70], 它表明, 如果最优化算法是黑箱优化 (不针对问题特性来设计算法), 而且测试问题集合满足: ① 是一个无穷集合, 考虑了算法能处理的一切可能的最优化问题; 或者② 是一个有限集合且满足置换封闭性 (详见 4.2 节), 那么, 任何两个算法都有相同的平均数值性能。总之, 等可能假设在 NFL 定理的支持下是很自然的, 从而也被称为 NFL 假设[92]。该假设跟投票理论的无偏文化 (impartial culture) 假设[142] 等价, 是后者在最优化算法数值比较的一个实际应用。

假设 8.1 (等可能假设或 NFL 假设) 对于给定的 k 个最优化算法和测试问题集, 所有 $k!$ 个可能的算法排序是等可能发生的, 即满足

$$p_i = \frac{1}{k!}, \ i = 1, 2, \cdots, k! \tag{8.5}$$

这里需要再次强调两点: 第一, NFL 定理并没有改变希望在最优化算法的数值比较中找到一个最好算法的愿望, 这一点在本书第 4 章已有充分的阐述; 第二, NFL 假设并不影响悖论的存在, 它只影响悖论发生的可能性。

事实上, NFL 假设在本章的作用仅仅是为悖论发生的概率计算提供了一个方便的平台。没有它, 悖论的发生概率计算可能会更加困难, 计算出的概率值也可能发生变化, 但并不会改变悖论的存在性。

2) 两种策略下最好算法的存在性和唯一性

要计算悖论发生的概率, 还需要搞清楚 "C2+" 策略和 "C2" 策略下最好算法的存在性和唯一性。根据文献 [92], 有以下结论。

定理 8.1 在最优化算法的数值比较中, "C2+" 策略下的最好算法总是存在, 但可能不唯一; 而 "C2" 策略下的最好算法却不一定存在, 如果存在, 也可能不唯一。

证明 根据相对多数规则, "C2+" 策略下的最好算法是矩阵 (7.8) 中得票数最高的算法, 即矩阵 (7.8) 第三行中相同算法对应的票数 x_i 进行合并, 合并后的最大值对应的算法就是最好算法。因此, 最好算法总是存在的。由于票数 x_i 合并后的最大值可能不唯一, 所以最好算法也可能唯一。

前面已经论证, 在 "C2" 策略下可能存在循环排序悖论。这意味着在 "C2" 策略下的最好算法可能不存在。即使最好算法存在, 它也可能不唯一。理由如下: 一方面, 当总票数 m 为偶数时, 最好算法可能有平局的情况, 即两个算法并列最好; 另一方面, 当算法数量大于 3 时, 最好算法可能成圈, 在这种情况下, 成圈的算法中的任何一个算法都比剩余算法更好。 □

3) 所有可能排序结果的分割

在最优化算法的数值比较中, 显然不仅仅只有悖论, 更多的情况应该是没有悖论的正常情况。为此, 我们给出下面的定义。

定义 8.4 如果在 "C2+" 策略下的最好算法存在, 且至少有一个最好算法同时也是在 "C2" 策略下的最好算法, 此时, 称正常事件发生了, 并记该事件为 N。

定义 8.4 表明, 正常事件 N 是排除了循环排序和非适者生存悖论之后的其他情况。这引导我们去探索所有可能排序结果的分割, 并得到下面的定理[92,145]。

定理 8.2　当应用 "C2+" 和 "C2" 两种策略来比较最优化算法的数值性能时, 随机事件 $\mathbb{C}$, $\mathbb{N}$, $\mathbb{S}$ 构成了样本空间的一个分割。

证明　当采用 "C2" 策略来比较 k 个最优化算法 $A_i(i=1,2,\cdots,k)$ 时, 可以列出所有可能的基本事件。由于任何两个算法之间要么 $A_i \succeq A_j$, 要么 $A_j \succ A_i$, 因此, 一共有 $2^{k(k-1)/2}$ 种描述算法排序的基本事件。在所有的基本事件中, 有一些会导致循环排序, 而其他则不会。前者导致了循环排序悖论 $\mathbb{C}$ 的发生, 而后者则不会导致循环排序悖论的发生, 即存在 "C2" 策略下的最好算法。

在所有不会导致循环排序悖论的基本事件中, 在 "C2" 策略下的最好算法都存在。而根据定理 8.1, 在 "C2+" 策略下的最好算法也存在。如果在 "C2+" 策略下的所有最好算法都不是在 "C2" 策略下的最好算法, 那么, 非适者生存悖论即随机事件 $\mathbb{S}$ 发生了。反之, 如果在 "C2+" 策略下的 (某个) 最好算法同时也是在 "C2" 策略下的最好算法, 则随机事件 $\mathbb{N}$ 发生。

除了以上三个随机事件, 再也没有剩余的基本事件了, 因此随机事件 $\mathbb{C}$, $\mathbb{N}$, $\mathbb{S}$ 构成了样本空间的一个分割。换句话说, 随机事件 $\mathbb{C}$, $\mathbb{N}$, $\mathbb{S}$ 互不相交, 且它们的并集就是样本空间本身。　□

以下推论是定理 8.2 的一个直接应用, 该结果有助于计算悖论的发生概率: 只要算出了任何两个随机事件的发生概率, 另一个随机事件的发生概率也就算出来了。

推论 8.1　当应用 "C2+" 和 "C2" 两种策略来比较最优化算法的数值性能时, 随机事件 $\mathbb{C}$, $\mathbb{S}$, $\mathbb{N}$ 的概率满足

$$P(\mathbb{C}) + P(\mathbb{N}) + P(\mathbb{S}) = 1 \tag{8.6}$$

4) 降低仿真计算的复杂度

悖论的概率通常要用计算机仿真方式来计算, 此时, 下面的定理有助于显著降低仿真计算的复杂度。

定理 8.3　在集体比较的数学模型中, 如果矩阵 (7.8) 中存在一个 x_i 满足 $x_i \geqslant \frac{m}{2}$, 那么循环排序悖论和非适者生存悖论都不会发生。

证明　根据相对多数规则, 当矩阵 (7.8) 中存在 $x_i \geqslant \frac{m}{2}$ 时, 矩阵 (7.8) 第 i 列第 3 行的算法一定是 "C2+" 策略下的胜者。因此, 循环排序悖论不会发生。另外, 此时在 "C2+" 策略下的最好算法一定是在 "C2" 策略下的胜者, 因为该算法的得票数量超过了一半。所以, 非适者生存悖论也同样不可能发生。　□

有了以上假设和理论结果的铺垫, 下面就可以正式来计算悖论发生的概率了。

8.2.2　循环排序悖论的发生概率

本节介绍循环排序悖论的发生概率计算方法及结果。首先要指出的是, 悖论的发生概率会随着问题数量 n_p 以及算法数量 n_s 的增加而增加。这是因为, 当算法数量增加时, 存

在更多的可能排序成圈; 而当问题数量增加时, 相当于总票数 m 增加, 满足条件 (7.7) 的 x_i 的组合数也会增加。

首先, 考虑只有三个算法的情形, 然后再考虑一般的情况。

1) 只有 3 个最优化算法的情形

在等可能假设下, 当最优化算法只有 3 个时, 集体比较的数学模型可描述如下 (6 种排序经过了 "分层先等后不等" 策略 (见定义 7.7) 的处理):

$$\begin{bmatrix} 1/6 & 1/6 & 1/6 & 1/6 & 1/6 & 1/6 \\ x_1 & x_2 & x_3 & x_4 & x_5 & x_6 \\ A_1 & A_1 & A_2 & A_2 & A_3 & A_3 \\ A_2 & A_3 & A_1 & A_3 & A_1 & A_2 \\ A_3 & A_2 & A_3 & A_1 & A_2 & A_1 \end{bmatrix} \tag{8.7}$$

其中, 实际得票数 x_i 满足

$$\sum_{i=1}^{6} x_i = m, \quad x_i \in [0, m], \quad i = 1, 2, \cdots, 6 \tag{8.8}$$

实际得票数构成的随机变量 X 满足参数为 m 和 $(1/6, 1/6, \cdots, 1/6)$ 的多项分布, 分布律为

$$P\{X = (x_1, x_2, \cdots, x_6)\} = \frac{m!}{x_1! x_2! \cdots x_6!} \frac{1}{6^m} \tag{8.9}$$

根据以上模型, 要计算悖论发生的概率, 只需要确定能使悖论发生的基本事件, 然后代入分布律公式 (8.9) 并求和即可。

定理 8.4 在 m 个测试问题上比较 3 个优化算法时, 随机事件 $\mathbb{C}$ 的发生概率由下式计算得到:

$$P(\mathbb{C}) = \frac{1}{6^m} \left(2 \sum_{\{x_i\} \in C_1} \frac{m!}{x_1! x_2! \cdots x_6!} - \sum_{\{x_i\} \in C_2} \frac{m!}{x_1! x_2! \cdots x_6!} \right) \tag{8.10}$$

其中, C_1 和 C_2 是由下面这个公式所确定的:

$$\begin{cases} x_1 + x_2 + \cdots + x_6 = m \\ x_1 + x_2 + x_5 \geqslant \dfrac{m}{2} \\ x_1 + x_3 + x_4 \geqslant \dfrac{m}{2} \\ x_4 + x_5 + x_6 \geqslant \dfrac{m}{2} \\ x_i \in \{0, 1, \cdots, m\} \end{cases} , \quad \begin{cases} x_1 + x_2 + \cdots + x_6 = m \\ x_1 + x_2 + x_5 = \dfrac{m}{2} \\ x_1 + x_3 + x_4 = \dfrac{m}{2} \\ x_4 + x_5 + x_6 = \dfrac{m}{2} \\ x_i \in \{0, 1, \cdots, m\} \end{cases} , i = 1, 2, \cdots, 6 \tag{8.11}$$

并且, 当 m 是奇数时, 集合 C_2 是空集。

证明   当采用 "C2" 比较策略来比较三个优化算法 (A_1, A_2, A_3) 时, 所有可能的基本事件只有如下 8 种:

$$
\begin{aligned}
&(G_1) \quad A_1 \succeq A_2 \quad A_2 \succeq A_3 \quad A_1 \succeq A_3 \\
&(G_2) \quad A_1 \succeq A_2 \quad A_3 \succeq A_2 \quad A_3 \succeq A_1 \\
&(G_3) \quad A_1 \succeq A_2 \quad A_3 \succeq A_2 \quad A_1 \succeq A_3 \\
&(G_4) \quad A_2 \succeq A_1 \quad A_2 \succeq A_3 \quad A_3 \succeq A_1 \\
&(G_5) \quad A_2 \succeq A_1 \quad A_2 \succeq A_3 \quad A_1 \succeq A_3 \\
&(G_6) \quad A_2 \succeq A_1 \quad A_3 \succeq A_2 \quad A_3 \succeq A_1 \\
&(G_7) \quad A_2 \succeq A_1 \quad A_3 \succeq A_2 \quad A_1 \succeq A_3 \\
&(G_8) \quad A_1 \succeq A_2 \quad A_2 \succeq A_3 \quad A_3 \succeq A_1
\end{aligned}
\tag{8.12}
$$

其中, 只有基本事件 G_7 和 G_8 会导致循环排序, 其余基本事件都能确定最好算法。因此, 随机事件 $\mathbb{C}$ 的发生概率可写为

$$
P(\mathbb{C}) = P(G_7) + P(G_8) - P(A_1 = A_2, A_2 = A_3, A_3 = A_1)
$$

根据对称性, 可知 $P(G_7) = P(G_8)$。所以,

$$
P(C) = 2P(G_8) - P(A_1 = A_2, A_2 = A_3, A_3 = A_1)
$$

结合数学模型 (8.7) 和相对多数规则, 基本事件 G_8 包含的样本点集合为 $C_1 = \{(x_1, x_2, \cdots, x_6) | A_1 \succeq A_2, A_2 \succeq A_3, A_3 \succeq A_1\}$, 且满足

$$
\begin{cases}
x_1 + x_2 + \cdots + x_6 = m \\
x_1 + x_2 + x_5 \geqslant \dfrac{m}{2} \quad [A_1 \succeq A_2] \\
x_1 + x_3 + x_4 \geqslant \dfrac{m}{2} \quad [A_2 \succeq A_3] \\
x_4 + x_5 + x_6 \geqslant \dfrac{m}{2} \quad [A_3 \succeq A_1] \\
x_i \in \{0, 1, \cdots, m\}, i = 1, 2, \cdots, 6
\end{cases}
\tag{8.13}
$$

在式 (8.13) 中, $[A_1 \succeq A_2]$ 是对前面不等式的注释, 后面类似。根据式 (8.8), $A_1 \succeq A_2$ 要求满足 $x_1 + x_2 + x_5 \geqslant x_3 + x_4 + x_6$; 类似地, $A_2 \succeq A_3$ 要求满足 $x_1 + x_3 + x_4 \geqslant m/2$; 而 $A_3 \succeq A_1$ 要求满足 $x_4 + x_5 + x_6 \geqslant m/2$。

因此, 可以得到

$$
P(G_8) = \sum_{(x_1, x_2, \cdots, x_6) \in C_1} \frac{m!}{x_1! x_2! \cdots x_6!} \frac{1}{6^m}
$$

类似地, 有

$$
P(A_1 = A_2, A_2 = A_3, A_3 = A_1) = \sum_{(x_1, x_2, \cdots, x_6) \in C_2} \frac{m!}{x_1! x_2! \cdots x_6!} \frac{1}{6^m}
$$

其中, 集合 $C_2 = \{(x_1, x_2, \cdots, x_6)|A_1 = A_2, A_2 = A_3, A_3 = A_1\}$ 由如下公式所确定:

$$\begin{cases} x_1 + x_2 + \cdots + x_6 = m \\ x_1 + x_2 + x_5 = \dfrac{m}{2} \quad [A_1 = A_2] \\ x_1 + x_3 + x_4 = \dfrac{m}{2} \quad [A_2 = A_3] \\ x_4 + x_5 + x_6 = \dfrac{m}{2} \quad [A_3 = A_1] \\ x_i \in \{0, 1, \cdots, m\}, i = 1, 2, \cdots, 6 \end{cases}$$

当 m 为奇数时, $m/2$ 不是整数, 因此, 集合 C_2 是空集。 $\qquad\square$

定理 8.4 给出了计算循环排序悖论发生概率的具体公式 (8.10), 但是从这个公式计算出概率值并不是一件容易的事情, 尤其是当测试问题数量 m 比较大时。事实上, 当 m 比较大, 通常是采用数值仿真的形式计算概率[92,145], 此时得到的是在一定精度误差内的概率近似值。

具体来说, 依据定理 8.3, 通过对每个 $x_i < m/2$ 进行枚举。如果 $(x_1, x_2, \cdots, x_6)$ 满足条件 (8.11), 则代入式 (8.10) 进行概率求和, 最终得到悖论发生的概率 $P(\mathbb{C})$。当 m 较大时, 这一仿真过程还是挺花时间的。

图 8.1 展示了只有三个算法进行比较的情况下, 循环排序悖论的发生概率是如何随着测试问题个数 m 的增加而改变的[92]。这些概率值与投票理论中已发表的孔多塞悖论发生概率是一致的[142]。

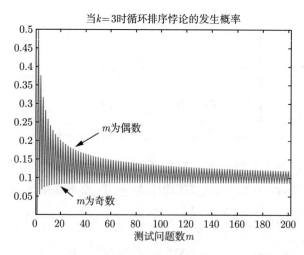

图 8.1　当最优化算法只有三个时, 循环排序悖论的发生概率 $P(\mathbb{C})$ 与测试问题数量 m 的关系图

从图 8.1 中可以看到两个相反的变化趋势。当 $m \leqslant 201$ 为偶数时, 随着 m 的增大, $P(\mathbb{C})$ 的值从 0.5 逐渐降到将近 0.1187。相反地, 当 $m \leqslant 201$ 为奇数时, 随着 m 的增大, $P(\mathbb{C})$ 的值从 0 缓慢增大至将近 0.0877。一个有趣的问题是, 当 $m \to \infty$ 时, $P(\mathbb{C})$ 的值是

多大呢? 这个问题已有准确的答案, 如下所示:

$$\lim_{m \to \infty} P(\mathbb{C}) = \frac{1}{2\pi} \arccos\left(\frac{23}{27}\right) \approx 0.0877 \tag{8.14}$$

这个极限概率具有重要的理论价值, 因此在投票理论中很受重视, 被多个研究团队用多种不同的方法计算得到。当然, 这些方法都采用了无偏文化假设 (即本书中的等可能假设)[142,146]。

图 8.1 揭示了一个很有价值的结论: 在设计测试问题集时, 只包含奇数个而不是偶数个问题, 具有重要意义, 因为发生循环排序悖论的可能性可以显著降低[92]。另外, 在只有三个优化算法时, 循环排序悖论的极限概率大约是 8.77%。这表明, 循环排序悖论并不是无足轻重可以任意忽视的, 还是要深入理解并想办法消除或降低它的影响。比如, 选择奇数个测试问题组成的测试集就是一个低成本的办法。

最后需要指出的是, 定理 8.4 适用于元素层两两比较和集合层两两比较, 但对于后者来说可以得到更简洁的结论。第 7 章已经说明, 集合层两两比较的 m 不再是测试问题个数, 而是数据分析次数。由于集合层两两比较对整个测试集合的数据只进行一次数据分析, 因此 $m = 1$。在这一前提下, 根据定理 8.4 可以推出如下结论。

推论 8.2　如果采用集合层两两比较策略分析测试数据, 那么不会存在循环排序悖论。

证明　根据定理 8.4, 当 $m = 1$ 时, 由于 x_i 只能取值 0 或者 1, 集合 C_1, C_2 都是空集。于是得证。　□

2) 比较三个以上算法

随着最优化算法数量的增加, 计算悖论的发生概率变得越来越困难。幸运的是, 前面已经论证, 等可能假设下循环排序悖论等价于无偏文化假设下的孔多塞悖论, 而后者在社会科学界已经有丰富的研究结果[142]。这里我们直接展示无偏文化假说下孔多塞悖论的发生概率结果[142], 详见表 8.3。

表 8.3　在 m 个问题上比较 k 个算法时, 循环排序悖论的发生概率

k	m					
	5	15	25	35	45	∞
3	0.0694	0.0820	0.0843	0.0853	0.0855	0.0877
4	0.1389	0.1640	0.1686	0.1706	0.1710	0.1755
5	0.1995	0.2350	0.2417	0.2444	0.2460	0.2513
6	0.2514	0.2952	0.3034	0.3068	0.3104	0.3152
7	0.2958	0.3463	0.3556	0.3570	0.3600	0.3692
8	0.3339	0.3900	0.4003	0.3942	0.3903	0.4151
9	0.3676	0.4260	0.4370	0.4420	0.4450	0.4545
10	0.3986	0.4517	0.4633	0.5479	0.6160	0.4886
11	0.4232	0.4890	0.5010	0.5060	0.5090	0.5187

表 8.3 中展示了 $k = 3, 4, \cdots, 11$ 个算法在 $m = 5, 15, \cdots, 45$ 个问题上进行数值比较时, 循环排序悖论的发生概率的大小。更多结果可参见文献 [142] 中的表 4.6 及相关表格。这些概率值也是借助计算机仿真计算得来, 并不是解析解, 基本原理与上一小节介绍的类似。

从表 8.3 可以发现, 当 m 或 k 增大时, $\mathbb{C}$ 也会增大。这一点与本节刚开始从常识出发的推断一致。具体来说, 随着测试问题 m 的增加, 循环排序悖论的发生概率 $P(\mathbb{C})$ 也增长, 但其增长是缓慢的。但是, $P(\mathbb{C})$ 却随着算法个数的增长而快速增长。

另外, 循环排序悖论 $P(\mathbb{C})$ 的极限概率在理论上特别重要, 表格 8.3 的最后一列给出了这些极限概率值, 图 8.2 描绘了它随 m 快速增长的图形。

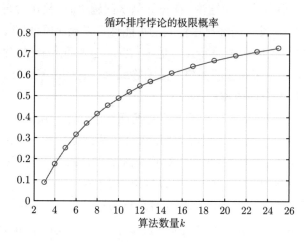

图 8.2   循环排序悖论的极限概率随着算法数量 k 增长的变化趋势

总之, 表 8.3 和图 8.2 的结果表明, 循环排序悖论的极限概率随着算法个数的增加而快速增加, 当有 3 个以上最优化算法进行数值性能比较 (如算法竞赛) 时, 可能会频繁地发生循环排序悖论。比如, 算法超过 10 个时, 循环排序的发生概率超过 50%; 即便只有 5 个算法, 循环排序的发生概率也已经超过 25%。更进一步, 极限概率的这种快速递增趋势表明, 当参与数值比较的算法充分多时, 发生循环排序悖论的概率无限接近 1。换言之, 循环排序悖论是一个渐近必然事件。

命题 8.3   循环排序悖论是一个渐近必然事件。

8.2.3   非适者生存悖论的发生概率

非适者生存悖论的发生概率 $P(\mathbb{S})$ 比循环排序悖论的发生概率 $P(\mathbb{C})$ 更加难以计算。原因之一是, 当算法个数 k 比较大时, "非适者" 的情况更加复杂, 包含了多种不同类型的基本事件。本节, 我们首先考虑三个算法的情况, 而后再对一般情况进行分析。对于前一种情况, 可以直接计算 $P(\mathbb{S})$ 的大小, 而对于后一种情况, 需要借助投票理论中的一些结论来间接地计算 $P(\mathbb{S})$。

1) 比较三个算法

根据模型 (8.7), 要计算非适者生存悖论发生的概率, 只需要确定能使悖论发生的基本事件, 然后代入分布律公式 (8.9) 并求和即可。

定理 8.5   在 m 个测试问题上比较三个优化算法时, 随机事件 $\mathbb{S}$ 的发生概率由如下

公式计算得到:

$$P(\mathbb{S}) = \frac{3}{6^m} \left(\sum_{\{x_i\} \in S_1} \frac{m!}{x_1! x_2! \cdots x_6!} + \sum_{\{x_i\} \in S_2} \frac{m!}{x_1! x_2! \cdots x_6!} \right) \tag{8.15}$$

其中集合 S_1 和 S_2 的定义如下:

$$S_1 : \begin{cases} x_1 + x_2 + \cdots + x_6 = m \\[2mm] x_1 + x_2 + x_5 > \dfrac{m}{2} \\[2mm] x_1 + x_2 + x_3 > \dfrac{m}{2} \\[2mm] \max\{x_3 + x_4, x_5 + x_6\} > x_1 + x_2 \\[2mm] x_i \in \{0, 1, \cdots, m\}, i = 1, 2, \cdots, 6 \end{cases}$$

$$S_2 : \begin{cases} x_1 + x_2 + \cdots + x_6 = m \\[2mm] x_1 + x_2 + x_5 = \dfrac{m}{2} \\[2mm] x_1 + x_2 + x_3 > \dfrac{m}{2} \\[2mm] x_1 + x_3 + x_4 > \dfrac{m}{2} \\[2mm] x_5 + x_6 > \max\{x_1 + x_2, x_3 + x_4\} \\[2mm] x_i \in \{0, 1, \cdots, m\}, i = 1, 2, \cdots, 6 \end{cases}$$

并且, 当 m 为奇数时, 集合 S_2 为空集。

证明　比较三个算法时的所有可能基本事件已在式 (8.12) 中列出, 其中, 基本事件 $G_1 \sim G_6$ 是可能导致随机事件 $\mathbb{S}$ 或 $\mathbb{N}$ 发生的。特别地, 当在 "C2+" 策略下的最好算法都不是在 "C2" 策略下的最好算法时, 随机事件 $\mathbb{S}$ 发生; 否则, 随机事件 $\mathbb{N}$ 发生。

因为基本事件 $G_1 \sim G_6$ 并不是两两互斥的, 为了概率计算的便利, 将它们重新划分为如下 6 个两两互斥的事件:

$$\begin{array}{lll} (G_1') & A_1 \succ A_2 & A_1 \succ A_3 \\ (G_2') & A_2 \succ A_1 & A_2 \succ A_3 \\ (G_3') & A_3 \succ A_1 & A_3 \succ A_2 \\ (G_4') & A_1 = A_2 & A_2 \succ A_3 \quad A_1 \succ A_3 \\ (G_5') & A_2 = A_3 & A_2 \succ A_1 \quad A_3 \succ A_1 \\ (G_6') & A_3 = A_1 & A_1 \succ A_2 \quad A_3 \succ A_2 \end{array} \tag{8.16}$$

以上考虑的是在 "C2" 策略下的基本事件。研究非适者生存悖论还需要考虑在 "C2+" 策略下的排序结果, 特别是其最好算法。记 $A_{\text{C2+}}^*$ 为在 "C2+" 策略下的最好算法, 结合在 "C2"

策略下的基本事件, 非适者生存悖论 $\mathbb{S}$ 可描述为如下 6 种情况:

$$
\begin{array}{llll}
(H_1) & A_1 \succ A_2 & A_1 \succ A_3 & A^*_{\mathrm{C2+}} \neq A_1 \\
(H_2) & A_2 \succ A_1 & A_2 \succ A_3 & A^*_{\mathrm{C2+}} \neq A_2 \\
(H_3) & A_3 \succ A_1 & A_3 \succ A_2 & A^*_{\mathrm{C2+}} \neq A_3 \\
(H_4) & A_1 = A_2 & A_2 \succ A_3 & A_1 \succ A_3 \quad A^*_{\mathrm{C2+}} = A_3 \\
(H_5) & A_2 = A_3 & A_2 \succ A_1 & A_3 \succ A_1 \quad A^*_{\mathrm{C2+}} = A_1 \\
(H_6) & A_3 = A_1 & A_1 \succ A_2 & A_3 \succ A_2 \quad A^*_{\mathrm{C2+}} = A_2
\end{array}
\tag{8.17}
$$

其中, H_1 是指 A_1 是在 "C2" 策略下的最好算法, 但它却不是在 "C2+" 策略下的最好算法。其他几个随机事件的含义类似。基于以上描述, 结合对称性, 可得

$$
P(\mathbb{S}) = \sum_{j=1}^{6} P(H_j) = 3(P(H_1) + P(H_4))
\tag{8.18}
$$

根据数学模型 (8.7), 可以将随机事件 H_1 和 H_4 的发生概率分别表示如下:

$$
P(H_1) = \sum_{\{x_i\} \in S_1} \frac{m!}{x_1! x_2! \cdots x_6!} \frac{1}{6^m}
\tag{8.19}
$$

其中, $S_1 = \{(x_1, x_2, \cdots, x_6) | H_1\}$ 的定义如下:

$$
\begin{cases}
x_1 + \cdots + x_6 = m & \\
x_1 + x_2 + x_5 > \dfrac{m}{2} & [A_1 \succ A_2] \\
x_1 + x_2 + x_3 > \dfrac{m}{2} & [A_1 \succ A_3] \\
\max\{x_3 + x_4, x_5 + x_6\} > x_1 + x_2 & [A^*_{\mathrm{C2+}} \neq A_1] \\
x_i \in \{0, 1, \cdots, m\}, i = 1, \cdots, 6.
\end{cases}
\tag{8.20}
$$

类似地,

$$
P(H_4) = \sum_{\{x_i\} \in S_4} \frac{m!}{x_1! x_2! \cdots x_6!} \frac{1}{6^m}
\tag{8.21}
$$

其中, $S_4 = \{(x_1, x_2, \cdots, x_6) | H_4\}$ 的定义如下:

$$
\begin{cases}
x_1 + \cdots + x_6 = m & \\
x_1 + x_2 + x_5 = \dfrac{m}{2} & [A_1 = A_2] \\
x_1 + x_2 + x_3 > \dfrac{m}{2} & [A_1 \succ A_3] \\
x_1 + x_3 + x_4 > \dfrac{m}{2} & [A_2 \succ A_3] \\
x_5 + x_6 > \max\{x_1 + x_2, x_3 + x_4\} & [A^*_{\mathrm{C2+}} = A_3] \\
x_i \in \{0, 1, \cdots, m\}, i = 1, 2, \cdots, 6
\end{cases}
\tag{8.22}
$$

因此, 发生概率 $P(\mathbb{S})$ 的大小可以由式 (8.15) 计算得到。显然, 当 m 是奇数时, 集合 S_2 是空集, 因为 $A_1 = A_2$ 是不可能的。 □

类似于 $P(\mathbb{C})$ 的计算, $P(\mathbb{S})$ 的计算也需要基于定理 8.5 来仿真实现。图 8.3 展示了 $m = 1, 2, \cdots, 201$ 时的 $P(\mathbb{S})$ 的数值结果。从图 8.3 中可以观察到, $P(\mathbb{S})$ 总是随着 m 的增长而增长。但是, 当 $m > 20$ 时, 增长较为缓慢。另外, 与 m 的奇偶性对 $P(\mathbb{C})$ 的影响相反, m 为偶数时的发生概率 $P(\mathbb{S})$ 要小于其相邻的奇数时的发生概率。

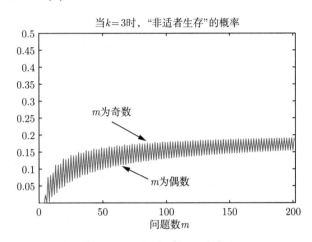

图 **8.3** 比较三个最优化算法时, 非适者生存悖论的发生概率 $P(\mathbb{S})$ 随 m 增长的变化趋势

一个有趣的问题是, 当 $m \to \infty$ 时, 能否计算得到 $P(\mathbb{S})$ 的极限概率? 答案是肯定的。在三个算法的情形下, $P(\mathbb{S})$ 的极限概率为[92]

$$\lim_{m \to \infty} P(\mathbb{S}) = 0.2215 \tag{8.23}$$

最后需要指出的是, 定理 8.5 适用于元素层集体比较和集合层集体比较, 但对于后者来说可以得到更简洁的结论。第 7 章已经说明, 集合层两两比较的 m 不再是测试问题个数, 而是数据分析次数。由于集合层两两比较对整个测试集合的数据只进行一次数据分析, 因此 $m = 1$。在这一前提下, 根据定理 8.5 可以推出如下结论。

推论 8.3 如果采用集合层集体比较策略分析测试数据, 不会存在非适者生存悖论。

证明 根据定理 8.5, 当 $m = 1$ 时, 由于 x_i 只能取值 0 或者 1, 集合 S_1, S_2 都是空集。于是得证。 □

2) 比较三个以上算法

随着算法个数 k 的增加, $P(\mathbb{S})$ 的计算难度也在上升。跟 $P(\mathbb{C})$ 的计算一样, 可以从投票理论的相关研究中进行借鉴或间接计算。本节首先介绍投票理论中的 "孔多塞效率"(Condorcet efficiency) 这个概念, 然后通过它间接地计算 $P(\mathbb{S})$。

对任何一种选举策略, "孔多塞效率" 是指在 "孔多塞胜者"(Condorcet winner) 存在的前提下, 该策略能把它选出来的条件概率[142]。而 "孔多塞胜者" 是指在 "C2" 策略下能打败其他所有候选人的候选人。换言之, 如果在 "C2" 策略下的最好算法存在, 那么在相对多数规则下的"孔多塞效率"就是该最好算法同时也是在"C2+"策略下的最好算法的条件概率。

根据定理 8.2,最优化算法在数值比较中只存在三种随机事件 $\mathbb{C}$, $\mathbb{S}$ 和 $\mathbb{N}$,并且当且仅当循环排序悖论不发生时,在"C2"策略下的最好算法才存在。因此,相对多数规则下的"孔多塞效率"P_e 可以写为如下形式:

$$P_e = \frac{P(\mathbb{N})}{1 - P(\mathbb{C})} = 1 - \frac{P(\mathbb{S})}{1 - P(\mathbb{C})} \tag{8.24}$$

因此有,

$$P(\mathbb{S}) = (1 - P_e)(1 - P(\mathbb{C})) \tag{8.25}$$

结合先前计算得到的 $P(\mathbb{C})$ 以及投票理论中已知的部分 P_e 结果,就可以根据式 (8.25) 间接地计算得到 $P(\mathbb{S})$。

表 8.4 展示了算法个数 $k = 3, 4, \cdots, 9$ 时,相对多数规则的孔多塞效率 P_e,循环排序悖论的发生概率 $P(\mathbb{C})$,以及非适者生存悖论发生概率 $P(\mathbb{S})$ 的极限值 (即有无穷多个选民时的概率值)。其中,表 8.4 中第二行的数据来自文献 [147];第三行数据来自本书的表 8.3,而 $P(\mathbb{S})$ 的数值则是根据式 (8.15) 计算而得。所有只有三位精度的数值都是通过仿真计算得到的,最大误差为 0.025 [147]。

表 8.4 P_e, $P(\mathbb{C})$, $P(\mathbb{S})$ 和 $P(\mathbb{N})$ 的极限概率随算法个数 k 的增加而改变

k	3	4	5	6	7	8	9
P_e	0.7572	0.646	0.571	0.521	0.440	0.420	0.393
$P(\mathbb{C})$	0.0877	0.1755	0.2513	0.3152	0.3692	0.4151	0.4545
$P(\mathbb{S})$	0.2215	0.292	0.321	0.328	0.353	0.339	0.331
$P(\mathbb{N})$	0.6908	0.533	0.428	0.357	0.278	0.246	0.215

当 k 增大时,$P(\mathbb{C})$ 单调递增而 P_e 单调递减,根据式 (8.25),$P(\mathbb{S})$ 的单调性并不明确。从表 8.4 来看,当 $k = 3, 4, 5, 6, 7$ 时,$P(\mathbb{S})$ 是递增的;而当 $k = 8, 9$ 时,$P(\mathbb{S})$ 是递减的;当 $k = 7$ 时,$P(\mathbb{S})$ 获得其最大值。

8.2.4   正常事件的发生概率

根据式 (8.6) 和式 (8.24),可以推出如下公式来计算正常事件发生的概率 $P(\mathbb{N})$:

$$P(\mathbb{N}) = 1 - P(\mathbb{C}) - P(\mathbb{S}) = P_e(1 - P(\mathbb{C})) \tag{8.26}$$

于是,就可以根据前面得到的结果计算出 $P(\mathbb{N})$。

图 8.4 展示了只有 3 个算法时的 $P(\mathbb{N})$ 是如何随着测试问题的数量而变化的。表 8.4 的第四行列出了算法个数 $k = 3, 4, \cdots, 9$ 时概率 $P(\mathbb{N})$ 的极限值 (即测试问题数量为无穷多)。从图 8.4 可以发现,当测试问题数量 m 较小时,$P(\mathbb{N})$ 激烈振荡;随后振荡幅度持续减小,当 $m > 60$ 时,变化振幅变得很小。而且,当 $m > 60$ 时,$P(\mathbb{N})$ 随着 m 的增大有缓慢减小的趋势,最终收敛到约 0.6908(见表 8.4)。

从表 8.4,可以发现 $P(\mathbb{N})$ 的极限值随 k 的增大而持续减小。这一点可以从式 (8.25) 中得到验证,因为 P_e 和 $1 - P(\mathbb{C})$ 都随着 k 的增长而减小。换言之,参与比较的最优化算法越

多, 得到一个正常事件的可能性就越低。例如, 当 $k = 3, 5, 7$ 时, 这个概率分别大约是 69%, 43%, 28%, 下降非常显著。

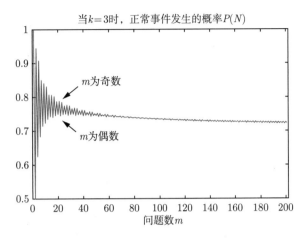

图 8.4　只有三个最优化算法时, 正常事件发生的概率 $P(\mathbb{N})$ 随 m 增长而变化的图形

8.3　悖论的影响及原因和对策

本章 8.1 节举例论证了循环排序悖论和非适者生存悖论是可能发生的; 然后在 8.2 节, 在等可能性假设的前提下, 计算了这两类悖论发生的概率。本节首先讨论悖论对最优化算法数值比较的影响, 然后, 探讨悖论发生的可能原因及一些对策。

8.3.1　悖论的影响

循环排序和非适者生存等悖论对于最优化算法数值比较领域, 可能产生很多深刻影响。本节从算法提出或改进、算法竞赛两个场景的角度分别考查循环排序悖论产生的影响, 然后考查非适者生存悖论的影响。

1) 算法提出或改进场景: 断章取义的风险

前面的分析已经表明, 数值比较的 "C2" 和 "C2+" 策略可能导致不同的悖论: 前者可能导致循环排序悖论, 而后者可能导致非适者生存悖论。这两种比较在算法提出或改进场景中都有大量应用, 表 8.5 给出了采用 "C2" 或 "C2+" 策略来论证所提出或改进的算法有效性的一些例子。既然 "C2" 和 "C2+" 策略可能导致循环排序或非适者生存等悖论, 那么, 这对于算法提出或改进有何重要影响呢?

表 8.5　数值比较策略及其应用和可能发生的悖论

比较策略	应用场景		可能的悖论
	算法提出或改进	算法竞赛	
C2	[90, 132-136]	CEC [93]	cycle ranking
C2+	[27, 63-65, 140-141]	BBOB/COCO [94, 137], IOHprofiler [138],BBComp [139]	survival of the nonfittest

最大的影响可能是, 要更加慎重地宣称 "所提出或改进的算法的性能超过了所比较的算法" 这类判断。可以用简单的例子来说明这一点。假设有五个算法进行数值比较, 新提出或改进的算法为 A_1, 其余四个算法 A_2, A_3, A_4, A_5 是跟 A_1 同类型的主流算法。为了论证算法 A_1 的有效性, 一种常见做法是将 A_1 和其他 4 个算法进行数值比较, 如果能得出 A_1 比其他 4 个算法中的大多数都更好, 比如 $A_1 \succ A_2, A_1 \succ A_3, A_1 \succ A_4$ 但是 $A_5 \succ A_1$, 此时通常会宣称所提出或改进的算法 A_1 优于同类型的多数主流算法。这一结论貌似无懈可击, 然而, 如果这 5 个算法的整体排序关系是循环成圈的, 即有 $A_1 \succ A_2 \succ A_3 \succ A_4 \succ A_5 \succ A_1$, 那么情况就会很不一样。换句话说, "所提出或改进的算法性能比 3 个主流算法更好, 只比 1 个主流算法更差" 并不能推导出 "它比 3 个主流算法更好" 这个结论, 因为这 5 个算法的数值性能排序成圈的话, 就不能说谁好谁差。考虑到 5 个算法一起比较, 有 25% 以上的可能性排序成圈 (见表 8.4), 这种断章取义的错误是很容易犯的。

定理 8.6 (断章取义定理) 在算法提出或改进场景中, 采用 "C2" 策略来论证算法的有效性时, "所提出或改进的算法性能比多数主流算法更好, 但比 1 个主流算法更差" 并不能推导出 "它比多数主流算法更好" 这个结论。

定理 8.6 乍一看似乎有点自相矛盾, 但是, 它又是合理的。因为, "比多数主流算法更好, 但比 1 个主流算法更差" 蕴含着这些算法排序成圈的可能, 而这使得这些算法之间的数值比较没有赢家, 就不能简单地下结论说 "它比多数主流算法更好"。定理 8.6 的重要意义在于, 只要有一个算法比所提出或改进的算法更好, 就不能随意推断出所提出或改进的算法比多数主流算法好这个结论。

2) 算法竞赛场景: 眼见可能并不为实

从表 8.5 可以看到, 集体比较和两两比较两种策略都可能用于算法竞赛的数据分析。比如, "C2" 策略被应用于 CEC 算法竞赛中, 而 "C2+" 策略被应用于 BBOB/COCO, IOH-profiler, 以及 BBComp 算法竞赛中。这里首先关注两两比较。算法竞赛场景与算法提出或改进场景的主要区别是, 前者通常需要将算法进行两两比较, 而后者只需要将所提出或改进的算法跟其他算法进行两两比较。换言之, 后者的两两比较是不完全的, 而前者是完全的。

算法竞赛中两两比较的完全性, 可以消除定理 8.6 中断章取义的风险。但是, 仍然有新的困境。考虑到在算法提出或改进的实践中, 参与比较的主流算法一般并没有包含所有同类型算法, 从而不能排除比所提出或改进的算法更好的某个算法的存在。这个 "关键少数" 的可能缺失, 使得即便论证了所提出或改进的算法比所有参与比较的算法更好, 也不能下结论说 "所提出或改进的算法真的比所有参与比较的算法更好"。

定理 8.7 (眼见并不为实定理) 在算法提出或改进场景中, 采用 "C2" 策略来论证算法的有效性时, 要论证 "所提出或改进的算法比多数主流算法更好" 这个结论, 等价于要论证 "它比所有同类型算法更好"。

如果无法证明 "所提出或改进的算法比所有同类型算法更好", 则至少存在一个算法比它好, 根据定理 8.6, 所有同类型的算法排序可能成圈, 从而不能推出 "所提出或改进的算法比多数主流算法更好" 这个结论。这表明定理 8.7 是成立的。

3) 集体比较: 非适者生存的诅咒

前面介绍的主要是两两比较策略下循环排序悖论的影响, 这里介绍集体比较策略下非适者生存悖论的影响。需要指出的是, 这里的两两比较和集体比较都是元素层的, 因为根据推论 8.2 和推论 8.3, 集合层两两比较和集体比较不会出现循环排序悖论和非适者生存悖论。

非适者生存悖论是一个很令人沮丧的悖论: 在集体比较中好不容易选出来的最好算法, 竟然在两两比较中会被至少一个算法打败。而且, 表 8.4 中的结果表明, 这一悖论的发生概率一直很高。因此, 这些结论使得元素层集体比较策略被严重质疑。幸运的是, 在实践中, 采用元素层集体比较策略的数据分析方法 (见表 7.1) 很少被采用。无论是 Kruskal-Wallis 检验还是方差分析法, 都很少被采用, 部分原因是它们只能判断各个算法的均值是否相等, 如果不相等需要借助其他方法来判断谁好谁差。不过, L 形曲线法倒是经常被用来显示各个算法求解问题时, 最好目标函数值的下降历史。然而, 这种用法只是单个测试问题上的结果显示, 是一种辅助手段; 很少进一步将它们汇总到整个测试问题集合上的排序, 因而不会产生非适者生存悖论。

无论如何, 集体比较中的非适者生存悖论阻碍了元素层集体比较策略和对应数据分析方法的简单应用, 这可能是最重要的影响之一。

8.3.2   悖论发生的原因和对策

悖论的出现及其产生的基础性影响, 呼唤对其产生原因的研究。参考投票理论中的相关研究成果, 这里可以给出循环排序等悖论发生的主流原因分析, 同时对如何消除悖论提供基本的对策。

1) 悖论发生的原因: 集体良序的迷失

前面已经介绍过, 循环排序等悖论并不是最优化算法数值比较的特有现象, 相反, 这些悖论普遍存在于投票选举、体育竞技等大量实践活动中, 并在投票理论等领域得到了大量的研究。换言之, 数值比较、投票选举和体育竞技等活动具有一些共同的特点, 可以用相同的数学模型来刻画和分析。根据这些分析和研究结果, 目前, 对于循环排序等悖论的发生原因有一个主流看法, 那就是: 在从个体排序到集体排序的汇总过程中, 良序关系丢失了[142]。在经济学等社会科学领域, 这个现象又被称为 "从个体理性到集体非理性"[148]。

为了帮助读者更好地理解这些跨学科的概念, 可以重新回到数学模型来解释。例如, 矩阵 (8.27) 描述了 3 个算法在 25 个测试问题上的集体比较模型。采用 "C2" 策略分析这些数据, 可以发现 $A_2 \succ A_1 \succ A_3 \succ A_2$ 的循环排序。那么, 这里究竟发生了什么呢?

$$\begin{bmatrix} 0.1 & 0.2 & 0.4 & 0.05 & 0.1 & 0.15 \\ 1 & 6 & 10 & 0 & 4 & 4 \\ A_1 & A_1 & A_2 & A_2 & A_3 & A_3 \\ A_2 & A_3 & A_1 & A_3 & A_1 & A_2 \\ A_3 & A_2 & A_3 & A_1 & A_2 & A_1 \end{bmatrix}. \tag{8.27}$$

前面已经介绍过, 在矩阵 (8.27) 中, 第 3~5 行的每一列代表着 3 个算法的一种可能排序, 一共有 3!=6 中可能排序; 第 2 行的数字表示这 6 种排序实际发生在多少个测试问题上, 也被称为得票数; 第一行的数字表示这 6 种排序在理论上有多大的概率发生。现在转换一下视角, 从测试问题或选民的角度来思考这个模型。对于每个选民或测试问题 "做出" 的排序, 比如 $A_2 \succ A_1 \succ A_3$, 其序关系 "$\succ$" 一定是具有良好性质的, 甚至可以达到良序关系。这些良好性质一定包含可传递性, 即对于该选民或测试问题来说, $A_2 \succ A_1, A_1 \succ A_3$ 成立是一定意味着 $A_2 \succ A_3$ 也是成立的。正是在这个意义上, 个体 (单个选民或测试问题) 被认为是理性的。

然而, 个体的理性在汇总成集体排序时迷失了。正如矩阵 (8.27) 描述的例子, 采用 "C2" 策略分析这些数据, 可以得到 $A_2 \succ A_1 \succ A_3 \succ A_2$ 的循环排序。这意味着整体序关系 "$\succ$" 和个体序关系 "$\succ$" 虽然形式上一样, 但是, 其本质已发生重要变化, 至少它已经不再理性 (如不满足传递性)。这就是经济学等领域称为 "个体理性到集体非理性" 的现象。

无论是 "从个体排序到集体排序的汇总过程中良序关系的丢失[142]" 还是 "从个体理性到集体非理性[148]", 这些描述仍然停留在现象描述上, 只是抽象了一些, 但并没有涉及真正的本质。真正的本质跟 "汇总过程" 有关, 即从 3 个以上个体的排序汇总成整体的排序过程。这个 "汇总过程" 充满着理论困惑, 也为不同领域的研究人员所感觉到。比如, 在最优化算法的数值比较领域, 有研究人员已经指出, 将单个问题上的数值结果汇总为一个最终结果, 并不是一件易事, 当中存在着一些常见的陷阱[86]。

遗憾的是, 据笔者所知, 上面提到的这个 "汇总过程" 中存在的理论困境, 至今并未得到充分的理解和破解。加上这是一个多学科交叉领域, 在一些相关领域中, 这个问题甚至还没有引起足够的重视。这也是笔者撰写本书的一个重要原因。

2) 悖论发生的对策: 数值比较方法与策略的设计

到目前为止, 应该能够理解, 循环排序等悖论是客观存在的。一个很自然的问题就是, 该如何应对这些悖论? 我们认为, 应对之策不外乎研究、理解并尽可能消除这些悖论, 最终目的是完全消除这些悖论。如果无法做到完全消除, 那就退而求其次, 想办法跟它们 "在理解的基础上" 共存。当然, 如果能够利用这些悖论为人类服务, 则善莫大焉。事实上, 这些就是本书第 3 部分的研究内容。本节主要从比较策略和比较方法的设计角度, 粗略谈一下消除悖论的几个可能方向。

首先, 本章的研究结果表明, 在消除悖论方面, 集合层面的比较策略和比较方法体现出了明显的优势。推论 8.2 和推论 8.3 证明了, 在只有 3 个算法时, 采用集合层比较策略的话, 循环排序和非适者生存是不会发生的。这个结论可以推广到算法更多的情况。集合层比较策略消除悖论的原因也很清楚: 它们绕开了个体排序到集体排序这个烦人的汇总过程。因为 $m = 1$, 只做了一次数据分析, 相当于只有一个选民, 其排序当然是理性的, 不会出现循环排序和非适者生存等悖论。本书第 9 章还将继续探讨这方面的话题。

其次, 超越相对多数规则的简单应用, 设计可以消除悖论的比较策略和比较方法。这一研究方向在投票理论中已有不少研究成果, 但在其他领域特别是工程领域还远未成熟。第 7

章已经简单介绍了相对多数规则 (见假设 7.1), 得票数最多的算法获胜。举个例子, 如果有
3 个算法参与比较, 一共测试了 10 个问题 (相当于 10 票), 则得票数超过 5 票的话, 就满足
绝对多数规则而获胜; 若某算法只得了 4 票, 但其他两个算法各得了 3 票, 则该算法就满足
相对多数规则而获胜。

目前, 已有至少两类策略超越了相对多数规则的简单应用, 并获得了投票理论领域研
究人员的较为一致的认可。一种是 Borda 规则 (Borda rule), 另一种是赞同法投票规则
(approving rule)。Borda 规则出现于约 200 年前, 可以使得强 Borda 悖论 (在 C2 策略下
最差的算法被选为最好的算法) 发生的概率最小, 受到 Don Saari 等人的极力推崇。而赞同
法投票规则出现较晚, 20 世纪 70 年代才得到大量正式的研究[149-150], 但各方面表现也不
俗, 特别是在非竞争性群体决策 (non-competitive group decisions) 中非常有用, 受到 Steve
Brams 等人大力支持。总之, 目前的研究结果表明, 并没有完美的比较策略, 何种策略最好
取决于在投票或数值比较过程中最看重哪个目标。这既是一种不完美, 也给了研究人员和
实践人员良好的发展空间, 可以根据具体情况和现实需求, 为投票或数值比较过程量身定做
一套合适的比较策略和数据分析方法。

第 9 章
序的过滤与悖论的避免

第 7 章指出了最优化算法的数值比较与投票选举、体育竞技等具有相同的数学本质，可以用同样的数学模型——投票模型——来刻画，并借助数学模型论证了循环排序悖论和非适者生存悖论两种悖论的存在。然后在第 8 章，在等可能性假设下给出了这两种悖论发生的可能性，还介绍了投票理论和经济学等社会科学领域对循环排序等悖论的发生原因的主流看法，指出了从个体理性到集体非理性的原因是多个个体的排序 (偏好) 汇总过程中良序关系的丧失。换言之，如果选民或测试问题只有一个，排序结果是理性的，是不会出现悖论的。因此，集合层的比较策略和数据分析方法，如表 7.1 中的 data profile 和 performance profile 等方法，是不会产生悖论的。

然而，本章将证明，"集合层的比较策略和数据分析方法不会产生悖论" 这个结论是有条件的。本章以 data profile 和 performance profile 等集合层集体比较方法为代表，揭示这类方法的本质是实现了对序关系的过滤，从 "基于序的选拔考核" 变成了 "基于过滤条件的水平考核"，并进一步指出，只有算法无关的过滤条件才能消除悖论，而算法依赖的过滤条件仍然能产生循环排序和非适者生存等悖论。

因此，本章的主要贡献在于：① 超越了 "多个体的排序汇总" 这个因素，在最优化算法的数值比较领域，发现了产生悖论的另一个重要因素，即集合层数据分析方法采用的过滤条件如果是算法依赖的，仍会产生悖论；② 找到了消除悖论的一种有效方法，即在集合层数据分析方法中采用算法无关的过滤条件。

9.1 序与序的过滤

序的过滤是一个很常用的概念，在生活实践中也有广泛的应用。顾名思义，序的过滤是在原有序关系的基础上进行一层或多层过滤。过滤之前，考查的是序关系，通俗地说就是一种选拔考核，根据序关系选拔出最好的一名或多名；反之，过滤之后，考查的是是否满足过滤条件，通俗的说就是一种水平考试，满足过滤条件就算水平达到了，否则水平不够。

本节内容首先将常用的数据分析方法进行区分，分为基于序关系还是基于序的过滤两大类，在序过滤方面又进一步区分过滤条件是否算法依赖的。然后，为它们建立不同的数学模型。9.2 节将借助这些数学模型论证并不是所有的集合层数据分析方法都不产生悖论，只有采用算法无关过滤条件的集合层数据分析方法，才能消除悖论。

9.1.1　基于序关系的数据分析方法及其数学模型

1) 基于序关系的数据分析方法

序关系是人类社会实践中最常用的关系之一, 描述的是可以量化的两个或多个对象之间的大小或优劣关系。最常用的序关系应该是基于实数或整数的序关系。本节讨论基于序关系的常用数据分析方法及其数学模型。

事实上, 6.1 节和 6.2 节介绍的数据分析方法都是基于序关系的方法。基于描述性统计的方法, 采用的最大值、最小者、中位数等都是基于序关系的统计量。L 形曲线法对于每个测试问题都要比较曲线的高低, 也是基于序关系的。基于假设检验的方法需要用到均值、中位数等统计量的比较, 或者需要进行排序来求秩和等, 这些也都是基于序关系的操作或运算。总之, 6.1 节和 6.2 节介绍的方法都是基于序关系的。

2) 集体比较和两两比较的投票模型

根据表 7.1, 以上基于序关系的数据分析方法通常都采用元素层比较策略, 个别如 Wilcoson 符号秩检验、成对 t 检验等才采用集合层比较策略。因此, 这些数据分析方法都适用于第 7 章介绍的投票模型。为了便于和后面介绍的过滤模型进行对比, 这里重复给出了模型中最关键的矩阵。具体来说, 对集体比较策略用基于多项分布的模型 (7.8), 也即如下的矩阵:

$$
\begin{bmatrix}
p_1 & p_2 & \cdots & p_{k!} \\
x_1 & x_2 & \cdots & x_{k!} \\
A_1 & A_1 & \cdots & A_k \\
A_2 & A_3 & \cdots & A_{k-1} \\
\vdots & \vdots & & \vdots \\
A_k & A_{k-1} & \cdots & A_1
\end{bmatrix}_{(k+2)\times k!}
\tag{9.1}
$$

对两两比较策略用基于二项分布的模型 (7.9), 它是矩阵 (9.1) 的退化, 形式如下:

$$
\begin{bmatrix}
q & 1-q \\
y & m-y \\
A_i & A_j \\
A_j & A_i
\end{bmatrix}
\tag{9.2}
$$

对以上模型的详细解释请参阅第 7 章。

值得再次指出的是, 上述矩阵 (9.1) 和矩阵 (9.2) 的第二行各元素之和等于 m, 它本质上是数据分析方法的使用次数。因此, 在元素层比较策略下 m 等于测试问题个数, 而在集合层比较策略下 $m=1$。

9.1.2 基于序的过滤的数据分析方法及其数学模型

1) 基于序的过滤的数据分析方法

前面已经指出, 序的过滤是在序关系的基础上, 加上一个过滤条件, 从 "选拔考核" 变成了 "水平考核"。6.3 节介绍的基于累积分布函数的数据分析方法, 都属于这一类。

对于 performance profile 和 data profile 以及它们的一些修正方法[65] 来说, 采用的过滤条件就是 "求解出" 的条件式 (6.21)。类似地, 对于 function profile 来说, 其过滤条件是式 (3.30)。这两个条件都用到了 f_L, 这是一个算法依赖的变量, 参与比较的算法不同, f_L 也不同。因此, 称这一类过滤条件为算法依赖的过滤条件。反过来, performance profile 和 data profile 的另一些修正[66] 采用了算法无关的过滤条件 (6.29)。类似地, operational zones 方法也采用了算法无关的过滤条件 (6.32)。

也就是说, 在基于序的过滤的常用数据分析方法中, 存在两种不同的过滤条件, 一种与参与比较的算法无关, 而另一种则有关。根据文献 [144], 它们被分别称为算法无关的过滤条件和算法依赖的过滤条件。区分这一点的意义在于: 在从多项分布模型 (9.1) 退化成二项分布模型 (9.2) 时, 默认了退化是可行的, 但是如果过滤条件是算法依赖的, 则这一退化是不可行的。换言之, 只有采用了算法无关的过滤条件的数据分析方法, 才能将多项分布模型 (9.1) 退化成二项分布模型 (9.2)。我们把它总结为如下的命题。

命题 9.1 两两比较策略的数学模型可以从集体比较策略的数学模型中退化而得, 其前提是数据分析方法不能采用算法依赖的参数或条件。对基于累积分布函数的数据分析方法来说, 就是不能采用算法依赖的过滤条件。

此外, 序的过滤为解决模型 (9.1) 中的 "等号放置问题" 提供了新的途径。"等号放置问题" 指的是矩阵第 3 行到最后一行列举的所有可能的算法排序, 等号究竟该放在哪里。第 7 章是通过 "分层先等后不等" 策略 (见定义 7.7) 来解决这个问题的。然而, "分层先等后不等" 策略并不便于罗列、理解和解读, 随着算法数量的增加, 实现起来也比较复杂。序的过滤为解决这个问题提供了新的途径, 那就是建立新的数学模型。

2) 集体比较和两两比较的过滤模型

新途径需要确保两两比较策略的数学模型可以从集体比较策略的数学模型中退化而得, 根据命题 9.1, 数据分析方法不能采用算法依赖的过滤条件, 只能采用算法无关的过滤条件。因此, 后面建立的新模型只适用于采用算法无关过滤条件的数据分析方法, 包括 6.3 节介绍的修正 performance profile 和修正 data profile 方法[66], operational zones 方法等。至于采用算法依赖过滤条件的原始 performance profile, 原始 data profile 方法, function profile 方法等, 我们将在 9.2 节论证它们也能产生悖论。

新模型将充分利用过滤条件产生的 "求解出" 或 "没有求解出" 这两种结果。在只有 k 个算法参与数值比较的情形中, 如果用 1 和 0 分别表示 "求解出" 和 "没有求解出" 这两种结果, 那么, 就可以通过列举所有可能的 2^k 种求解状态, 来代替 $k!$ 种排序。注意到当 k 较大时, 2^k 远远小于 $k!$, 因此, 过滤条件显著降低了模型的复杂度。由于新模型是基于过滤条件的, 我们称其为过滤模型, 以区别于传统的投票模型。

类似于投票模型, 过滤模型可以用如下的矩阵 (9.3) 来描述。

$$
\begin{bmatrix}
p_1 & p_2 & \cdots & p_{2^k-1} & p_{2^k} \\
x_1 & x_2 & \cdots & x_{2^k-1} & x_{2^k} \\
1 & 1 & \cdots & 0 & 0 \\
1 & 1 & \cdots & 0 & 0 \\
\vdots & \vdots & \vdots & \vdots & \vdots \\
1 & 1 & \cdots & 0 & 0 \\
1 & 0 & \cdots & 1 & 0
\end{bmatrix}_{(k+2) \times 2^k}
\tag{9.3}
$$

其中, 一共有 k 个算法参与比较, 共测试了 m 个问题。在矩阵 (9.3) 中, 第 1 行的概率 p_i 和第 2 行的发生次数 $x_i, (i = 1, 2, \cdots, 2^k)$ 满足以下条件

$$
\sum_{i=1}^{2^k} p_i = 1, \quad \sum_{i=1}^{2^k} x_i = m
\tag{9.4}
$$

矩阵 (9.3) 的第 3 行到最后一行, 列举了 2^k 种求解状态。每一列表示一种状态。比如, 第一列表示 "所有算法都求解出了该问题", 该随机事件的发生概率是 p_1, 它实际发生在了 x_1 个测试问题上; 第二列表示 "只有第 k 个算法没有求解出该问题", 该随机事件的发生概率是 p_2, 它实际发生在了 x_2 个测试问题上; $\cdots\cdots$; 第 2^k 列表示 "所有算法都没有求解出该问题", 该随机事件的发生概率是 p_{2^k}, 它实际发生在了 x_{2^k} 个测试问题上。

因此, 矩阵 (9.3) 的每一列对应着一个随机事件, 且这些随机事件之间没有交集。换句话说, 过滤模型 (9.3) 解决了投票模型 (9.1) 的 "等号放置问题"。我们把它总结为下面的命题。

命题 9.2　采用过滤条件的集体比较策略, 其数学模型可以用矩阵 (9.3) 来描述, 且它能消除投票模型 (9.1) 的 "等号放置问题"。

此外, 可以从矩阵 (9.3) 退化得到任意两个算法比较时的模型, 即

$$
\begin{bmatrix}
q_1 & q_2 & q_3 & q_4 \\
y_1 & y_2 & y_3 & y_4 \\
1 & 1 & 0 & 0 \\
1 & 0 & 1 & 0
\end{bmatrix}
\tag{9.5}
$$

其中, q_1 和 y_1 分别是模型 (9.3) 中, 满足这两个算法都过滤为 1 的相应列的发生概率和发生次数的和。类似地, q_2 和 y_2 分别是模型 (9.3) 中, 满足第一个算法过滤为 1 但第二个算法过滤为 0 的相应列的发生概率和发生次数的和。其余两列含义类似。

当然, 从矩阵 (9.3) 退化到矩阵 (9.5) 有一个默认的前提, 那就是给定任何一个算法, 其在矩阵 (9.3) 和矩阵 (9.5) 中的过滤值 (0 或 1) 应当是相同的。由于矩阵 (9.5) 在形式上代表了 $k(k-1)/2$ 对算法比较的模型, 这意味着, 过滤条件不能是算法依赖的, 否则这个默认前提无法成立。我们把上述讨论总结为如下的命题。

命题 9.3 采用过滤条件的两两比较策略, 其数学模型可以用矩阵 (9.5) 来描述, 它是矩阵 (9.3) 在算法无关过滤条件下的退化。

为了更好地理解上述模型及其退化关系, 下面给出一个例题。

例 9.1 给定集体比较策略的过滤模型如下:

$$\begin{bmatrix} 0.1 & 0.05 & 0.15 & 0.1 & 0.2 & 0.05 & 0.15 & 0.02 \\ 6 & 3 & 8 & 5 & 12 & 2 & 9 & 12 \\ 1 & 1 & 1 & 1 & 0 & 0 & 0 & 0 \\ 1 & 1 & 0 & 0 & 1 & 1 & 0 & 0 \\ 1 & 0 & 1 & 0 & 1 & 0 & 1 & 0 \end{bmatrix} \quad (9.6)$$

试解读该模型, 并在算法无关过滤条件下, 推导两两比较策略下相应的过滤模型。

解 模型 (9.6) 表明, 有三个算法 (记为 A_1, A_2, A_3) 进行数值比较, 测试了 57 个问题。在给定的过滤条件下, 理论上, 三个算法都能求解的可能性为 0.1, 实践中, 三个算法都能求解的问题有 6 个。类似地, A_1, A_2 能求解而 A_3 不能求解的理论可能性为 0.05, 实践中, 出现在了 3 个问题上; ……; 最后, 三个算法都无法求解的理论可能性为 0.02, 实践中, 出现在了 12 个问题上。

如果过滤条件是算法无关的, 则可以得到如下的三个矩阵, 它们分别描述了算法 A_1 与 A_2, A_1 与 A_3, 以及 A_2 与 A_3 进行比较时的数学模型。

$$\begin{bmatrix} 0.15 & 0.25 & 0.25 & 0.35 \\ 9 & 13 & 14 & 21 \\ 1 & 1 & 0 & 0 \\ 1 & 0 & 1 & 0 \end{bmatrix}, \begin{bmatrix} 0.25 & 0.15 & 0.35 & 0.25 \\ 14 & 8 & 21 & 14 \\ 1 & 1 & 0 & 0 \\ 1 & 0 & 1 & 0 \end{bmatrix}, \begin{bmatrix} 0.3 & 0.1 & 0.3 & 0.3 \\ 18 & 5 & 17 & 17 \\ 1 & 1 & 0 & 0 \\ 1 & 0 & 1 & 0 \end{bmatrix}$$

在算法 A_1 与 A_2 的数值比较中, 测试了 57 个问题。在给定的过滤条件下, 理论上, 两个算法都能求解的可能性为 0.15, 实践中, 两个算法都能求解的问题有 9 个。A_1 能求解而 A_2 不能求解的理论可能性为 0.25, 实践中, 出现在了 13 个问题上。其他的解读类似。

9.2 算法依赖的过滤条件与悖论实例

9.1 节介绍了序的过滤, 并建立了数学模型来描述采用过滤条件的比较策略, 特别强调了算法依赖或算法无关两种不同的过滤条件对过滤模型的影响。具体来说, 过滤模型 (9.3)

和模型 (9.5) 可以很好地描述采用算法无关过滤条件的比较策略, 但对于算法依赖的过滤条件, 却无法通过退化的方式从集体比较模型 (9.3) 得到两两比较模型 (9.5)。

事实上, 算法依赖的过滤条件带来的影响不止于此, 它还能导致悖论。换言之, 在 "多个体的排序汇总过程" 之外, 还存在导致悖论的第二个原因, 那就是 "算法依赖的过滤条件"。本节给出两个例子, 一个是选拔考试的例子, 一个是实际算法比较的例子。前者用于说明 "多个体的排序汇总过程" 能带来悖论, 而后者用于说明 "算法依赖的过滤条件" 也能带来悖论。

9.2.1　选拔考试的例子

最优化算法的数值比较还可以类比成学生参加隔开课程考试, 此时, 学生对应着最优化算法, 而各科课程对应着各个测试问题。假设只关注 3 名学生 A, B, C 的考试成绩, 共有 13 门课程考试, 对于一门考试, 满分为 100 分。

1) 循环排序悖论

表 9.1 列出了每个学生的各门课程考试成绩。

表 9.1　3 名学生在 13 门课程上的考试成绩

课程	A	B	C
1	90	80	70
2	91	72	56
3	83	61	49
4	59	99	93
5	49	95	94
6	65	89	71
7	70	85	80
8	60	80	75
9	80	32	100
10	50	45	98
11	70	40	97
12	46	32	59
13	30	20	40

采用投票模型 (7.8) 来分析如表 9.1 所示数据, 可以得到下列矩阵:

$$\begin{bmatrix} p_1 & p_2 & p_3 & p_4 & p_5 & p_6 \\ 3 & 0 & 0 & 5 & 5 & 0 \\ A & A & B & B & C & C \\ B & C & A & C & A & B \\ C & B & C & A & B & A \end{bmatrix} \qquad (9.7)$$

在矩阵 (9.7) 中, 第一列表示事件 "$A \succ B \succ C$" 的发生概率是 p_1, 实践中在 3 门课程上出现了这一成绩排序, 其他列的含义类似。可以从矩阵 (9.7) 退化得到 "C2" 比较策略下的如

下三个矩阵:

$$\begin{bmatrix} p_1+p_2+p_5 & p_3+p_4+p_6 \\ 8 & 5 \\ A & B \\ B & A \end{bmatrix} \quad (9.8a)$$

$$\begin{bmatrix} p_1+p_2+p_3 & p_4+p_5+p_6 \\ 3 & 10 \\ A & C \\ C & A \end{bmatrix} \quad (9.8b)$$

$$\begin{bmatrix} p_1+p_3+p_4 & p_2+p_5+p_6 \\ 8 & 5 \\ B & C \\ C & B \end{bmatrix} \quad (9.8c)$$

分析以上三个矩阵, 可得 "$A \succ B$" 发生在 8 门课程中, "$B \succ C$" 也发生在 8 门课程中, "$C \succ A$" 发生在 10 门课程中。也就是, "$A \succ B, B \succ C, C \succ A$" 同时发生, 此时, 发生了循环排序悖论。

2) 非适者生存悖论

表 9.2 给出了另外 3 名考生参加 13 门课程考试的成绩。

表 9.2　另外 3 名学生在 13 门课程上的成绩

课程	D	E	F
1	90	80	70
2	60	50	40
3	50	40	30
4	90	70	80
5	70	90	80
6	50	80	60
7	40	80	50
8	30	50	40
9	80	70	90
10	70	80	90
11	60	70	80
12	50	60	70
13	30	40	50

当采用投票模型 (7.8) 分析表 9.2 中的数据时, 可得以下矩阵,

$$
\begin{bmatrix}
q_1 & q_2 & q_3 & q_4 & q_5 & q_6 \\
3 & 1 & 4 & 0 & 1 & 4 \\
D & D & E & E & F & F \\
E & F & D & F & D & E \\
F & E & F & D & E & D
\end{bmatrix} \tag{9.9}
$$

类似地, 可以从矩阵 (9.9) 退化得到 "C2" 比较策略下的如下的三个矩阵,

$$
\begin{bmatrix}
q_1 + q_2 + q_5 & q_3 + q_4 + q_6 \\
5 & 8 \\
D & E \\
E & D
\end{bmatrix} \tag{9.10a}
$$

$$
\begin{bmatrix}
q_1 + q_2 + q_3 & q_4 + q_5 + q_6 \\
8 & 5 \\
D & F \\
F & D
\end{bmatrix} \tag{9.10b}
$$

$$
\begin{bmatrix}
q_1 + q_3 + q_4 & q_2 + q_5 + q_6 \\
7 & 6 \\
E & F \\
F & E
\end{bmatrix} \tag{9.10c}
$$

当采用 "C2" 比较策略分析矩阵 (9.9) 时, 易得结论: D 在 5 科考试中的表现比 E 的表现更好, 而在 8 科考试中的表现比 E 差; D 在 8 科考试中的表现比 F 更好, 而在 5 科考试中比 F 更差; E 在 7 科考试中的表现比 F 更好, 而在 6 科考试中比 F 更差。也就是说, 可得结论 "$B \succ A, A \succ C, C \succ B$", 于是 B 是 "C2" 比较策略下的胜者。

然而, 如果直接采用 "C2+" 比较策略分析矩阵 (9.9) 时, 胜者是 F, 因为 F 在 5 科考试中的表现最好, 而无论是 D 还是 E 都只在 4 科考试中表现最好。此时, 非适者生存悖论发生了。

9.2.2　算法比较的例子

根据第 8 章的分析, 选拔考试中产生的悖论源自于 "多个体偏好的汇总过程", 每一个个体都是理性的 (偏好良序), 但集体偏好却是非理性的。第 8 章也指出了, 对于集合层比较策略, 对整个测试集合只做了一次数据分析, 相当于只有一个偏好, 不存在汇总过程, 因此是没有悖论的。然而, 这一判断是有一个默认前提的, 那就是数据分析方法不能采用算法依赖的参数或条件。下面的例子将表明, 在违反这一前提的情况下, 也是可能产生悖论的。

1) 循环排序悖论

这里介绍 MATLAB2016 中内置的模拟退火 (SA) 算法[151] 和粒子群优化 (PSO) 算法[12,26], 以及差分进化 (DE, 提出者编写的 MATLAB 代码) 算法[21] 在 Hedar 测试函数集[95] 上的数值比较情况。固定计算成本为 20000 次函数值计算次数, 采用 data profile 方法[64] 和 "C2" 比较策略对测试过程数据进行分析, 结果如图 9.1 所示。

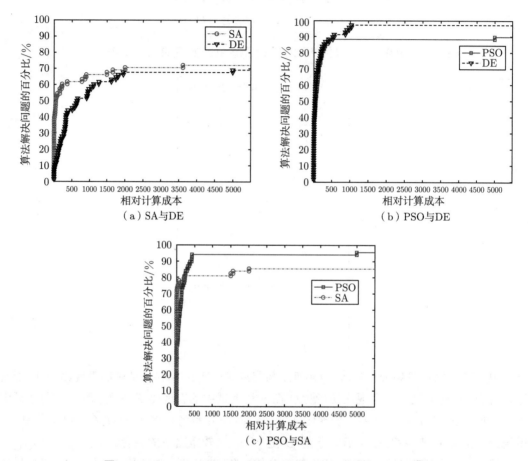

（a）SA与DE

（b）PSO与DE

（c）PSO与SA

图 9.1　SA, DE 和 PSO 的 data profile 曲线 ($\tau = 10^{-7}$)

从图 9.1 的两两比较中可以看到, SA 的表现优于 DE, 也就是 SA $\succ$ DE; 类似地, 可以得到 DE $\succ$ PSO 和 PSO $\succ$ SA。也就是说, 循环排序悖论发生了。

2) 非适者生存悖论

这里介绍 MATLAB2016 中内置的三个全局优化算法在 Hedar 测试函数集[95] 上的数值比较。这三个算法分别是遗传算法 (GA)[20]、粒子群优化算法[12] 和多次启动 (MultiStart, MS) 算法。采用 data profile 方法并分别在 "C2" 和 "C2+" 比较策略下进行数据分析, 结果如图 9.2 所示。

从图 9.2(a)~(c) 可以看到, PSO $\succ$ GA, MS $\succ$ GA, 同时 PSO $\succ$ MS。因此, 在 "C2" 比较策略下的最好算法是 PSO 算法。但是, 图 9.1(d) 又表明, 在 "C2+" 比较策略下的最好

算法是 MS 算法, 而不是 PSO 算法。因此, 非适者生存悖论发生。

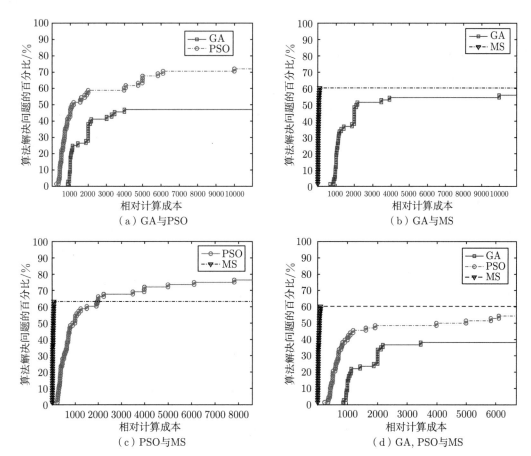

图 9.2　GA, PSO 和 MS 的 data profile 曲线 $(\tau = 10^{-7})$。前三幅子图采用 "C2" 策略, 最后一幅图采用 "C2+" 策略

9.3　算法无关的过滤条件与悖论的避免

9.2 节介绍了算法依赖的过滤条件导致悖论的案例。本节首先继续分析这些案例, 但通过设计算法无关的过滤条件, 来避免悖论。然后, 给出算法无关过滤条件能避免悖论的理论证明。

9.3.1　循环排序悖论的避免

本节继续分析 9.2 节中导致循环排序悖论的两个案例, 首先论证算法无关过滤条件是可以消除悖论的, 然后给出严格的理论证明。

1) 从选拔考试到水平考试

在表 9.1 的基础上, 设计如下的二元过滤条件:

$$\begin{cases} 1, 若分数 \geqslant 60 \\ 0, 其他 \end{cases} \tag{9.11}$$

其中, "1" 代表该学生的成绩超过了及格线, 通过了课程考试, 而 "0" 则代表该学生未能通过该门课程的考试, 俗称 "不及格"。那么, 根据过滤模型 (9.3), 可以得到如下矩阵:

$$\begin{bmatrix} p_1 & p_2 & p_3 & p_4 & p_5 & p_6 & p_7 & p_8 \\ 4 & 2 & 2 & 2 & 0 & 0 & 1 & 2 \\ 1 & 1 & 1 & 0 & 1 & 0 & 0 & 0 \\ 1 & 1 & 0 & 1 & 0 & 1 & 0 & 0 \\ 1 & 0 & 1 & 1 & 0 & 0 & 1 & 0 \end{bmatrix} \tag{9.12}$$

在矩阵 (9.12) 中, 第一列的含义是, "3 名学生都及格" 的科目有 4 门, 该事件的理论发生概率为 p_1; 第二列的含义是, "学生 A 和 B 及格而 C 不及格" 的科目有 2 门, 该事件的理论发生概率为 p_2; 其余列的含义类似。借助矩阵 (9.12), 可退化得到 "C2" 比较策略下的三个矩阵, 它们分别是 A 与 B、A 与 C、B 与 C 的比较结果。

$$\begin{bmatrix} p_1 + p_2 & p_3 + p_5 & p_4 + p_6 & p_7 + p_8 \\ 6 & 2 & 2 & 3 \\ 1 & 1 & 0 & 0 \\ 1 & 0 & 1 & 0 \end{bmatrix} \tag{9.13a}$$

$$\begin{bmatrix} p_1 + p_3 & p_2 + p_5 & p_4 + p_7 & p_6 + p_8 \\ 6 & 2 & 3 & 2 \\ 1 & 1 & 0 & 0 \\ 1 & 0 & 1 & 0 \end{bmatrix} \tag{9.13b}$$

$$\begin{bmatrix} p_1 + p_4 & p_2 + p_6 & p_3 + p_7 & p_5 + p_8 \\ 6 & 2 & 3 & 2 \\ 1 & 1 & 0 & 0 \\ 1 & 0 & 1 & 0 \end{bmatrix} \tag{9.13c}$$

矩阵 (9.12) 和矩阵 (9.7) 的区别在于, 矩阵 (9.7) 中列出的是 A、B 和 C 的排序关系, 而 (9.12) 中列出的是 0 和 1。后者的优点之一在于, 0 或 1 并不依赖于参与比较的算法, 而只取决于二元过滤条件 (9.11)。由于条件 (9.11) 没有算法依赖的参数, 因此是一个算法无关的过滤条件。

从矩阵 (9.12) 中, 可得比较结果: 学生 A、B 和 C 分别通过了 8 门、8 门和 9 门课程的考试, 未能通过的课程考试分别有 5 门、5 门和 4 门。当采用 "C2" 比较策略时, 能够得到 "$C \succ A, C \succ B, A = B$" 的最终结果, 也就是说, 获胜者是学生 C, 循环排序悖论并没有发生。

对比投票模型下的循环排序悖论和过滤模型下的结果, 可以很清楚地发现, 基于算法无关过滤条件的过滤模型消除了循环排序悖论。

2) 从原始 data profile 到修正 data profile

图 9.1 给出的循环排序悖论的例子, 也可以通过算法无关过滤条件来消除。为此, 采用文献 [66] 提出的 "求解出" 条件 (见式 (6.29)), 这一修正 data profile 方法的分析结果如图 9.3 所示。

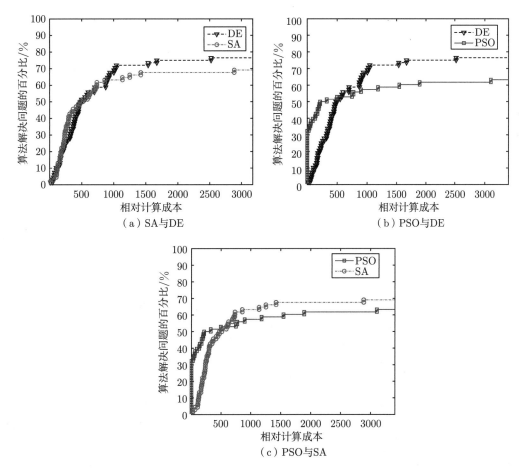

（a）SA 与 DE

（b）PSO 与 DE

（c）PSO 与 SA

图 9.3　SA, DE 和 PSO 的修正 data profile 曲线 $(\tau = 10^{-7})$

从图 9.3 可以看到, 各算法在三幅子图中的曲线是完全一样的, 且优劣关系为 DE≻ SA、DE≻ PSO, 以及 SA≻ PSO。因此, 有 DE≻ SA≻ PSO, 也就是 DE 的表现最好, PSO 的表现最差。换言之, 循环排序悖论被避免了。

对比原始 data profile 方法下的循环排序悖论和修正 data profile 方法下的结果, 可以很清楚地发现, 基于算法无关过滤条件的修正 data profile 方法避免了循环排序悖论。

3) 避免循环排序悖论的理论证明

上面两个小节论证了, 基于算法无关过滤条件的过滤模型可以消除循环排序悖论。本小节证明这个结论总是成立的。

定理 9.1 采用算法无关过滤条件的数据分析方法，在分析最优化算法数值比较的过程数据时，循环排序悖论不可能发生。

证明 首先证明只有 3 个最优化算法时，该定理成立，而后推广至更多算法的情形。

当只有三个最优化算法时，不妨把它们记为 S_1, S_2 和 S_3。根据一般过滤模型 (9.3)，可以把三个算法时的矩阵表示为

$$\begin{bmatrix} p_1 & p_2 & p_3 & p_4 & p_5 & p_6 & p_7 & p_8 \\ n_1 & n_2 & n_3 & n_4 & n_5 & n_6 & n_7 & n_8 \\ 1 & 1 & 1 & 0 & 1 & 0 & 0 & 0 \\ 1 & 1 & 0 & 1 & 0 & 1 & 0 & 0 \\ 1 & 0 & 1 & 1 & 0 & 0 & 1 & 0 \end{bmatrix} \tag{9.14}$$

其中，矩阵第一行各元素之和为 1，第二行各元素之和为测试问题个数 m。

当以下任一事件发生时，便会发生循环排序悖论，即

$$\begin{aligned} C_1: & \quad S_1 \succeq S_2, \quad S_2 \succeq S_3, \quad S_3 \succeq S_1, 且至少一个 \succeq 不含等号 \\ C_2: & \quad S_2 \succeq S_1, \quad S_1 \succeq S_3, \quad S_3 \succeq S_2, 且至少一个 \succeq 不含等号 \end{aligned} \tag{9.15}$$

因为 C_1 和 C_2 是对称的，故而只需证明 $C_1 = \{(n_1, n_2, \cdots, n_8)|S_1 \succeq S_2, S_2 \succeq S_3, S_3 \succeq S_1,$ 且至少一个 $\succeq$ 不含等号$\}$ 是空集，便能说明循环排序悖论不可能发生。

当且仅当满足以下条件时，事件 $S_1 \succeq S_2$ 发生，即

$$n_1 + n_2 + n_3 + n_5 \geqslant n_1 + n_2 + n_4 + n_6 \tag{9.16}$$

类似可得 $S_2 \succeq S_3$ 和 $S_3 \succeq S_1$ 发生的条件。总结这些条件，集合 C_1 可表示为

$$\begin{cases} n_1 + n_2 + \cdots + n_8 = m \\ n_1 + n_2 + n_3 + n_5 \geqslant n_1 + n_2 + n_4 + n_6 & [S_1 \succeq S_2] \\ n_1 + n_2 + n_4 + n_6 \geqslant n_1 + n_3 + n_4 + n_7 & [S_2 \succeq S_3] \\ n_1 + n_3 + n_4 + n_7 \geqslant n_1 + n_2 + n_3 + n_5 & [S_3 \succeq S_1] \\ n_i \in \{0, 1, \cdots, m\}, i = 1, 2, \cdots, 8, 且上述不等式至少一个不含等号 \end{cases} \tag{9.17}$$

将式 (9.17) 中的三个不等式相加，可得

$$2(n_1 + n_2 + n_3 + n_4) + n_1 + n_5 + n_6 + n_7 > 2(n_1 + n_2 + n_3 + n_4) + n_1 + n_5 + n_6 + n_7$$

显然，这是矛盾的。这样就证明了只有 3 个最优化算法时，循环排序悖论是不可能发生的。

当最优化算法数量 $k > 3$ 时, 循环悖论发生当且仅当下面的任一事件 $C_i, i = 1, 2, \cdots,$ $(k-1)!$ 发生,

$$C_i: \ S_{i_1} \succeq S_{i_2}, \ S_{i_2} \succeq S_{i_3}, \ \cdots, \ S_{i_{k-1}} \succeq S_{i_k}, \ S_{i_k} \succeq S_{i_1},\text{且至少一个} \succeq \text{不含等号} \qquad (9.18)$$

其中, $i_1, i_2, \cdots, i_k$ 是 $1, 2, \cdots, k$ 的一个任意排列。

采用与 $k = 3$ 相同的方法, 首先将 "$S_{i_1} \succeq S_{i_2}$" 等随机事件表达为不等式, 然后证明这些不等式不可能同时成立, 从而证明集合 C_i 是空集。

综上, 无论是 $k = 3$ 或者 $k > 3$, 循环排序悖论都不可能发生在采用算法无关过滤条件的过滤模型中。　　　　　　　　　　　　　　　　　　　　　　　□

9.3.2　非适者生存悖论的避免

本节继续分析 9.2 节中导致非适者生存悖论的两个案例, 首先论证算法无关过滤条件是可以避免悖论的, 然后给出严格的理论证明。

1) 从选拔考试到水平考试

给定表 9.2 的数据, 如果采用投票模型来分析数据, 会得到非适者生存悖论。然而, 如果采用过滤条件 (9.11) 来分析数据, 可建立如下的过滤模型

$$\begin{bmatrix} q_1 & q_2 & q_3 & q_4 & q_5 & q_6 & q_7 & q_8 \\ 6 & 0 & 0 & 2 & 1 & 0 & 1 & 3 \\ 1 & 1 & 1 & 0 & 1 & 0 & 0 & 0 \\ 1 & 1 & 0 & 1 & 0 & 1 & 0 & 0 \\ 1 & 0 & 1 & 1 & 0 & 0 & 1 & 0 \end{bmatrix} \qquad (9.19)$$

从矩阵 (9.19) 容易计算出结论: 学生 A 只通过了 7 门课程的考试, 学生 B 通过了 8 门课程考试, 而学生 C 通过了 9 门课程的考试。当采用 "C2" 比较策略时, 可得 "C ≻ A, C ≻ B, B ≻ A", 学生 C 表现最好。当采用 "C2+" 比较策略时, 因为 C 通过的考试数量最多, 所以学生 C 表现最好。因此, 无论是在 "C2" 还是在 "C2+" 比较策略下, 学生 C 都是表现最出色的。

总之, 通过引进过滤条件 (9.11) 并建立过滤模型, 成功避免了投票模型下的非适者生存悖论。

2) 从原始 data profile 到修正 data profile

图 9.2 给出的非适者生存悖论的例子, 也可以通过算法无关过滤条件来消除。为此, 采用文献 [66] 提出的 "求解出" 条件 (见式 (6.29)), 这一修正 data profile 方法的分析结果如图 9.4 所示。

从图 9.2 可以看到, 各算法在所有子图中的曲线是完全一样的, 这是由于采用的是算法无关的 "求解出" 条件 (见式 (6.29))。从图 9.4(a)~ 图 9.4(c) 的结果来看, "C2" 策略下的

比较结果为 PSO≻ GA, MS≻ GA, MS≻ PSO。因此, 在 "C2" 比较策略下的胜者算法是 MS 算法。观察图 9.4(d) 可以看到, 在 "C2+" 比较策略下, 算法 MS 表现最好, PSO 其次, GA 最差。也就是说, 三个算法的排序结果在 "C2" 和 "C2+" 策略下是完全一致的, 非适者生存悖论并没有发生。

对比原始 data profile 方法下的循环排序悖论和修正 data profile 方法下的结果, 可以很清楚地看到, 基于算法无关过滤条件的修正 data profile 方法避免了循环排序悖论。

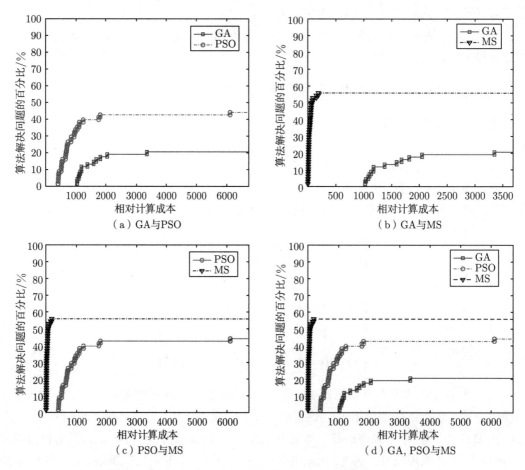

图 9.4　GA, PSO, MS 的修正 data profile 曲线 ($\tau = 10^{-7}$)

3) 避免非适者生存悖论的理论证明

上面两个小节论证了, 基于算法无关过滤条件的过滤模型可以避免非适者生存悖论。本小节证明这个结论总是成立的。

定理 9.2　采用算法无关过滤条件的数据分析方法, 在分析最优化算法数值比较的过程数据时, 非适者生存悖论不可能发生。

证明　首先证明该定理在只有 3 个算法 S_1, S_2, S_3 时成立, 而后拓展至一般情况。

当只有三个算法 S_1, S_2, S_3 时, 根据一般过滤模型 (9.3), 可以把三个算法时的矩阵表

示为式 (9.14)。非适者生存悖论发生, 当且仅当以下任意一个事件发生, 其中 S_{C2+}^* 代表的是 "C2+" 比较策略下的最好算法。

$$
\begin{aligned}
&(H_1): \quad S_1 \succ S_2, \quad S_1 \succ S_3, \quad S_{C2+}^* \neq S_1 \\
&(H_2): \quad S_2 \succ S_1, \quad S_2 \succ S_3, \quad S_{C2+}^* \neq S_2 \\
&(H_3): \quad S_3 \succ S_1, \quad S_3 \succ S_2, \quad S_{C2+}^* \neq S_3 \\
&(H_4): \quad S_1 = S_2, \quad S_1 \succ S_3, \quad S_2 \succ S_3, \quad\quad S_{C2+}^* = S_3 \\
&(H_5): \quad S_1 = S_3, \quad S_1 \succ S_2, \quad S_3 \succ S_2, \quad\quad S_{C2+}^* = S_2 \\
&(H_6): \quad S_2 = S_3, \quad S_2 \succ S_1, \quad S_3 \succ S_1, \quad\quad S_{C2+}^* = S_1
\end{aligned}
\tag{9.20}
$$

因为事件 H_1, H_2, H_3 是对称的, 事件 H_4, H_5, H_6 也是对称的, 故而只需证明事件 H_1 和 H_4 在采用算法无关过滤条件的数据分析中是不可能发生的即可。下面分别论证。

根据式 (9.16) 的表达, 事件 H_1 可表示为如下的样本点集合:

$$
\begin{cases}
n_1 + n_2 + \cdots + n_8 = m \\
n_1 + n_2 + n_3 + n_5 > n_1 + n_2 + n_4 + n_6 & [S_1 \succ S_2] \\
n_1 + n_2 + n_3 + n_5 > n_1 + n_3 + n_4 + n_7 & [S_1 \succ S_3] \\
\max\{n_1 + n_2 + n_4 + n_6, n_1 + n_3 + n_4 + n_7\} > n_1 + n_2 + n_3 + n_5 & [S_{C2+}^* \neq S_1] \\
n_i \in \{0, 1, \cdots, m\}, i = 1, 2, \cdots, 8
\end{cases}
$$

显然, 上述三个不等式不可能同时成立, 即集合 H_1 是空集。

类似地, 事件 H_4 可表示为如下的样本点集合:

$$
\begin{cases}
n_1 + n_2 + \cdots + n_8 = m \\
n_1 + n_2 + n_3 + n_5 = n_1 + n_2 + n_4 + n_6 & [S_1 = S_2] \\
n_1 + n_2 + n_3 + n_5 > n_1 + n_3 + n_4 + n_7 & [S_1 \succ S_3] \\
n_1 + n_2 + n_4 + n_6 > n_1 + n_3 + n_4 + n_7 & [S_2 \succ S_3] \\
n_1 + n_3 + n_4 + n_7 > \max\{n_1 + n_2 + n_3 + n_5, n_1 + n_2 + n_4 + n_6\} & [S_{C2+}^* = S_3] \\
n_i \in \{0, 1, \cdots, m\}, i = 1, 2, \cdots, 8
\end{cases}
$$

显然, 上述三个不等式也不可能同时成立, 因此集合 H_4 也是空集。

所以, 采用算法无关过滤条件的数据分析方法, 在分析 3 个算法数值比较的过程数据时, 非适者生存悖论不可能发生。接下来, 将以上证明过程推广至 $k > 3$ 个算法的数值比较的一般情形中。

根据非适者生存悖论的定义, 当且仅当 "C2+" 比较策略下的胜者不是 "C2" 比较策略下的胜者时, 该悖论才会发生。设 S_{C2+}^* 求解出的问题数量为 N_{C2+}^*, 那么一定满足

$$N_{C2+}^* \geqslant \max\{N_i\}, \; i = 1, 2, \cdots, k \tag{9.21}$$

其中, N_i 是算法 S_i 求解出的问题数量。于是有

$$N_{C2+}^* \geqslant N_i, \; i = 1, 2, \cdots, k \tag{9.22}$$

但是, 式 (9.22) 意味着 S_{C2+}^* 是 "C2" 比较策略下的最好算法。这意味着 "C2+" 策略下的最好算法一定是 "C2" 策略下的最好算法。换言之, 采用算法无关过滤条件的数据分析方法, 在分析 k 个算法数值比较时, 不可能出现非适者生存悖论。 □

4) 小结与讨论

本章论证了集合层数据分析方法在一定条件下是可以避免循环排序悖论和非适者生存悖论的。这个条件就是, 过滤条件必须是算法无关的。满足这类条件的数据方法包括, performance profile 和 data profile 的恰当修正[63-64,66], operational zones[129] 等方法。其他一些集合层数据分析方法 (参见第 6 章), 它们的原始版本虽然仍可能产生悖论, 但只需要将其过滤条件做简单的修改, 使其成为算法无关的, 则也可以避免悖论。这里特别指出的是, 两类主流的集合层两两比较方法, 即 Wilcoxon 符号秩检验和成对 t 检验, 它们没有显式的过滤条件。因此, 这两个数据分析方法是否可以避免循环排序悖论和非适者生存悖论, 并不能简单地从本书结论直接推出。我们把它作为一个开放问题, 以飨读者。

下面结合赞成法投票展开一些额外讨论。赞成法投票是指每个选民可以投出的票数是可变的, 只要 "赞成" 就可以投票, 少至 0 张票, 多至 k 张票 (k 为候选人数量)。因此, 它是简单多数规则的推广, 后者只给 "最满意" 的候选人投一票; 它也是 Borda 规则的推广, Borda 规则给 "最满意" 的候选人投一票, 给其他候选人投不到一票甚至零票。所以, 赞成法投票规则赋予选民最大的权限 (可投的票数最多), Borda 规则次之, 简单多数规则最少。这三种规则的结果解读是一致的, 一般都是得票数最多的获胜, 当然也可以增加一个门槛, 比如得票数达到门槛值 (如半数) 才有效。

结合以上分析, 本章提出的过滤模型本质上对应于赞成法投票, "满足过滤条件" 就对应着 "赞成"。文献 [150] 的研究已经表明, 赞成法投票的孔多塞效率高于简单多数规则, 即前者比后者有更大的概率选出孔多塞赢家 (在两两比较中能打败所有其他对手的候选人), 当然前提是孔多塞赢家存在。本章的研究结果进一步表明, 只需要用于 "赞成" 的过滤条件是算法无关的, 循环排序悖论就不会出现, 从而孔多塞赢家总是存在。综合这两个研究结果, 基于算法无关过滤条件的 performance profile, data profile, operational zones 等方法, 不仅可以消除循环排序悖论和非适者生存悖论, 还具有很好的孔多塞效率, 能够以大的概率选出真正的孔多塞赢家。

最后, 本章主要用 "避免" 这个字眼来形容对循环排序悖论和非适者生存悖论的 "消除"。虽然在本章 "避免" 和 "消除" 可以混用, 但是它们是有较大区别的。"避免" 是指绕开

导致悖论的机制, 使得悖论没有发生; 而 "消除" 是指直面导致悖论的机制, 通过修正这些机制来使悖论不再发生。本章主要关注如何绕开个体偏好的汇总过程, 使得悖论不发生, 因此是 "避免" 悖论的范畴。而绕开个体偏好的汇总过程的关键是, 采用或设计算法无关的过滤条件, 为各算法在每个问题上赋予 0 或 1 等分值, 先对这些分值求和, 在进行两两比较或集体比较。可以把这个机制浓缩为 "先对分值求和, 再进行比较" 或进一步浓缩为 "先求和再比较"。本章论证了 "先求和再比较" 的机制是一定可以避免循环排序悖论和非适者生存悖论的。无论是本章本质上采用的赞成法投票规则, 还是投票理论另一个主流的规则——Borda 规则, 都可以认为是这个机制的具体应用。

第 8 章指出了循环排序等悖论的产生源于从个体排序到集体排序的汇总过程, 并指明了两大方向来避免或消除悖论: 一个是采用集合层数据分析方法绕开恼人的汇总过程, 另一个则是超越相对多数规则的简单应用, 设计能消除悖论的比较策略和比较方法。第 9 章证明了, 采用算法无关过滤条件的 data profile 和 performance profile 等技术实现了汇总跃升, 可以成功避免循环排序悖论和非适者生存悖论。本章则着眼于合适的比较策略和比较方法的设计, 来消除假设检验类数据分析方法的悖论。

需要指出的是, 考虑到非适者生存悖论是指两两比较 ("C2") 和集体比较 ("C2+") 两种不同比较策略下的结果不相容, 虽让人遗憾, 但其震撼力不如循环排序悖论, 后者是在同一种策略 ("C2") 下产生的。因此, 当对于投票理论的不完美有充分的认识时, 有些时候不会太在意非适者生存悖论, 而将注意力集中在循环排序悖论上。因此, 如果不做特别说明, 本章的悖论消除是指对循环排序悖论的消除。

本章内容主要参阅文献 [152]。首先, 将最优化算法的数值比较问题转化为一个高维矩阵的降维问题: 从四维降到三维, 从三维降到二维, 再降到一维数组。在此基础上, 指出假设检验类的数据分析方法主要作用在三维矩阵降维到二维矩阵的过程中, 而循环排序产生于二维矩阵降维到一维数据的过程中。然后, 证明了一个重要的理论结果, 即在不考虑等号 (平局) 的情况下, 假设检验类的数据分析方法得到的排序结果等价于直接比较均值的排序结果。基于这一结论, 提出了一种新的数据分析方法, 称为均值 Borda 计数法 (MeanBordaCount/t), 用于消除假设检验产生的循环排序悖论。本章从理论上论证了, 在算法两两比较的排序误差最小的意义下, 均值 Borda 计数法是消除循环排序的最好策略。

10.1 矩阵降维与最优化算法的数值比较

本书第 6 章已经说明, 最优化算法的数值比较在完成了数值测试以后, 过程数据可以用如下四个维度的矩阵来存储:

$$\boldsymbol{H}(1:n_{\mathrm{f}}, 1:n_{\mathrm{r}}, 1:n_{\mathrm{p}}, 1:n_{\mathrm{s}}), \tag{10.1}$$

其中, 有 n_{s} 个算法参与数值比较, 共测试了 n_{p} 个最优化问题, 每个算法对每个测试问题进行了 n_{r} 轮的独立测试, 每一轮测试的计算成本为 n_{f} 个目标函数值计算次数。H_{ijks} 是第 s 个算法求解第 k 个问题时在第 j 轮测试中截止到第 i 次函数值计算次数的最好目标函数值。

为了便于后面的论述, 将矩阵 $\boldsymbol{H}$ 的四个维度分别称为成本维、轮次维、问题维和算法维。我们将看到, 最优化算法的数值比较本质上是将矩阵 $\boldsymbol{H}$ 不断降维的过程, 最终得到一个一维数组, 其各元素的排序就对应着各算法的性能排序。我们把这个观察凝练为如下的命题。

命题 10.1　给定过程数据矩阵 $\boldsymbol{H}_{n_{\mathrm{f}} \times n_{\mathrm{r}} \times n_{\mathrm{p}} \times n_{\mathrm{s}}}$, 最优化算法的数值比较过程本质上是一个将 $\boldsymbol{H}$ 不断降维过程, 其最终输出是一个一维数组 $h_{n_{\mathrm{s}} \times 1}$, 该数组各元素的排序就对应着各算法的性能排序。

命题 10.1 将最优化算法的数值比较看成是过程数据矩阵 $\boldsymbol{H}$ 不断降维的过程。下面结合主流的数据分析方法, 进一步介绍降维过程是如何实现的。

10.1.1　降维与基于累积分布函数的数据分析方法

这类数据分析方法在 6.3 节有详细介绍, data profile 和 performance profile 是其代表性方法。第 9 章证明了这类方法如果采用算法无关的过滤条件, 是可以通过汇总跃升来避免循环排序等悖论的。

从降维角度, 基于累积分布函数的数据分析方法首先对轮次维进行降维。一般有两种做法: 一种是对轮次维取均值考查算法的平均性能, 另一种是对轮次维不仅计算均值, 还计算其置信上、下界等最好、最坏的性能[65]。前一种做法相当于只关心算法的平均性能, 把算法看成了确定性算法。后一种做法则更为稳妥, 既考查了平均性能的好坏, 还考虑了平均性能差异的显著性。无论哪一种做法, 都是先对轮次维进行降维, 然后综合考查剩余的三个维度。

对剩余三个维度的综合考查就蕴含在第 9 章讨论的过滤条件里。给定算法 $i = 1, 2, \cdots,$ n_s 和测试问题 $j = 1, 2, \cdots, n_{\mathrm{p}}$, 检查不同计算成本下找到的最好目标函数值, 如果存在一个函数值满足过滤条件, 则认为第 i 个算法能够在给定的最大成本 n_{f} 内求解出第 j 个问题。

因此, 以 data profile 和 performance profile 为代表的基于累积分布函数的数据分析方法, 它们的降维分为两部分: 先对轮次维进行降维, 然后综合考查剩余三个维度是否满足过滤条件。给定任何计算成本, 汇总算法能够求解出的问题比例, 就得到经验累积分布函数。这种策略跳过了对个体 (测试问题) 偏好的汇总, 只要过滤条件是算法无关的, 就可以避免循环排序等悖论[144]。

10.1.2　降维与基于假设检验的数据分析方法

与基于累积分布函数的数据分析方法不同, 基于假设检验的数据分析方法是首先对成本维进行降维的。成本维最常用的降维方法是, 用光所有 n_{f} 个目标函数值计算次数的计算成本, 即关注算法找到的最好解。这一做法也被称为静态比较[65]。当然, 存在其他的降维方法, 比如给定其他维度的值, 将成本维的所有数据求和。这一做法等价于求 L 形曲线下方 (横轴上方) 的面积, 能较好地反映算法的动态性能。无论采用哪一种做法, 成本维降维后, 矩阵 $\boldsymbol{H}$ 都只剩三个维度。由于成本维的降维方法不影响后续的讨论, 这里采用主流的静态比较策略, 即矩阵 $\boldsymbol{H}$ 降维为

$$\boldsymbol{H}(n_{\mathrm{f}}, 1 : n_{\mathrm{r}}, 1 : n_{\mathrm{p}}, 1 : n_{\mathrm{s}}) \quad \text{或} \quad \boldsymbol{H}(\text{end}, 1 : n_{\mathrm{r}}, 1 : n_{\mathrm{p}}, 1 : n_{\mathrm{s}}). \tag{10.2}$$

给定式 (10.2) 的三维矩阵, 后续沿着轮次维和问题维进一步降维, 最终得到算法维的排序数组 $\boldsymbol{h}$。图 10.1 给出了这两个降维过程的示意图, 它们是最优化算法进行静态比较的关键和难点。

按图 10.1 具体降维过程如下: 首先, 假设检验类数据分析方法通常取算法找到的最好解来对成本维进行降维。然后, 通过对轮次维求平均 (辅之以统计检验) 得到矩阵 $\boldsymbol{D}$; 再通过对问题维的统计聚合, 降维成一维数组 $\boldsymbol{h}$。该数组各元素的排序就是对应算法的性能排序。

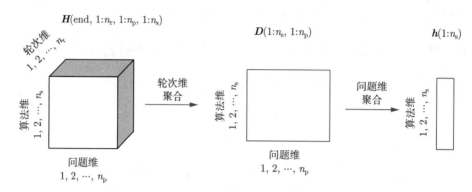

图 10.1 最优化算法的数值比较本质上是对过程矩阵 $\boldsymbol{H}$ 降维的过程

基于假设检验的方法对轮次维通常采用求平均值或中位数 (基于秩的方法对应于中位数) 的方式降维。当然, 为了应对随机误差, 还需要辅之以统计推断 (如近似 t 检验或 Wilcoxon 秩和检验等), 来检验不同算法在同一个问题上的平均性能是否有显著差异。此时, 得到的矩阵 $\boldsymbol{D}$ 的每一列是某种排序。因为每一列对应着一个测试问题, 所以可以将 $\boldsymbol{D}$ 中的每一列视为一个 "个体排序": 每个测试问题对各个算法的排序或偏好。

下面介绍在问题维上的降维或聚合。传统做法采用绝对多数规则 (这里等价于相对多数规则, 见假设 7.2): 给定任意两个算法, 计算它们在每个测试问题上的排序, 如果某算法在超过一半的问题上表现更好, 则认为该算法在整个测试问题集合上更好。最后, 汇总所有算法在测试集合上的排序, 这就是各测试问题的个体排序汇总而成的 "集体排序"。算法 10.1 给出了基于假设检验的数据分析方法的流程。

算法 10.1 (基于假设检验的数据分析方法) % 输入: 最优化算法数值比较的过程数据矩阵 $\boldsymbol{H}(1:n_{\mathrm{f}}, 1:n_{\mathrm{r}}, 1:n_{\mathrm{p}}, 1:n_{\mathrm{s}})$;

% 输出: n_{s} 个算法的性能排序。

1: 对成本维进行降维得到 $\boldsymbol{H}(\mathrm{end}, 1:n_{\mathrm{r}}, 1:n_{\mathrm{p}}, 1:n_{\mathrm{s}})$;

2: 对轮次维进行假设检验, 得到 2 维矩阵 $\boldsymbol{D}(1:n_{\mathrm{s}}, 1:n_{\mathrm{p}})$, 其中第 i 列是各算法在第 i 个测试问题上的排序, $i = 1, 2, \cdots, n_{\mathrm{p}}$;

3: 给定任意两个算法, 采用绝对多数规则汇总它们在每个测试问题上的排序, 得到它们在整个测试集上的排序;

4: 汇总并返回所有算法的排序。

算法 10.1 描述的第 2~4 步与投票模型是一致的: 每一个算法相当于候选人, 每一个问题相当于选民, 个体排序相当于选民对候选人的偏好顺序, 而集体排序则是集体投票的结果[92]。根据前面几章的分析, 这一汇总过程可能产生循环排序悖论[92,144]。例 10.1 给出了一个循环排序的案例。

例 10.1　下面用 4 个算法 (A_1, A_2, A_3 和 A_4) 在 5 个测试问题 (P_1, P_2, P_3, P_4 和 P_5) 的模拟数据来说明基于假设检验的数据分析方法 (算法 10.1) 的应用。经过假设检验后, 这些算法在每个问题上的性能排序如表 10.1 所示。对任意两个算法, 采用绝对多数规则分析在整个测试集上的排名。比如, 对算法 A_1, A_2, 可以发现算法 A_2 只在问题 P_1 上表现更好, 在其他问题上都更差, 因此有 $A_1 \succ A_2$。类似地有, $A_1 \succ A_3$, $A_4 \succ A_1$, $A_2 \succ A_3$, $A_2 \succ A_4$, $A_3 \succ A_4$。最后得到 4 个算法的排序为 $A_1 \succ A_2 \succ A_3 \succ A_4 \succ A_1$, 形成了循环排序。

表 10.1　4 个算法在 5 个测试问题上的数值性能排序

问题	P_1	P_2	P_3	P_4	P_5
算	A_2	A_3	A_1	A_4	A_1
法	A_4	A_4	A_2	A_1	A_2
排	A_1	A_1	A_3	A_3	A_3
序	A_3	A_2	A_4	A_2	A_4

总之, 基于假设检验的数据分析方法先对成本维降维, 再对轮次维降维得到二维矩阵 $\boldsymbol{D}$, 最后对问题维进行降维 (聚合) 得到排序向量 $\boldsymbol{h}$。基于矩阵降维的视角, 结合我们的前期研究成果和投票理论的研究成果, 可以断定, 循环排序悖论出现在从二维矩阵 $\boldsymbol{D}$ 降维到一维排序向量 $\boldsymbol{h}$ 的环节。这个环节的悖论本质上与假设检验是无关的, 只是源自于 "个体排序汇总成集体排序" 的过程。在投票理论和最优化算法的数值比较中, 已有方法可以避免这个悖论, 比如本章后面要提到的 Borda 计数法以及第 9 章的 "汇总跃升"。

我们把以上分析总结为如下的命题。

命题 10.2　(1) 在最优化算法的数值比较中, 假设检验类数据分析方法具有明显的降维特征: 首先降的是成本维, 然后是轮次维, 最后是问题维。(2) 假设检验主要作用在轮次维的降维, 即从三维矩阵降维到二维矩阵 $\boldsymbol{D}$ 的过程中, 矩阵 $\boldsymbol{D}$ 的每一列都是某种排序, 反映了各个算法在该列所对应的测试问题上的性能排序, 或者反过来说, 反映了该测试问题对各个算法的 "偏好"。(3) 从二维矩阵 $\boldsymbol{D}$ 降维 (聚合) 到一维排序向量 $\boldsymbol{h}$ 的过程, 可能产生循环排序悖论, 该悖论与假设检验无关, 而是源自于 "个体排序到集体排序" 的汇总过程。

10.2　均值 Borda 计数法与假设检验中的循环排序消除

假设检验是统计学中的重要方法, 其主要功能是通过样本来推断跟总体的分布规律、重要参数的大小范围等相关的命题能否被接受。通常需要先设立两个相互对立的命题: 一个叫作原假设命题, 另一个叫作备择假设命题。注意, 这两个命题在假设检验框架中的地位是相距甚远的: 原假设处于被保护地位, 而备择假设则无此待遇[153]。其次要设计出一个检验统计量, 再利用样本的信息来判断这两个命题哪个更可能成立。推断结果只有两种, 拒绝原假设或不拒绝原假设。因为原假设处于被保护地位, 如果还能被拒绝, 说明此时接受备择假设是有充分理由的。但是, 不拒绝原假设的话, 并不能理直气壮地接受原假设, 只能说明目前的样本还无法拒绝原假设。这个区别经常被初学者忽略, 感兴趣的读者可以进一步参阅文献 [153]。

虽然, 假设检验方法诞生已经百年, 但是, 仍然饱受诟病和误用[65]。本节将论证, 在最优化算法的数值比较场景中, 用假设检验得到的矩阵 D 的每一列排名数据, 在不考虑等号 (平局) 的情况下, 等价于直接比较均值得到的算法排名。在此基础上, 结合投票理论中的相关研究成果, 提出了消除假设检验中可能出现循环排序的均值 Borda 计数法。

10.2.1 假设检验与均值比较的等价性

下面的引理表明, 如果不考虑等号 (平局), 跟依据均值大小直接进行排序相比, 参数检验类的数据分析方法并没有对算法的排序带来额外的重要信息。

引理 10.1 给定矩阵 $H(\text{end}, 1 : n_r, 1 : n_p, 1 : n_s)$, 对任意第 i ($i = 1, 2, \cdots, n_p$) 个测试问题, 分别采用参数检验和直接依据均值大小进行算法排序, 在不考虑等号 (平局) 的情况下, 它们的排序结果完全相同。

证明 先考虑比较两个算法的参数检验, 如两总体 (近似)t 检验。不妨设算法为 A_1, A_2, 且前者的均值小于后者的均值。此时, 直接按照均值大小排序的话, 算法 $A_1 \succ A_2$。下面证明参数检验的结果为 $A_1 \succeq A_2$, 从而在不考虑等号的情况下, 两者是等价的。

采用参数检验时, 首先要计算检验统计量, 该统计量必定包含两者的均值之差, 统计量的正负与均值之差的正负相同。不妨用 A_1 的均值减去 A_2 的均值, 也就是统计量是负数。根据文献 [153], 此时适合做左边检验, 即备择假设为 "算法 A_1 的均值小于算法 A_2 的均值"。此时, 检验的结果要么是确认备择假设 (拒绝原假设), 要么是不拒绝原假设。注意不拒绝原假设并不意味着接受原假设[153], 结合 A_1 的均值小于 A_2 的均值这一事实, 只能判断 A_1 和 A_2 的均值没有显著差异。所以, 参数检验的结论要么是 "算法 A_1 的均值小于算法 A_2 的均值", 要么是 "A_1 和 A_2 的均值没有显著差异", 也就是有结论 $A_1 \succeq A_2$, 在不考虑等号的情况下, 这个结论与直接按照均值大小排序的结果一致。

然后考虑同时比较三个或以上算法的参数检验, 比如方差分析。由于这类检验只能验证各个算法的均值是否完全相等, 要想得到各个算法的排序, 还需要进一步进行两个两个算法的检验, 所以, 本质上又回到了前面的两个算法的假设检验情形, 因此上述结论依然成立。 □

下面考虑非参数检验的情形, 结论是类似的。

引理 10.2 给定矩阵 $H(\text{end}, 1 : n_r, 1 : n_p, 1 : n_s)$, 对任意第 i ($i = 1, 2, \cdots, n_p$) 个测试问题, 分别采用非参数检验和直接依据均值大小进行算法排序, 在不考虑等号 (平局) 的情况下, 它们的排序结果完全相同。

证明 不妨继续设算法为 A_1, A_2, 且前者的均值小于后者的均值。此时, 直接按照均值大小排序的话, 算法 $A_1 \succ A_2$。下面证明非参数检验的结果为 $A_1 \succeq A_2$, 从而在不考虑等号的情况下, 两者是等价的。

首先, 考虑比较两个算法的非参数检验, 如两总体的 Wilcoxon 秩和检验。这类非参数检验方法不直接使用两个总体的样本均值, 而是采用比如 "秩" 之类的概念, 根据每个总体包含的数据的秩之和来推断。因此, 这类检验方法的原假设和备择假设和参数检验情形是类似的, 只是均值的比较换成了中位数的比较。也就是说, 此时备择假设为 "算法 A_1 的中位数小于算法 A_2 的中位数"。因为这些数据的秩来自于两个总体所有数据汇总后的大小排序, 小的排前面, 所以秩和更小的总体, 其样本均值必定也更小, 反之亦然。于是, 就跟前面的参数检验论证一样了, 适合做左边检验, 且检验结论要么是接受备择假设, 要么认为两个算法的中位数没有显著差异, 即结论为 $A_1 \succeq A_2$, 在不考虑等号的情况下, 这个结论与直接按照均值大小排序的结果一致。

然后, 考虑同时比较三个或以上算法的非参数检验, 比如 Kruskal-Wallis 检验。由于这类检验只能验证各个算法的中位数是否完全相等, 要想得到各个算法的排序, 还得进一步进行两个两个算法的检验, 所以, 本质上又回到了前面的两个算法的假设检验情形, 因此上述结论依然成立。   □

综合以上两个引理, 有下面的定理。该定理表明, 在最优化算法数值比较场景中, 从获得算法排名的角度, 无论参数检验还是非参数检验, 得到的算法排名结果与直接进行均值比较得到的结果几乎等价。进一步, 当不考虑等号 (平局) 情形时, 它们的结果完全等价。

定理 10.1   给定矩阵 $\boldsymbol{H}(\mathrm{end}, 1:n_\mathrm{r}, 1:n_\mathrm{p}, 1:n_\mathrm{s})$, 对任意第 i $(i = 1, 2, \cdots, n_\mathrm{p})$ 个测试问题, 分别采用假设检验和直接依据均值大小进行算法排序, 在不考虑等号 (平局) 的情况下, 它们的排序结果完全相同。

定理 10.1 表明, 在最优化算法的数值比较场景中, 从获得算法排序的角度, 假设检验与直接比较均值得到的结果几乎完全相同, 区别只在于包含的等号数量不同。通常, 直接比较均值较少产生等号, 而假设检验则会产生更多的等号 (算法性能没有显著差异)。因此, 可以首先采用直接比较均值的方式获得算法的大致排名, 然后借助假设检验判断某些算法之间是否平局 (没有显著差异)。10.2.2 节将利用这一结论, 设计能够消除循环排序的数据分析方法。

10.2.2   均值 Borda 计数法与循环排序的消除

本节首先简要介绍投票理论中消除循环排序的 Borda 计数法, 然后将它应用到最优化算法的数值比较中, 结合 10.2.1 节论证的假设检验与均值比较几乎等价的结论, 提出均值 Borda 计数法, 用于消除假设检验可能带来的循环排序。

1) Borda 计数法

命题 10.2 表明, 最优化算法数值比较中可能发生的循环排序悖论实际上出现在二维矩阵 D 降维 (聚合) 到一维数组 h 的过程中。前面已提及, 循环排序悖论在投票理论领域被研究了上百年, 产生了许多用于避免或消除循环排序悖论的排序方法。Borda 计数法是其中的一种主流方法[154]，它抛弃了一个选民只有一票的做法，赋予每个选民更多的投票权，得票数排前几名 (根据需要确定人数) 的候选人获胜。这种投票系统被认为可以凝聚更多的选民共识 (consensus)。

具体来说，每个选民根据偏好给所有候选人进行打分，通常越偏好的候选人得分越高。然后，汇总每个选民的分数，得到每个候选人的总得分或平均得分，根据得分就可以给候选人进行最终的排序了，排序最靠前的一个或几个候选人胜出。选民给候选人的常用打分规则有多个，但它们都是等差数列[142]。

鉴于 Borda 规则的有效性，其他一些排序方法会间接地依赖 Borda 计数法。比如，Black 方法[155]，在孔多塞赢家不存在的情况下，就选择采用 Borda 计数法的赢家。除了直接或间接采用 Borda 计数法，也存在其他排序方法可以避免或消除循环排序悖论，如 Kemeny-Yong 方法[156-157]，以及 Ranked pairs 方法[158]，后者通过丢弃一些两两比较的结果来解开循环。

下面介绍 Borda 计数法为何能够消除循环排序。需要指出的是，这里的本质与第 9 章相同，都是借助 "算法无关" 性。具体来说，初始的矩阵 D 的每一列是由假设检验得到的算法排名，这些序数显然是算法依赖的。而转换成 Borda 权值后，矩阵 D 的每个元素都变成了算法无关的实数，无论哪两个算法相比，这些实数都不会发生变化。我们把这些观察总结为如下的命题。

命题 10.3 Borda 计数法消除循环排序悖论的关键是，将算法依赖的 "序" 转换成了算法无关的 "值"，这里的序指的是算法排序，而值指的是 Borda 权值。

2) 均值 Borda 计数法与循环排序的消除

上节介绍了 Borda 计数法可以消除投票场景或者说给定矩阵 D 的场景下的循环排序悖论，也就是说，Borda 计数法只是作用在二维矩阵 D 降维为一维排序向量 h 的环节。本节进一步考虑三维矩阵降维到二维矩阵 D 的过程，目标是设计合适的数据分析方法，消除假设检验可能产生的循环排序悖论。

消除假设检验产生的循环排序的一种自然思路是，用均值比较产生算法排序，并辅以假设检验判断排序是否有等号 (性能无显著差异)，得到矩阵 D，然后用 Borda 计数法处理该矩阵。得到矩阵 D 后，Borda 计数法通过将每一列的排序转换成 Borda 分数，再对每一行的权值求和或求平均来得到一维数组。下面的定义结合最优化算法的数值比较场景，给出了 Borda 计数法具体内涵，特别是 Borda 分数的计算方法。

定义 10.1 本章采用的 Borda 计数法根据 k 个算法在每个测试问题上的数值性能，进行算法排名，然后计算各算法的平均排名，排名最前的一个或若干个候选人获胜。各算法在每个测试问题上的排名 (赋分) 方法如下：在该测试问题上性能最好的算法排第 1 名 (或称赋 1 分)，性能第二好的排第 2 名，……，性能最差的排第 k 名。给定任何一个算法，如果有其他算法与其性能一样好 (平局)，则该算法的排名为这些算法排名不并列情况下的平均名次。

定义 10.1 中处理平局的方法叫作锦标赛式 (tournament-style) 的排名方法。具体来说，就是将与某算法平局的所有算法的平均名次赋予该算法。例如, 如果 $A_1 \succ A_2 = A_3 \succ A_4$, 那么 A_1 为第 1 名, A_4 为第 4 名, A_2 和 A_3 名次并列, 都是第 2.5(=(2+3)/2) 名。当然, 这些名次也可以理解为分值或权值, 定义 10.1 采用了递增的等差数列来赋分, 分数越小的算法性能越好。

在处理平局问题时, 要注意平局是一种两两关系, 并不满足传递性。比如, 算法 A_1 与 A_2 没有显著差异 (平局), A_2 与 A_3 也没有显著差异, 并不意味着 A_1 与 A_3 没有显著差异。因此, 两个平局的算法的 Borda 分值并不一定相同。例如, 假设有 3 个算法, 在某个测试问题上的性能经过假设检验后, 发现 A_1 与 A_2 以及 A_2 与 A_3 都没有显著差异, 但是 A_1 却显著好于 A_3。此时, 算法 A_1 的 Borda 权值为 $(1+2)/2 = 1.5$, 算法 A_2 的 Borda 权值为 $(1+2+3)/3 = 2$, 而算法 A_3 的 Borda 权值为 $(2+3)/2 = 2.5$。

算法 10.2 列出了基于均值 Borda 计数法的流程。

算法 10.2 (基于均值比较的 Borda 计数法 MeanBordaCount/T)　% 输入: 最优化算法数值比较的过程数据矩阵 $\boldsymbol{H}(1:n_{\mathrm{f}}, 1:n_{\mathrm{r}}, 1:n_{\mathrm{p}}, 1:n_{\mathrm{s}})$;

% 输出: 算法的排序向量 $\boldsymbol{h}$, 元素越大, 对应算法的性能越好。

1: 对成本维进行降维得到 $\boldsymbol{H}(end, 1:n_{\mathrm{r}}, 1:n_{\mathrm{p}}, 1:n_{\mathrm{s}})$;

2: 对轮次维计算均值, 在每个测试问题上按均值进行算法排序, 并辅以假设检验, 看是否存在平局现象, 确定 2 维矩阵 $\boldsymbol{D}$。其中, $\boldsymbol{D}$ 的每一列表示各算法在该测试问题上的算法排序;

3: 按定义 10.1 将 $\boldsymbol{D}$ 中的每一列数据转换成 Borda 权值, 并按行求均值;

4: 返回上一步得到的均值向量, 其各元素的大小顺序就是对应算法的排序。

注意, 对比算法 10.2 与算法 10.1 的第 2 步, 虽然它们得到的矩阵 $\boldsymbol{D}$ 是相同的, 但是前者比后者更高效。算法 10.1 需要做 $n_{\mathrm{s}}(n_{\mathrm{s}}-1)/2$ 次假设检验, 而算法 10.2 最多只需要做 $n_{\mathrm{s}}-1$ 次假设检验。10.3 节将会更深入地讨论这一点。

算法 10.2 的第 3 步采用了 Borda 计数法, 结合前面论证的 Borda 计数法可以消除循环排序, 所以算法 10.2 也可以消除假设检验产生的循环排序悖论。我们把它总结为如下命题。

命题 10.4　在最优化算法数值比较的场景中, 均值 Borda 计数法 (算法 10.2) 可以消除假设检验方法可能产生的循环排序。

下面用例 10.1 中的数据来说明算法 10.2 的应用。

例 10.2　继续考查例 10.1 中的数据, 4 个算法 (A_1, A_2, A_3 和 A_4) 在 5 个测试问题 (P_1, P_2, P_3, P_4 和 P_5) 上找到的最好函数值的均值如表 10.2 所示。

给定表 10.1 中的排序, 根据定义 10.1, 对表 10.1 的每一列数据进行 Borda 权值转换, 排名从第一到第四分别赋分 $1, 2, 3, 4$, 结果详见表 10.3。计算每一行的权值的平均得到 $(2, 2.6, 2.8, 2.6)^{\mathrm{T}}$。因此, Borda 计数法对这四个算法的排序为 $A_1 \succ A_2 = A_4 \succ A_3$。注意到, 循环排序被成功消除。

表 10.2　4 个算法在 5 个测试问题上找到的最好函数值的均值

算法	P_1	P_2	P_3	P_4	P_5
A_1	6.97	31.78	13.53	22.11	14.25
A_2	1.37	42.51	16.52	32.25	21.57
A_3	9.91	11.56	17.72	24.95	31.01
A_4	5.61	23.95	24.25	21.55	43.59

表 10.3　4 个算法在 5 个测试问题上的 Borda 权值表 (对应表 10.1, 越小越好) 及均值 Borda 计数法的排序向量

算法	P_1	P_2	P_3	P_4	P_5	均值 Borda 计数法的排序向量
A_1	3	3	1	2	1	2
A_2	1	4	2	4	2	2.6
A_3	4	1	3	3	3	2.8
A_4	2	2	4	1	4	2.6

10.3 节将证明, 均值 Borda 计数法不仅可以消除假设检验产生的循环排序, 且在算法两两排序误差的最小化意义下是最优策略. 此外, 均值 Borda 计数法还具有良好的数值有效性, 将需要的假设检验次数从平方量级降低到线性量级.

10.3　均值 Borda 计数法的理论优越性与数值有效性

本节将证明, 10.2 节提出的均值 Borda 计数法不仅能消除循环排序, 而且在使算法两两比较的排序误差最小化的意义上, 是消除循环排序的最好策略. 为了证明这一点, 需要对循环排序的可能产生进行数学建模, 本节将提出一个判别式来判断是否出现了循环排序, 然后采用最近邻选择策略来消除循环排序. 我们将证明, 根据算法两两比较的排序误差最小化得到的解决方案等价于均值 Borda 计数法.

为了便于论述, 本节引进如下的记号:

(1) $\sum \boldsymbol{D}$ 或 $\sum(\boldsymbol{D})$ 表示对矩阵 $\boldsymbol{D}$ 的每一行求和, 得到一个列向量;

(2) $\sum_r \boldsymbol{D}$ 或 $\sum_r(\boldsymbol{D})$ 表示对矩阵 $\boldsymbol{D}$ 的第 r 行求和, 得到一个常数;

(3) $\mathrm{sign}(\boldsymbol{D})$ 表示求矩阵 $\boldsymbol{D}$ 每一个元素的符号值, 正数为 1, 负数为 -1, 零则为 0;

(4) $\boldsymbol{1}_k$ 表示每个元素都是 1 的 k 维列向量;

(5) $\boldsymbol{0}_k$ 表示每个元素都是 0 的 k 维列向量.

10.3.1　循环排序的建模与判别

在最优化算法的数值比较中, 循环排序悖论来自于最优化算法两两比较时无法确定获胜算法. 这里有三个关键步骤: 第一步是完成算法的成对比较; 第二步是采用绝对多数准则找出每次两两比较中的获胜算法; 第三步是将每次比较的结果进行综合, 看是否成圈. 下面按照这三个步骤分别进行数学建模. 首先需要给定二维矩阵 $\boldsymbol{D}_{n_s \times n_p}$, 其每一列可以是性能

值, 也可以是排序值。此外, 为了书写的简便, 本节用 k 来代替算法个数 n_{s}, 用 m 来代替测试问题个数 n_{p}。

1) 算法成对比较的代数表示

根据文献 [152], 可以引进如下的比较矩阵来刻画算法两两比较的结果。

定义 10.2　k 阶比较矩阵可用于 k 个最优化算法的两两比较, 其递推公式为

$$
C_k = \begin{cases}
[1, -1], & k = 2 \\[2ex]
\left[\begin{array}{c|c} \boldsymbol{C}_{k-1} & \boldsymbol{0}_{\binom{k-1}{2}} \\ \hline \boldsymbol{I}_{k-1} & -\boldsymbol{1}_{k-1} \end{array}\right], & k > 2
\end{cases}
\tag{10.3}
$$

其中, I 是单位矩阵, $\boldsymbol{0}$ 和 $\boldsymbol{1}$ 分别是所有元素为 0 或 1 的列向量。

从式 (10.3) 可以看出, 比较矩阵 $\boldsymbol{C}_k$ 是一个 $\binom{k}{2}$ 行 k 列的矩阵, 它的每一行都包含一个 1 和一个 -1, 其他元素为 0; 每一列有 $k-1$ 个非零元, 其中第 j 列有 $j-1$ 个 -1 和 $k-j$ 个 1, $j = 1, 2, \cdots, k$。当比较矩阵的某一行 (不妨设其第 i 列为 1, 第 j 列为 -1) 左乘一个 k 维列向量 $\boldsymbol{h}$ 时, 可以得到这个向量的第 i 个元素和第 j 个元素的差 $(h_i - h_j)$, 因此 $\boldsymbol{C}_k\boldsymbol{h}$ 可以得到向量 $\boldsymbol{h}$ 的任意两个元素之差。更准确地, 有下面的定理。

定理 10.2　对任意正整数对 $(i,j), i < j \leqslant k$ 和一个任意 k 维向量 $\boldsymbol{h} = (h_1, h_2, \cdots, h_k)^{\mathrm{T}}$, $\boldsymbol{C}_k\boldsymbol{h}$ 的第 r_{ij} 行的值为 $(h_i - h_j)$, 其中 $r_{ij} = i + \dfrac{(j-1)(j-2)}{2}$。

证明　用归纳法证明。定理在 $k = 2$ 时显然成立。

如果定理在 $k = t-1$ 时成立 $(t \geqslant 3)$, 设 $\boldsymbol{h}' = (h_1, h_2, \cdots, h_{t-1})^{\mathrm{T}}$, 则

$$
\boldsymbol{C}_t\boldsymbol{h} = \left[\begin{array}{c|c} \boldsymbol{C}_{t-1} & \boldsymbol{0}_{\binom{t-1}{2}} \\ \hline \boldsymbol{I}_{t-1} & -\boldsymbol{1}_{t-1} \end{array}\right] \begin{bmatrix} \boldsymbol{h}' \\ h_t \end{bmatrix} = \begin{bmatrix} \boldsymbol{C}_{t-1}\boldsymbol{h}' \\ \boldsymbol{h}' - h_t * \boldsymbol{1}_{t-1} \end{bmatrix}
\tag{10.4}
$$

对任意的正整数对 $(i,j), i < j \leqslant t$, 如果 $j \neq t$, 由于 $\boldsymbol{C}_t\boldsymbol{h}$ 的前 $\binom{t-1}{2}$ 行与 $\boldsymbol{C}_{t-1}\boldsymbol{h}'$ 完全一致, 因此定理成立。如果 $j = t$, $\boldsymbol{C}_t\boldsymbol{h}$ 的第 $r_{it} = i + \dfrac{(t-1)(t-2)}{2}, i = 1, 2, \cdots, t-1$ 行对应 $\boldsymbol{h}' - h_t * \boldsymbol{1}_{t-1}$, 其值刚好为 $h_i - h_t$。因此, 如果定理在 $k = t-1$ 时成立, 则定理在 $k = t$ 时成立。

综上所述, 该定理成立。　　　　　　　　　　　　　　　　　　　　　□

这样, 我们就可以用 $\boldsymbol{C}_{n_{\mathrm{s}}}\boldsymbol{D}$ 来实现 n_{s} 个算法在 n_{p} 个测试问题上的性能表现的两两比较了。其中, $\boldsymbol{C}_{n_{\mathrm{s}}}\boldsymbol{D}$ 的第 t 列表示第 t 个问题下的比较结果, 第 r_{ij} 行表示第 i 个算法和第 j 个算法在所有 n_{p} 个测试问题下的比较结果。

例 10.3　假设数据矩阵 $\boldsymbol{D}$ 如表 10.3 所示, 此时对应的比较矩阵为

$$C_4 = \begin{bmatrix} 1 & -1 & 0 & 0 \\ 1 & 0 & -1 & 0 \\ 0 & 1 & -1 & 0 \\ 1 & 0 & 0 & -1 \\ 0 & 1 & 0 & -1 \\ 0 & 0 & 1 & -1 \end{bmatrix} \tag{10.5}$$

因此, 矩阵 D 经过比较矩阵 C_4 左乘后得到的矩阵为

$$\boldsymbol{C_4 D} = \begin{bmatrix} -0.50 & 0.25 & 0.25 & 0.50 & 0.25 \\ 0.25 & -0.50 & 0.50 & 0.25 & 0.50 \\ 0.75 & -0.75 & 0.25 & -0.25 & 0.25 \\ -0.25 & -0.25 & 0.75 & -0.25 & 0.75 \\ 0.25 & -0.50 & 0.50 & -0.75 & 0.50 \\ -0.50 & 0.25 & 0.25 & -0.50 & 0.25 \end{bmatrix} \tag{10.6}$$

其中, $\boldsymbol{C_4 D}$ 的 6 行结果分别是算法对 $(A_1, A_2), (A_1, A_3), (A_2, A_3), (A_1, A_4), (A_2, A_4),$ (A_3, A_4) 的两两比较结果。

2) 绝对多数准则的代数化

$\boldsymbol{C_k D}$ 描述了任意两个算法在每个测试问题上的性能之差, 这些差的符号非常重要, 如果是正数, 表明在这个测试问题上, 前一个算法比后一个算法好; 如果是负数, 则反过来。绝对多数规则需要将这些符号汇总起来, 看看是正数多还是负数多。如果汇总后正数多, 表明在整个测试问题集合上, 前一个算法比后一个算法好, 如果是负数则反过来。

因此, 为了实现绝对多数规则, 需要用符号函数 sign 将矩阵 $\boldsymbol{C_k D}$ 内的所有数值替换为其符号, 正数替换为 1, 负数替换为 -1, 0 保持不变。然后, 按行求和就可以比较正数还是负数多了。如果用 $\sum_r$ 表示矩阵按第 r 行求和, 那么两个算法在绝对多数准则下的比较结果有如下等价关系:

$$A_i \succ A_j \iff d_{r_{ij}} > 0, \quad d = \sum(\text{sign}(\boldsymbol{C_k D})) \tag{10.7}$$

其中, r_{ij} 表示第 i 列为 1 而第 j 列为 -1 的行; d 称为代表点。

例 10.4 基于例 10.3 中计算得到的 $\boldsymbol{C_4 D}$, 可以算出代表点为

$$d = (3, 3, 1, -1, 1, 1)^{\mathrm{T}}$$

3) 借助代表点推断算法的排序

有了代表点 d, 就可以依据等价条件 (10.18) 来确定算法性能的排序。

例 10.5 基于例 10.4 中计算得到的代表点, 可以确定 6 次两两比较的结果分别为 $A_1 \succ A_2, A_1 \succ A_3, A_2 \succ A_3, A_4 \succ A_1, A_2 \succ A_4, A_3 \succ A_4$。因此, 4 个算法的性能排序为 $A_1 \succ A_2 \succ A_3 \succ A_4 \succ A_1$, 即 4 个算法性能排序成圈, 循环排序悖论发生。

当然, 循环排序并不总会发生, 事实上, 根据文献 [92], 在没有免费午餐的假设下, 当只有 4 个算法和 5 个测试问题时, 循环排序悖论发生的概率只有 13.98%。

4) 循环排序的代数判别法

前面针对循环排序悖论产生的三个步骤进行了数学建模, 这三个步骤归纳起来就是 "先两两比较再偏好汇总", 而数学模型将它转换成寻找矩阵 $C_k D$ 的代表点 d。在此基础上, 下面给出一种代数判别方法[152], 用以判断是否存在循环排序。

定理 10.3　基于两两比较策略和绝对多数准则来聚合数据 D 时, 不会出现循环排序当且仅当存在 $h \in \mathbb{R}^k$, 使得

$$\text{sign}(C_k h) = \text{sign}(d) \tag{10.8}$$

其中代表点 $d = \sum(\text{sign}(C_k D))$。

证明　先证明充分性。如果式 (10.8) 成立, 即 $C_k h$ 与代表点 d 的对应元素同号, 也就是可以通过比较 h 中各元素的大小来实现 k 个算法性能的比较。显然, 向量 h 的各元素的大小关系是不可能循环排序的, 所以这 k 个算法的性能排序也不会循环。充分性得证。

下面证明必要性。若 k 个算法的性能排序没有出现悖论, 则可以根据这些算法的排序顺序, 构造一个向量 h 等于 $1, 2, \cdots, k$ 的某种置换。不妨设性能值越小算法越好, 则可以令最好的算法对应元素为 1, 第二好的算法对应元素为 2, ……, 最差的算法对应元素为 k。这样构造出来的向量 $h \in \mathbb{R}^k$, 且以它为性能指标值得到的算法排序与代表点 d 对应的算法排序完全相同, 因此式 (10.8) 成立。必要性也得到了证明。　□

例 10.6　基于例 10.4 中的代表点和例 10.5 的循环排序结果, 这意味着不存在 $h \in \mathbb{R}^4$, 能满足下式

$$\text{sign}(C_4 h) = (1, 1, 1, -1, 1, 1)^{\text{T}}$$

读者可自行验证。

给定矩阵 D, 两两比较得到的代表点 d 是判断是否循环排序的关键。如果存在 $h \in \mathbb{R}^k$, 使得式 (10.8) 成立, 那么循环排序不会发生; 反之, 如果不存在这样的向量 h, 就会发生循环排序现象。

10.3.2　均值 Borda 计数法的理论优越性

文献 [152] 提出了一种简单的策略来消除循环排序悖论。其理念是: 在欧式距离下, 寻找一个点 $C_k h^*$ 作为代表点 d 的 "最好" 近似, 然后就可以用 h^* 中各元素的大小排序来确定对应算法的性能排序。具体来说, h^* 由如下最小化问题确定:

$$h^* = \underset{h \in \mathbb{R}^k}{\arg\min} \|C_k h - d\|_2, \quad d = \sum(\text{sign}(C_k D)) \tag{10.9}$$

注意, 基于最优化问题 (10.9) 来确定 h^* 的理念不仅适用于出现循环排序的情形, 文献 [152] 也用它来处理没有循环排序的情形。问题 (10.9) 的解可以用 Moore-Penrose 伪逆法[159] 得到, 下面的定理给出了它的通解及一个简洁的特解。

定理 10.4 最优化问题 (10.9) 的通解可写为

$$\boldsymbol{h}^* = \frac{1}{k}\boldsymbol{C}_k^{\mathrm{T}}d + \lambda \cdot \mathbf{1}_k \tag{10.10}$$

其中 λ 为任意实数。因此，可以用如下的向量 $\boldsymbol{h} \in \mathbb{R}^k$ 来消除循环排序和推断算法排序，

$$\boldsymbol{h} = \boldsymbol{C}_k^{\mathrm{T}}d \tag{10.11}$$

此时, h 中各元素的大小排序就是对应算法的排序。这一策略的合理性由 $\boldsymbol{h}^* = \boldsymbol{h}/k$ 是最优化问题 (10.9) 的最优解这一事实来支撑。

证明   显然, 只需要证明 $\boldsymbol{h}^*$ 是最优化问题 (10.9) 的通解即可。为简便起见，下面的二范数全部省略 2。记 $x_h = \boldsymbol{C}_k\boldsymbol{h}, x_h^* = \boldsymbol{C}_k(\frac{1}{k}\boldsymbol{C}_k^{\mathrm{T}}d + \lambda \cdot \mathbf{1}_k)$，则有

$$\begin{aligned}||x_h - d||^2 &= ||(x_h - x_h^*) + (x_h^* - d)||^2 \\ &= ||x_h - x_h^*||^2 + ||x_h^* - d||^2 + 2\langle x_h - x_h^*, x_h^* - d\rangle\end{aligned}$$

下面计算内积

$$\begin{aligned}\langle x_h - x_h^*, x_h^* - d\rangle &= \left(\boldsymbol{C}_k\boldsymbol{h} - \boldsymbol{C}_k(\frac{1}{k}\boldsymbol{C}_k^{\mathrm{T}}d + \lambda \cdot \mathbf{1}_k)\right)^{\mathrm{T}}\left(\boldsymbol{C}_k(\frac{1}{k}\boldsymbol{C}_k^{\mathrm{T}}d + \lambda \cdot \mathbf{1}_k) - d\right) \\ &= \left(h - (\frac{1}{k}\boldsymbol{C}_k^{\mathrm{T}}d + \lambda \cdot \mathbf{1}_k)\right)^{\mathrm{T}}\boldsymbol{C}_k^{\mathrm{T}}\left(\frac{1}{k}\boldsymbol{C}_k\boldsymbol{C}_k^{\mathrm{T}} + \lambda\boldsymbol{C}_k \cdot \mathbf{1}_k - \boldsymbol{I}\right)d\end{aligned}$$

不难验证

$$\boldsymbol{C}_k^{\mathrm{T}}\left(\frac{1}{k}\boldsymbol{C}_k\boldsymbol{C}_k^{\mathrm{T}} + \lambda\boldsymbol{C}_k \cdot \mathbf{1}_k - \boldsymbol{I}\right) = 0$$

从而内积 $\langle x_h - x_h^*, x_h^* - d\rangle = 0$。所以

$$||x_h - d||^2 \geqslant ||x_h^* - d||^2$$

恒成立, 当且仅当 $\boldsymbol{h}^* = \frac{1}{k}\boldsymbol{C}_k^{\mathrm{T}}d + \lambda \cdot \mathbf{1}_k$ 时等号成立。于是通解得证。

由于 λ 是任意实数，取 $\lambda = 0$ 即得到一个简洁的特解 $h = \frac{1}{k}\boldsymbol{C}_k^{\mathrm{T}}d$ 可用于消除循环排序和推断算法排序。   □

在定理 10.4 中取 $d = \sum(\mathrm{sign}(\boldsymbol{C}_k\boldsymbol{D}))$，得到

$$\boldsymbol{h} = \boldsymbol{C}_k^{\mathrm{T}}\sum(\mathrm{sign}(\boldsymbol{C}_k\boldsymbol{D})) \tag{10.12}$$

例 10.7   基于例 10.4 中的代表点 d, 可以算出

$$\boldsymbol{h} = (5, -1, -3, -1)^{\mathrm{T}}$$

这意味着表 10.1 中的 4 个算法的性能排序为 $A_1 \succ A_2 = A_4 \succ A_3$。

例 10.7 表明, 基于 h 的算法排序结果与 Borda 计数法完全一致。那么, 这个结论是巧合还是普遍规律呢？下面的定理表明, 利用 h 对算法进行排序的结果与基于均值比较的 rBorda 计数法的排序结果总是一致的。

定理 10.5　假设矩阵 $D_{k \times m}$ 是由定义 10.1 生成的 Borda 权值矩阵, 则式 (10.12) 中的 h 与 Borda 计数法的排序向量 $\sum D$ 有如下的线性正相关关系:

$$\sum D = \frac{1}{2} h + \frac{m(k-1)}{2} \cdot \mathbf{1}_k \tag{10.13}$$

证明　为便于论述, 引进记号

$$\sigma_{pij} = \mathrm{sign}(D_{ip} - D_{jp}) = \begin{cases} 1, & D_{ip} > D_{jp} \\ 0, & D_{ip} = D_{jp} \\ -1, & D_{ip} < D_{jp} \end{cases} \tag{10.14}$$

即当算法 A_i 在测试问题 $p = 1, 2, \cdots, m$ 上优于或劣于算法 A_j 时, 取值分别为 -1 和 1, 没有显著差异时取值为 0。基于这一记号, 下面分别计算两种方法得到的排序向量 $\sum D$ 和 h。

首先, 要把算法 A_s 在测试问题 p 上的 Borda 权值 B_{ps} 表示出来。根据定义 10.1 中的 Borda 权值赋分规则, 不妨假定 k 个算法中有 q 个优于 A_s, 有 t 个算法与 A_s 没有显著差异, 另有 $k - q - t$ 个算法劣于 A_s, 则算法 A_s 的 Borda 权值等于 $q + 1, q + 2, \cdots, q + t$ 的平均, 即

$$B_{ps} = q + \frac{t+1}{2} \tag{10.15}$$

而且, 算法 A_s 跟其他所有算法的比较满足

$$\sum_{j=1, j \neq s}^{k} \sigma_{psj} = q \cdot 1 + t \cdot 0 + (k - q - t) \cdot (-1) = 2q + t - k \tag{10.16}$$

于是有

$$B_{ps} = \frac{1}{2} \sum_{j=1, j \neq s}^{k} \sigma_{psj} + \frac{k-1}{2} \tag{10.17}$$

从而, 排序向量 $\sum D$ 的第 s 个元素为

$$\left(\sum D \right)_s = \sum_{p=1}^{m} B_{ps} = \frac{1}{2} \sum_{p=1}^{m} \sum_{j=1, j \neq s}^{k} \sigma_{psj} + \frac{m(k-1)}{2} \tag{10.18}$$

其次, 计算排序向量 $\boldsymbol{h}$ 的第 s 个元素。由于 $d_r = \sum\limits_{p=1}^{m} \sigma_{pij}$, 所以

$$
\begin{aligned}
h_s &= \sum_{r=1}^{\binom{k}{2}} C_{rs} d_r \\
&= -\sum_{i=1}^{s-1} \sum_{p=1}^{m} \sigma_{pis} + \sum_{j=s+1}^{k} \sum_{p=1}^{m} \sigma_{psj} \\
&= \sum_{t=1, t \neq s}^{k} \sum_{p=1}^{m} \sigma_{pst} \\
&= \sum_{p=1}^{m} \sum_{t=1, t \neq s}^{k} \sigma_{pst}
\end{aligned}
\tag{10.19}
$$

结合式 (10.18) 和式 (10.19), 可得到

$$
\left(\sum \boldsymbol{D} \right)_s = \frac{1}{2} \boldsymbol{h}_s + \frac{m(k-1)}{2}
\tag{10.20}
$$

于是式 (10.13) 成立。 □

定理 10.5 表明, 根据算法两两比较的排序误差最小化得到的解决方案, 等价于 Borda 计数法, 这一结果很好地支撑了均值 Borda 计数法的理论优越性。

10.3.3 均值 Borda 计数法的数值有效性

10.1 节用矩阵降维来看待最优化算法的数值比较, 发现假设检验主要作用在三维矩阵降维到二维矩阵的环节, 而循环排序出现在二维矩阵降维到一维排序向量的环节。然后在 10.2 节, 我们证明了假设检验得到的排序与直接比较均值得到的排序是几乎等价的, 在此基础上提出了均值 Borda 计数法, 该方法用假设检验辅助均值比较的方式来实现三维矩阵到二维矩阵的降维, 用 Borda 计数法来实现二维矩阵到一维排序向量的降维。前面我们证明了均值 Borda 计数法具有很好的理论优越性: 在算法两两排序误差的最小化意义下, Borda 计数法是最优策略。

在本节, 我们关注均值 Borda 计数法的数值有效性, 主要探讨算法 10.2 第 2 步中 "假设检验辅助" 的必要性, 及其代价和效果。

1) 假设检验辅助的必要性

首先指出, 在均值 Borda 计数法 (算法 10.2) 中, 假设检验的作用是辅助性的: 只是在第 2 步中辅助判断相邻算法之间是否性能差异显著, 发挥主要作用的是对均值的直接排序 (第 2 步) 和 Borda 计数法 (第 3 步)。这也是为什么算法 10.2 被称为 MeanBordaCount/t 的原因, 这里的 "t" 指的是检验 "test" 的首字母, 它已经降格为辅助地位了。

考虑到存在大量对假设检验的误用和诟病[65], 仍有一种诱惑或吸引: 在算法 10.2 的第 2 步中, 能不能抛弃假设检验, 完全依赖均值的比较? 毕竟定理 10.1 已经表明, 假设检验不会改变任何一个算法的排位, 只是可能增加一些等号: 相邻两个算法的关系从 ≻ 变为

=。那么,这种辅助作用是必要的吗? 它有多大价值, 值得为之付出做那么多假设检验的代价吗?

为了看出假设检验辅助的必要性, 不妨在算法 10.2 的第 2 步中去除假设检验辅助, 此时称得到的算法为 MeanBordaCount。下面来看看它何缺陷。与 MeanBordaCount/T 相比, MeanBordaCount 没有捕捉性能差异不显著算法的机制, 这一点经过 Borda 计数法后会有何影响呢? 为了看清这一点, 考虑如下的 "一俊百丑" 问题。

定义 10.3　有 2 个算法和101 个测试问题, 在第 1 个测试问题上, 算法 A_1 性能很好, 显著优于 A_2, 在其他测试问题上性能也很好, 但相比 A_2 略差但检验结果不显著, 称这种问题为 "一俊百丑" 问题。

对定义 10.3 中的 "一俊百丑" 问题, 由于算法 A_1 在 100 个测试问题上的 "丑" 相对于 A_2 并不显著, 而在另一个测试问题上却显著好于 A_2, 因此综合来看, 算法 A_1 应该更好。如果采用 MeanBordaCount/t, 由于假设检验辅助的作用, A_1 和 A_2 在这 100 个测试问题上的不显著差距会被识别出来, 因此它们的 Borda 权值相同均为 1.5, 而在另一个测试问题上 A_1 的 Borda 权值低于 A_2, 所以 A_1 总分 151 低于 A_2 的 152 分, A_1 胜出。这个结果符合常识。但是, 如果采用 MeanBordaCount, A_1 和 A_2 在这 100 个测试问题上的不显著差距无法识别出来, 因此 A_1 的 Borda 权值都是 2 而 A_2 为 1, 所以最终算法 A_2 得分 102 分, A_1 得分 201 分, A_2 胜出。这个结果违反了常识。例 10.8 给出了一个具体案例。

例 10.8　在 "一俊百丑" 问题上, 设两个算法 A_1, A_2 的性能如表 10.4 所示, 其中数据越小越好, 且经假设检验前 100 个测试问题上两个算法的性能没有显著差异, 则 MeanBordaCount/T 和 MeanBordaCount 的排序向量分别见表 10.4 后两列。最终, MeanBordaCount/T 选择了算法 A_1, 而 MeanBordaCount 则选择了算法 A_2, 后者是不符合常识的。

表 10.4　两种方法在 "一俊百丑" 问题上的排序向量 (各列数据均越小越好)

	P_1	$\cdots$	P_{100}	P_{101}	MeanBordaCount/T	MeanBordaCount
A_1	80	$\cdots$	80	79	1.495	1.99
A_2	79	$\cdots$	79	199	1.505	1.01

在 "一俊百丑问题" 上的表现, 说明了假设检验辅助还是很有价值的, 它能够识别出不显著的差异, 避免它们被放大从而产生不良的后续影响。

2) 需要做多少次假设检验

上节论证了在均值 Borda 计数法中, 假设检验的辅助作用还是必要的。它类似于一个 "过滤" 机制, 把不够显著的性能差异识别出来, 避免被 Borda 赋分机制放大差异。在此基础上, 本节进一步探讨这个辅助作用的代价, 即需要做多少次假设检验才足够。

在最优化算法的数值比较场景中, 如果采用假设检验来分析过程数据矩阵 $\boldsymbol{H}(1 : n_f, 1 : n_r, 1 : n_p, 1 : n_s)$, 通常需要对每个测试问题和每两个算法进行 1 次假设检验, 因此, 一共需要 $n_p n_s(n_s - 1)/2$ 次假设检验。当测试问题个数或算法个数较大时, 所需的假设检验次数是很大的。在均值 Borda 计数法中, 由于借助于直接比较均值确定了算法排序的大致方法, 假设检验只用来判断两个相邻排序的算法的性能差距是否显著, 因此, 最多只需要 $n_p(n_s - 1)$ 次假设检验。

比如, 假设有 4 个算法, 根据它们在测试问题上的均值, 初步判断它们的性能排序为 $A_1 \succ A_2 \succ A_3 \succ A_4$, 那么最多只需要做 3 次假设检验: A_1, A_2; A_2, A_3 以及 A_3, A_4。为什么是 "最多"3 次假设检验呢? 这是因为可以首先对 A_1, A_4 进行假设检验, 如果确认它们的性能没有显著差异, 则无须做其他假设检验, 必有 $A_1 = A_2 = A_3 = A_4$。

所以, 在均值 Borda 计数法中, 所需的假设检验次数最多只需要 $n_p(n_s - 1)$ 次假设检验。但是, 通过一定的经验和技巧, 有时候可以进一步减少假设检验的次数。给定均值排序, 这里给出进一步减少假设检验次数的经验方法: ① 从大到小观察各算法的均值, 看是否有多个均值比较接近, 如果没有, 则可能无法减少次数; ② 如果有多个均值比较接近, 选择这几个均值中最大的和最小的, 开展假设检验, 如果没有显著差异, 则这几个算法的性能都是没有显著差异。

3) 连续权值 VS Borda 权值

在均值 Borda 计数法中, Borda 权值是等差数列。本节考虑用连续权值来代替 Borda 权值, 看看 Borda 权值有何优势。为了引进连续权值, 需要放弃假设检验, 直接对均值进行运算。此时, 如下的归一化 (min-max normalization) 是一个常用策略, 它可以标准化不同测试问题的解在数值上和单位上的显著差别。

$$x \longleftarrow \frac{x - x_{\min}}{x_{\max} - x_{\min}} \tag{10.21}$$

其中 $x_{\max}, x_{\min}$ 分别是一列数据中最大和最小的数据。算法 10.3 是采用连续权值的自然选择, 其中第 2 步的矩阵 D 是均值本身而不是基于均值或假设检验的排序。这允许它在第 3 步直接用归一化方式得到连续的权值, 而不是离散的 Borda 权值。

算法 10.3 (均值归一化计数法)   % 输入: 最优化算法数值比较的过程数据矩阵 $H(1 : n_f, 1 : n_r, 1 : n_p, 1 : n_s)$;

% 输出: 算法的排序向量 h, 元素越大, 对应算法的性能越好。

1: 对成本维进行降维得到 $H(\text{end}, 1 : n_r, 1 : n_p, 1 : n_s)$;

2: 对轮次维进行聚合得到 2 维矩阵 $D(1 : n_s, 1 : n_p)$, 其中 D_{ij} 表示第 i 个算法在第 j 个问题上找到的最好函数值的均值;

3: 按式 (10.21) 将 D 中的每一列数据进行归一化处理, 并按行求均值;

4: 返回上一步得到的均值向量, 其各元素的大小顺序就是对应算法的排序。

下面的例题给出了算法 10.3 的应用, 数据来源与例 10.1 和例 10.2 的相同。

例 10.9   给定 4 个算法 (A_1, A_2, A_3 和 A_4) 在 5 个测试问题 (P_1, P_2, P_3, P_4 和 P_5) 上找到的最好函数值的均值如表 10.2 所示, 用算法 10.3 进行分析, 很容易得到排序向量如表 10.5 最后一列所示。因此, 算法 10.3 对这 4 个算法的排序为 $A_1 \succ A_2 \succ A_3 \succ A_4$。

表 10.5　4 个算法在 5 个测试问题上找到的最好函数值的均值及算法 10.3 的排序向量

算法	P_1	P_2	P_3	P_4	P_5	均值归一化计数法的排序向量
A_1	6.97	31.78	13.53	22.11	14.25	0.36
A_2	1.37	42.51	16.52	32.25	21.57	0.44
A_3	9.91	11.56	17.72	24.95	31.01	0.56
A_4	5.61	23.95	24.25	21.55	43.59	0.58

可以看到, 算法 10.3 简单易于操作, 在例 10.9 上的结果与 MeanBordaCount/t 的结果有一定的相似性。然而, 该方法易于受异常数据的影响: 即便在多个测试问题上表现平平, 只要有一个问题上性能很好, 就可能脱颖而出。例 10.10 给出了一个案例。

例 10.10　设 3 个算法在 7 个测试问题上的性能如表 10.6 所示, 其中数据越小越好, 且经假设检验三个算法的性能在每个测试问题上均有显著差异, 则 MeanBordaCount/T 和均值归一化计数法的排序向量分别见表 10.6 后两列。可以看到, 算法 A_1 在前 6 个测试问题上都比 A_2 差, 这个差距虽然经受了显著性检验, 但从绝对值来看并不大; 但是, 在第 7 个测试问题上很明显地好于 A_2。如果采用 MeanBordaCount/T 来分析数据, 算法 A_2 得分 1.29, 明显小于 A_1 的 2.14, 算法 A_2 胜出。这总体反映了算法 A_2 在 6 个测试问题上均更好而只在 1 个测试问题上更差的事实。然而, 如果采用均值归一化计数法, 算法 A_1 却以微弱分数 (0.12 对 0.13) 胜过算法 A_2, 原因是 A_1 在第 7 个问题上的极佳表现弥补了其他 6 个问题上的不足。

表 10.6　两种方法的排序向量 (各列数据均越小越好)

算法	P_1	P_2	P_3	P_4	P_5	P_6	P_7	MeanBordaCount/T	均值归一化计数法
A_1	77	7	24	65	128	40	16	2.14	0.12
A_2	75	6	22	62	125	38	47	1.29	0.13
A_3	89	13	37	79	164	49	51	2.57	1

例 10.10 表明, 均值归一化计数法确实可以让一个 "偏科" 算法 (在某个测试问题上很好而在其他问题上平平) 脱颖而出。相对均值归一化计数法, 均值 Borda 计数法选出来的算法一般更加稳健, 必定是在多数测试问题上都表现好的算法。

综合本节的理论和数值分析, 关于均值 Borda 计数法, 我们有如下的结论。

命题 10.5　均值 Borda 计数法是适合于最优化算法的数值比较场景中的有效数据分析方法, 具有良好的理论和数值性质。① 采用的 Borda 计数法可以消除假设检验带来的循环排序, 且是在算法两两比较排序误差的最小化意义下的最优策略; ② 采用的 Borda 计数法可以避免极端性能的影响, 有助于均值 Borda 计数法获得稳健的算法排序结果; ③ 采用 "直接比较均值为主, 假设检验为辅" 的策略来获得每个测试问题上的算法排序, 该策略将所需要的假设检验次数从 $n_p n_s (n_s - 1)/2$ 降到了最多 $n_p(n_s - 1)$, 且能有效识别不显著的性能差异并避免其被 Borda 权值放大差异。

第 11 章
总结与展望

    本书研究求解全局最优化问题的数值算法, 但并没有详细介绍各种具体的算法, 而是聚焦于如何正确地评价现有的算法。一种方式是进行理论层面的评价 (见第 3 章), 从稳定性和收敛性、收敛速度和复杂度、准确性和有效性等角度介绍了理论评价的方向和具体技术; 另一种方式是进行算法的数值比较, 这是本书的重点。我们介绍了数值比较的必要性、可行性和总体框架 (见第 4 章), 特别是详细解读了测试问题的代表性度量办法 (见第 5 章) 以及主流的数据分析方法 (见第 6 章)。

    从第 7 章开始, 本书深入探讨了最优化算法数值比较领域的最新研究前沿, 特别是关于循环排序等悖论的研究成果, 介绍了集体比较和两两比较这两种不同的比较策略对结果的影响, 指出了循环排序、非适者生存等悖论的可能发生, 计算了悖论的发生概率 (见第 8 章)。然后针对两大主流数据分析方法, 介绍了如何避免悖论 (见第 9 章) 和消除悖论 (见第 10 章)。

    基于以上研究内容, 下面给出一些研究结论。

- 如何对最优化算法进行理论评价? 大量的全局最优化算法引进了随机性, 相对于确定性的局部搜索, 对它们的理论评价需要显著不同的数学工具。首先, 收敛性和收敛速度的定义已明显不同, 且需要以稳定性为前提; 其次, 通常需要采用马尔科夫链等随机过程或者随机动力系统等工具来论证收敛性和收敛速度; 最后, 准确性和有效性需要额外的统计处理。详见本书第 3 章。

- 最优化算法数值比较的可行性并不是显而易见的, "没有免费午餐" 定理在这里具有很大的影响力。然而, 只要满足一些实践中容易成立的条件, 如不是黑箱优化算法, 或者测试问题集合不具有置换封闭性等, 数值比较通常都是可行的。详见本书第 4 章。

- 最优化算法的数值比较需要选择有代表性的测试问题集合。虽然有成千上万的测试问题被提出来, 但是它们的代表性如何度量却是一个困难的工作。本书在第 5 章指出, 测试问题的代表性可以分解成三个不同的层次, 并以单目标无约束优化问题为例, 介绍了最新的研究成果。其中, 提出了一个高代表性测试问题集合, 可用于单目标无约束优化算法的数值比较。

- 数值实验完成以后, 选择什么方法来分析数据, 以推断哪个算法更好, 这不是一个简单的问题。到目前为止, 多数研究人员和工程实践人员往往选择自己熟悉的方法来分析数据。然而, 本书第 6~10 章的内容表明, 这一选择可以更有效、更有利。具体来说,为了避免循环排序和非适者生存等悖论, 在测试问题的最优解已知的场景中, 推荐采用改进的 data profile、performance profile 等技术 (见第 9 章); 如果测试问题的最优解未知, 则推荐采用 MeanBordaCount/T 技术 (见第 10 章)。

最后, 下面给出笔者认为的一些重要的未来研究方向。

- 现有各类全局最优化算法的融合和梳理具有重要的科学意义和技术价值。近二十多年对大量动物行为和植物特性的仿生, 开发出了丰富多样的最优化算法。然而, 这种 "算法动物园和算法植物园" 现象已经逐渐过去了, 面对现有的成百上千种最优化算法, 对它们的理论评价和数值比较, 以及进一步的分类、合并等梳理显得越来越迫切。比如, 能否构建全局最优化算法的统一框架, 并在该框架内依据某些重要的理论性质, 将所有或大量的全局最优化算法分成若干类, 在各类中遴选出有代表性的算法。这些工作将非常有助于本领域的健康发展和高质量应用。

- 高效的全局最优化方法设计非常值得期待。到目前为止, 全局最优化算法得到了长足的发展, 但在很多实践中, 仍需回到传统的数学规划方法。比如, 在深度学习的权重学习中, 通常仍采用梯度型局部搜索或其改进方法。如何在人工智能的快速发展中, 展现全局最优化算法的地位和作用, 仍是我辈同行们任重道远的责任和使命。

参 考 文 献

[1] 袁亚湘, 孙文瑜. 最优化理论与方法 [M]. 北京: 科学出版社, 1997.

[2] 李董辉, 童小娇, 万中. 数值最优化算法与理论 [M]. 2 版. 北京: 科学出版社, 2010.

[3] 《运筹学》教材编写组. 运筹学 [M]. 4 版. 北京: 清华大学出版社, 2012.

[4] 胡运权, 郭耀煌. 运筹学教程 [M]. 3 版. 北京: 清华大学出版社, 2007.

[5] 刘群锋, 严圆. 全局最优化: 基于递归深度群体搜索的新方法 [M]. 北京: 清华大学出版社, 2021.

[6] BOYD S, VANDENBERGHE L. Convex Optimization[M]. Cambridge: Cambridge University Press, 2004.

[7] SUNDARAM R K. A first course in optimization theory[M]. Cambridge: Cambridge University Press, 1996.

[8] JONES D R, PERTTUNEN C D, STUCKMAN B E. Lipschitzian optimization without the lipschitz constant[J]. Journal of Optimization Theory and Application, 1993, 79(1):157–181.

[9] JONES D R. Direct global optimization algorithm[M]. New York: Springer US, 2001.

[10] DORIGO M, GAMBARDELLA L M. Ant colony system: A cooperative learning approach to the traveling salesman problem[J]. IEEE Transactions on Evolutionary Computation, 1997, 1:53–66.

[11] HOLLAND J H. Genetic algorithms and the optimal allocation of trials[J]. SIAM Journal on Computing, 1973, 2:88–105.

[12] KENNEDY J, EBERHART R S. Particle swarm optimization[C]//In Proceedings of ICNN'95 International Conference on Neural Networks, Perth, Australia, 1995.

[13] SHI Y H. Brain storm optimization algorithm[C]//In International conference in swarm intelligence, Berlin, German, 2011.

[14] LITTLE J D C, MURTY K G, Sweeney D W, et al. An algorithm for the traveling salesman problem[J]. Operations Research, 1963, 11(6): 972–989.

[15] ANDROULAKIS I P, MARANAS C D, FLOUDAS C A. αBB: A global optimization method for general constrained nonconvex problems[J]. Journal of Global Optimization, 1995, 7(4):337–363.

[16] HORST R, TUY H. Global Optimization: Deterministic Approaches[M]. Berlin: Springer, 1996.

[17] NEUMAIER A. Complete search in continuous global optimization and constraint satisfaction[J]. Acta numerica, 2004, 13(1):271–369.

[18] TAWARMALANI M, SAHINIDIS N V. A polyhedral branch-and-cut approach to global optimization[J]. Mathematical Programming, 2005, 103(2):225–249.

[19] JONES D R, MARTINS J R R A. The DIRECT algorithm: 25 years later[J]. Journal of Global Optimization, 2021, 79:521–566.

[20] HOLLAND J H. Adaption in nature and artificial systems[M]. 2nd ed. Cambridge:MIT Press, 1992.

[21] STORN R, PRICE K V. Differential evolution: A simple and efficient adaptive scheme for global optimization over continuous space[J]. Journal of Global Optimization,1997, 11(4):341–359.

[22] GOLDBERG D E. Genetic algorithm in search, optimization, and machine learning[M]. Boston: Addison-Wesley, 1989.

[23] KOZA J R. Genetic programming: on the programming of computers by means of natural selection[M]. Cambridge: MIT Press, 1992.

[24] VOSE M. The simple genetic algorithm: foundations and theory[M]. Cambridge: MIT Press, 1999.

[25] REEVES C, ROWE J. Genetic algorithms: principles and perspectives[M]. Dordrecht: Kluwer Academic Publishers, 2003.

[26] EBERHART R C, KENNEDY J. A new optimizer using particle swarm theory[C]//In MHS'95. Proceedings of the Sixth International Symposium on Micro Machine and Human Science, Nagoya, Japan, 1995.

[27] LIU Q F. Order-2 stability analysis of particle swarm optimization[J]. Evolutionary Computation, 2015, 23:187–216.

[28] EBERHART R C, SHI Y H. Comparing inertia weights and constriction factors in particle swarm optimization[C]//Proceedings of the 2000 Congress on Evolutionary Computation (CEC), La Jolla, USA, 2000.

[29] CLERC M. Standard particle swarm optimization[J/OL]. Computer Science, Mathematics, 2012. http://clerc.maurice.free.fr/pso/.206.

[30] LIU Q F, WEI W H, YUAN H Q, et al. Topology selection for particle swarm optimization[J]. Information Sciences, 2016, 363: 173–254.

[31] BONYADI M R, MICHALEWICZ Z. Stability analysis of the particle swarm optimization without stagnation assumption[J]. IEEE Transactions on Evolutionary Computation, 2016, 20:814–819.

[32] CLEGHORN C W, ENGELBRECHT A P. Particle swarm stability: a theoretical extension using the non-stagnate distribution assumption[J]. Swarm Intelligence, 2018, 12(1):1–22.

[33] HARRISON K R, ENGELBRECHT A P, OMBUKI-BERMAN B M. Self-adaptive particle swarm optimization: a review and analysis of convergence[J]. Swarm Intelligence, 2018,12:187– 226.

[34] DONG W Y, ZHANG R R. Order-3 stability analysis of particle swarm optimization[J]. Information Sciences, 2019, 503:508–520.

[35] QIN A K, SUGANTHAN P N. Self-adaptive differential evolution algorithm for numerical optimization[C]//The 2005 IEEE Congress on Evolutionary Computation(CEC2005), Edinburgh, UK, 2005.

[36] ZHANG J, SANDERSON A C. Jade: Adaptive differential evolution with optional external archive[J]. IEEE Transactions on Evolutionary Computation, 2009, 13(5):945–958.

[37] TANABE R, FUKUNAGA A. Evaluating the performance of shade on cec2013 benchmark problems[C]// The 2013 IEEE Congress on Evolutionary Computation (CEC2013), Cancun, Mexico, 2013.

[38] MOLINA D, LATORRE A, HERRERAAND F. SHADE with iterative local search for large scale global optimization[C]//The 2018 IEEE Congress on Evolutionary Computation(CEC2018), Rio de Janeiro, Brazil, 2018.

[39] BILAL, PANT M, ZAHEER H, et al. Differential evolution: A review of more than two decades of research[J]. Engineering Applications of Artificial Intelligence, 2020, 90:103479.

[40] AHMAD M F, MAT-ISA N A, LIM W H, et al. Differential evolution: A recent review based on state-of-the-art works[J]. Alexandria Engineering Journal, 2022, 61(5):3831–3872.

[41] RUDOLPH G. Convergence of evolutionary algorithms in general search spaces[C]//Proceedings of IEEE International Conference on Evolutionary Computation(CEC1996), Nagoya, Japan, 1996.

[42] HU Z, XIONG S, SU Q, et al. Finite markov chain analysis of classical differential evolution algorithm[J]. Journal of Computational and Applied Mathematics, 2014, 268:121–134.

[43] OPARA K R, ARABAS J. Differential evolution: A survey of theoretical analyses[J]. Swarm and Evolutionary Computation, 2019,44:546–558.

[44] HALIM A H, ISMAIL I, DAS S. Performance assessment of the meta-heuristic optimization algorithms: an exhaustive review[J]. Artificial Intelligence Review,2021, 54:2323–2409.

[45] POLI R. Mean and variance of the sampling distribution of particle swarm optimizers during stagnation[J]. IEEE Transactios on Evolutionary Computation, 2009, 13:712–721.

[46] EIBEN A E, RUDOLPH G. Theory of evolutionary algorithms: a bird's eye view[J].Theoretical Computer Science, 1999, 229:3–9.

[47] SIMON D. 进化优化算法: 基于仿生和种群的计算机智能方法 [M]. 陈曦, 译. 北京: 清华大学出版社, 2018.

[48] EIBEN A E, AARTS E H L, VAN Hee K M. Global convergence of genetic algorithms: a Markov chain analysis[C]//International Conference on Parallel Problem Solving from Nature, Berlin,German, 1991.

[49] RUDOLPH G. Finite markov chain results in evolutionary computation: a tour d'horizon[J]. Fundamenta Informaticae, 1998, 35:67–89.

[50] LIU B, WANG L, LIU Y, et al. A unified framework for population-based metaheuristics[J]. Annals of Operations Research, 2011, 186:231–262.

[51] WANG X Y, CHEN H L, HEIDARI A A, et al. Multi-population following behavior-driven fruit fly optimization a Markov chain convergence proof and comprehensive analysis[J]. Knowledge-Based Systems, 2020, 210(27):106437.

[52] SOLIS F J, WETS R J B. Minimization by random search techniques[J].Mathematics of Operations Research, 1981, 6(1):19–30.

[53] CHOI K P, KAM E H H, TONG X T, et al. Appropriate noise addition to metaheuristic algorithms can enhance their performance [J]. Scientific Reports, 2023, 13: 5291.

[54] VAN DEN BERGH F. An analysis of particle swarm optimizers[D]. Pretoria: University of Pretoria, 2002.

[55] NOCEDAL J, WRIGHT S. Numerical optimization[M]. Berlin: Springer, 2006.

[56] SENNING J R. Computing and estimating the rate of convergence[R]. Department of Mathematics and Computer Science, Gordon College, Wenham MA, 01984-1899, 2007.

[57] 喻寿益, 邝溯琼. 保留精英遗传算法收敛性和收敛速度的鞅方法分析 [J]. 控制理论与应用, 2010, 27(7):843-848.

[58] 王凌. 智能优化算法及其应用 [M]. 北京: 清华大学出版社, 2001.

[59] DING L X, KANG L S. Convergence rates for a class of evolutionary algorithms with elitist strategy[J]. Acta Mathematica Scientia,2001, 21(4):531–540.

[60] BENJAMIN D, HANSEN N, IGEL C, et al. Theory of evolutionary algorithms[J]. Dagstuhl Reports, 2015, 5(5): 57–91.

[61] BRATLEY P, BRASSARD G. 算法基础 [M]. 邱仲潘, 柯渝, 徐锋, 译. 北京: 清华大学出版社, 2005.

[62] LI X X, HUA S, Liu Q F, et al. A partition-based convergence framework for population-based optimization algorithms[J]. Information Sciences, 2023, 627:169–188.

[63] DOLAN E D, MORE J J. Benchmarking optimization software with performance profiles[J]. Mathematical Programming, 2002, 91:201–213.

[64] MORE J J, WILD S M. Benchmarking derivative-free optimization algorithms[J]. SIAM Journal on Optimization, 2009, 20(1):172–191.

[65] LIU Q F, CHEN W N, DENG J D, et al. Benchmarking stochastic algorithms for global optimization problems by visualizing confidence intervals[J]. IEEE Transactions on Cybernetics, 2017, 47:2924–2937.

[66] 严圆, 刘群锋. 基于优化算法竞赛场景的改进 data profile 技术 [J]. 东莞理工学院学报, 2021, 28(1):31–37.

[67] NELDER J A, MEAD R. A simplex method for function minimization[J]. Computer Journal, 1965, 7:308–313.

[68] MCKINNON K I M. Convergence of the nelder–mead simplex method to a nonstationary point[J]. SIAM Journal on Optimization, 1998, 9(1):148–158.

[69] PRICE C J, COOPE I D, BYATTAND D. A convergent variant of the nelder mead algorithm[J]. Journal of Optimization Theory and Applicatons, 2002, 113:5–19.

[70] WOLPERT D H, MACREADY W G. No free lunch theorems for optimization[J]. IEEE Transactions on Evolutionary Computation, 1997, 1(1):67–82.

[71] IGEL C, TOUSSAINT M. A no-free-lunch theorem for non-uniform distributions of target functions[J]. Journal of Mathematical Modelling and Algorithms, 2004, 3(4):313–322.

[72] AUGER A, TEYTAUD O. Continuous lunches are free![C]// In Proceedings of the 9th annual conference on Genetic and evolutionary computation(GECCO-2007), London, England, 2007.

[73] AUGER A, TEYTAUD O. Continuous lunches are free plus the design of optimal optimization algorithms[J]. Algorithmica, 2010, 57(1):121–146.

[74] ROWE J E, VOSE M D, WRIGHT A H. Reinterpreting no free lunch[J]. Evolutionary Computation, 2009, 17(1):117–129.

[75] VOSE M D. Continuous lunches are not free[J]. Mathematics, 2015, 28(2):223–240.

[76] JOYCE T, HERRMANN J M. A Review of No Free Lunch Theorems, and Their Implications for Metaheuristic Optimisation[C]// Studies in Computational Intelligence[M]. Berlin: Springer, 2018.

[77] ADAM S P, ALEXANDROPOULOS S A N, PARDALOS P M, et al. No Free Lunch Theorem: A Review[C]//Approximation and Optimization[M]. Berlin: Springer, 2019.

[78] EDGAR A D G, VOSE M D. No free lunch and benchmarks[J]. Evolutionary Computation, 2013, 21(2):293-312.

[79] KOLDA T G, TORCZON L V. Optimization by Direct Search: New Perspectives on Some Classical and Modern Methods[J]. SIAM Review, 2003, 45(3):385-482.

[80] SCHUMACHER C, VOSE M D, WHITLEY L D. The no free lunch and problem description length[C]// In Proceedings of the Genetic and Evolutionary Computation Conference(GECCO-2001), San Francisco, USA, 2001.

[81] IGEL C, TOUSSAINT M. On classes of functions for which no free lunch results hold[J]. Information Processing Letters, 2003, 86(6):317–321.

[82] ENGLISH T M. On the structure of sequential search: Beyond "no free lunch"[C]//In Evolutionary Computation in Combinatorial Optimization, 4th European Conference, EvoCOP 2004, Coimbra, Portugal, 2004.

[83] SCHITTKOWSKI K, ZILLOBER C, ZOTEMANTEL R. Numerical comparison of nonlinear programming algorithms for structural optimization[J]. Structural Optimization, 1994, 7:1–19.

[84] MIETTINEN K, MÄKELÄ M M, TOIVANEN J. Numerical comparison of some penalty-based constraint handling techniques in genetic algorithms[J]. Journal of Global Optimization, 2003, 27:427–446.

[85] SIMON D, RARICK R, ERGEZER M, et al.Analytical and numerical comparisons of biogeography-based optimization and genetic algorithms[J]. Information Sciences, 2011, 181(7):1224-1248.

[86] MERSMANN O, PREUSS M, TRAUTMANN H, et al. Analyzing the BBOB results by means of benchmarking concepts[J]. Evolutionary Computation, 2015, 23(1):161-185.

[87] LI L, SALDIVAR A A F, BAI Y, et al.Benchmarks for Evaluating Optimization Algorithms and Benchmarking MATLAB Derivative-Free Optimizers for Practitioners' Rapid Access[J]. IEEE Access, 2019, 7:79657-79670.

[88] ŠKVORC U, EFTIMOV T, KOROšEC P. CEC real-parameter optimization competitions: Progress from 2013 to 2018[C]//2019 IEEE Congress on Evolutionary Computation (CEC 2019), Wellington, New Zealand, 2019.

[89] ŠKVORC U, EFTIMOV T, KOROŠEC P. GECCO black-box optimization competitions: Progress from 2009 to 2018[C]//In Proceedings of the Genetic and Evolutionary Computation Conference (GECCO-2019), Prague, Czech, 2019.

[90] YANG Q, CHEN W N, GU T L, et al. Segment-based predominant learning swarm optimizer for large scale optimization[J]. IEEE Transactions on Cybernetics, 2017, 47:2896–2910.

[91] ZHAN Z H, ZHANG J, LI Y, et al. Orthogonal learning particle swarm optimization[J]. IEEE Transactions on Evolutionary Computation, 2011, 15:832–847.

[92] LIU Q F, GEHRLEIN W V, WANG L, et al. Paradoxes in numerical comparison of optimization algorithms[J]. IEEE Transactions on Evolutionary Computation, 2020, 24(4):777–791.

[93] AWAD N H, ALI M Z, LIANG J J, et al. Problem definitions and evaluation criteria for the CEC 2017 special session and competition on single objective bound constrainted real-parameter numerical optimization[R], Singapore: Nanyang Technological University, 2016.

[94] HANSEN N, AUGER A, ROS R, et al. Comparing results of 31 algorithms from the black-box optimization benchmarking bbob-2009[C]//In Proceedings of the 12th annual conference companion on Genetic and evolutionary computation, Portland Oregon, USA, 2010.

[95] HEDAR A. Hedar test set[E/OL]. http://www-optima.amp.i.kyoto-u.ac.jp/member/student/hedar/Hedar$_$files/TestGO.htm.

[96] LIANG J J, QU B Y, SUGANTHAN P N, et al. Problem Definitions and Evaluation Criteria for the CEC–2014 Special Session on Real-Parameter Optimization[R]. Zhengzhou: Zhengzhou University, 2014.

[97] HANSEN N, FINCK S, ROS R, et al. Real-parameter black-box optimization benchmarking 2010: noiseless functions definitions[R]. INRIA research report, 2014.

[98] KOROSEC P, SILC J. A stigmergy-based algorithm for black-box optimization: noiseless function test bed[C]//Conference Companion on Genetic & Evolutionary Computation Conference,

Montreal, Canada, 2009.

[99] OSABA E, VILLAR-RODRIGUEZ E, DEL SER J, et al. A Tutorial On the design, experimentation and application of metaheuristic algorithms to real-World optimization problems[J].Swarm and Evolutionary Computation, 2021, 64:100888.

[100] BARTZ-BEIELSTEIN T, DOERR C, BOSSEK J, et al. Benchmarking in optimization: best practice and open issues[J]. arXiv e-prints, 2020. https://arxiv.org/pdf/2007.03488.

[101] CARRASCO J, GARCíA S, RUEDA M M, et al. Recent trends in the use of statistical tests for comparing swarm and evolutionary computing algorithms: practical guidelines and a critical review[J].Swarm and Evolutionary Computation, 2020, 54:100665.

[102] CHEN C F, LIU Q F, JING Y P, et al. On the representativeness metric of benchmark problems for numerical optimization[J]. Swarm and Evolutionary Computation, accepted, 2024.

[103] SUGANTHAN P N, HANSEN N, LIANG J J, et al. Problem definitions and evaluation criteria for the CEC 2005 special session on real-parameter optimization[R]. Singapore: Nanyang Technological University, 2005.

[104] LIANG J J, QU B Y, SUGANTHAN P N. Problem definitions and evaluation criteria for the CEC 2014 special session and competition on single objective real-parameter numerical optimization[R]. Zhengzhou: Zhengzhou University, 2013.

[105] LIANG J J, QU B Y, SUGANTHAN P N, et al. Problem definitions and evaluation criteria for the CEC 2015 competition on learning-based real-parameter single objective optimization[R]. Zhengzhou: Zhengzhou University, 2014.

[106] CHEN Q, LIU B, ZHANG Q F, et al. Problem definitions and evaluation criteria for cec 2015 special session on bound constrained single-objective computationally expensive numerical optimization[R]. Zhengzhou: Zhengzhou University, 2014.

[107] WU G H, MALLIPEDDI R, SUGANTHAN P N. Problem definitions and evaluation criteria for the CEC 2017 competition on constrained real-parameter optimization[R]. Singapore: Nanyang Technological University, 2016.

[108] PRICE K V, AWAD N H, ALI M Z, et al. The 100-digit challenge: problem definitions and evaluation criteria for the 100-digit challenge special session and competition on single objective numerical optimization[R]. Singapore: Nanyang Technological University, 2018.

[109] JAMIL M, YANG X S. A literature survey of benchmark functions for global optimization problems[J]. International Journal of Mathematical Modelling & Numerical Optimisation, 2013, 4(2):150-194.

[110] MOLGA M, SMUTNICKI C L. Test functions for optimization needs[E/OL]. 2005. http://www.zsd.ict.pwr.wroc.pl/files/docs/functions.

[111] ALI M M, KHOMPATRAPORN C, ZABINSKY Z B. A numerical evaluation of several stochastic algorithms on selected continuous global optimization test problems[J]. Journal of Global Optimization, 2005, 31(4):635-672.

[112] MISHRA S K. Performance of repulsive particle swarm method in global optimization of some important test functions: A fortran program[E/OL].2006. http://dspace.nehu.ac.in/bitstream/1/1929/1/SSRN-id924339.

[113] MISHRA S K. Performance of differential evolution and particle swarm methods on some relatively harder multi-modal benchmark functions[E/OL]. 2006. https://mpra.ub.uni-muenchen.de/1743/

1/MPRA_paper_1743.

[114] RAHNAMAYAN S, TIZHOOSH H R, SALAMA M M A. A novel population initialization method for accelerating evolutionary algorithms[J].Computers & Mathematics with Applications, 2007, 53(10):1605-1614.

[115] LAGUNA M, MARTI R. Experimental testing of advanced scatter search designs for global optimization of multimodal functions[J]. Journal of Global Optimization, 2005,33 (2):235-255.

[116] SURJANOVIC S, BINGHAM D. Virtual library of simulation experiments: Test functions and datasets[E/OL]. http://www.sfu.ca/~ssurjano.

[117] 路辉, 周容容, 石津华, 等. 智能优化技术-适应度地形理论及组合优化问题的应用 [M]. 北京: 机械工业出版社, 2021.

[118] LUNACEK M, WHITLEY D. The dispersion metric and the CMA evolution strategy[C]//In Proceedings of the 8th annual conference on Genetic and evolutionary computation (GECCO2006), Washington DC, USA, 2006.

[119] MALAN K M, ENGELBRECHT A P .Ruggedness, funnels and gradients in fitness landscapes and the effect on PSO performance[C]//2013 IEEE Congress on Evolutionary Computation(CEC 2013), Cancun, Mexico, 2013.

[120] BORENSTEIN Y, POLI R. Information landscapes[C]//In Genetic and Evolutionary Computation Conference(GECCO 2005), Washington DC, USA, 2005.

[121] MALAN K M. Characterising continuous optimisation problems for particle swarm optimisation performance prediction[D]. Pretoria:University of Pretoria, 2014.

[122] JONES T, FORREST S. Fitness Distance Correlation as a Measure of Problem Difficulty for Genetic Algorithms[C]//Proceedings of the 6th International Conference on Genetic Algorithms, Pittsburgh, USA, 1995.

[123] WILCOXON F. Individual comparisons by ranking methods[J]. Biometrics Bulletin, 1945, 1(6):80–83.

[124] JOHNSON D H. The insignificance of statistical significance testing[J]. Journal of Wildlife Management, 1999, 63:763–772.

[125] NICKERSON R S. Null hypothesis significance test: a review of an old and continuing controversy[J]. Psychological Methods, 2000, 5:241–301.

[126] ARMSTRONG J S. Significance tests harm progress in forecasting[J]. International Journal of Forcasting, 2007, 23:321–327.

[127] HUYER W, NEUMAIER A. Global optimization by multilevel coordinate search[J]. Journal of Global Optimization, 1999, 14(4):331–355.

[128] VAZ A I F, VICENTE L N. Pswarm: a hybrid solver for linearly constrained global derivative-free optimization[J]. Optimization Methods & Software, 2009, 24(4-5):669–685.

[129] SERGEYEV Y D, KVASOV D E, MUKHAMETZHANOV M S. Operational zones for comparing metaheuristic and deterministic one-dimensional global optimization algorithms[J]. Mathematics & Computers in Simulation, 2016, 141(nov.):96-109.

[130] HARE W, SAGASTIZÁBAL C. Benchmark of some nonsmooth optimization solvers for computing nonconvex proximal points[J]. Pacific Journal of Optimization, 2006, 2(3):545-573.

[131] SERGEYEV Y D, KVASOV D E, MUKHAMETZHANOV M S. On the efficiency of nature-inspired metaheuristics in expensive global optimization with limited budget[J].Scientific Reports,

2018, 8(1):453.

[132] GONG Y J, LI J J, ZHOU Y, et al. Genetic learning particle swarm optimization[J]. IEEE Transactions on Cybernetics, 2015, 46(10):2277–2290.

[133] QIN Q D, CHENG S, ZHANG Q Y, et al. Particle swarm optimization with interswarm interactive learning strategy[J]. IEEE Transactions on Cybernetics, 2015, 46:2238–2251.

[134] LI X D, YAO X. Cooperatively coevolving particle swarms for large scale optimization[J]. IEEE Transctions on Evolutionary Computation, 2012, 16:210–224.

[135] YANG M, OMIDVAR M N, LI C H, et al. Efficient resource allocation in cooperative co-evolution for large-scale global optimization[J]. IEEE Transactions on Cybernetics, 2017, 21:493–505.

[136] OMIDVAR M N, YANG M, MEI Y, et al. Dg2: A faster and more accurate differential grouping for large-scale black-box optimization[J]. IEEE Transactions on Evolutionary Computation, 2017, 21:929–942.

[137] HANSEN N, AUGER A, BROCKHOFF D, et al. COCO: performance assessment[J]. arXiv preprint: 1605.03560, 2016.

[138] DOERR C, WANG H, YE F R, et al. IOHprofiler:A Benchmarking and Profiling Tool for Iterative Optimization Heuristics[J]. arXiv Preprint:1810.05281, 2018.

[139] Black box optimization competition (BBComp). https://www.ini.rub.de/PEOPLE/glasmtbl/projects/bbcomp/.

[140] LIU Q F, ZENG J P, YANG G. MrDIRECT: A multilevel robust DIRECT algorithm for global optimization problems[J]. Journal of Global Optimization, 2015, 62(2):205–227.

[141] LIU Q F, ZENG J P. Global optimization by multilevel partition[J]. Journal of Global Optimization, 2015, 61(1):47–69.

[142] GEHRLEIN W V. Condorcet's paradox[M]. Berlin: Springer, 2006.

[143] 严圆. 基于深度搜索的进化算法设计与评价[D]. 东莞: 东莞理工学院, 2022.

[144] YAN Y, LIU Q F, LI Y. Paradox-free analysis for comparing the performance of optimization algorithms[J]. IEEE Transactions on Evolutionary Computation, 2023, 30(1):1–14.

[145] LIU Q F, CHEN W, CAO Y Y, et al. Two possible paradoxes in numerical comparisons of optimization algorithms[C]// In International Conference on Intelligent Computing, Springer, Cham, 2018, 681–692.

[146] STENSHOLT E. Circle pictograms for vote vectors[J]. SIAM Review, 1996, 38:96–119.

[147] GEHRLEIN W V. Condorcet efficiency of constant scoring rules for large electorates[J]. Economics Letters, 1985, 19:13–15.

[148] ARROW K J. Social choice and individual values[M]. 2nd ed. New Haven CT: Yale University Press, 1963.

[149] BRAMS S J, FISHBURN P C. Approval Voting[M]. Berlin: Springer, 2007.

[150] GEHRLEIN W V, LEPELLEY D. The condorcet efficiency of approval voting and the probability of electing the condorcet loser[J]. Journal of Mathematical Economics, 1998, 29:271–283.

[151] METROPOLIS N, ROSENBLUTH A W, ROSENBLUTH M N, et al.Equation of State Calculations by Fast Computing Machines[J]. The Journal of Chemical Physics, 1953, 21(6):1087–1092.

[152] LIU Q F, JING Y P, YAN Y, et al. Mean-based Bourda count method for paradox-free comparisons of optimization algorithms[J]. Information Sciences, 2024, 660: 120120.

[153] 刘群锋. 假设检验中的三个问题及其思考 [J]. 大学数学, 2008, 24(5):190–193.

[154]   EMERSON P. The original Borda count and partial voting[J]. Social Choice and Welfare, 2013, 40(2):353–358.

[155]   BLACK D. On the Rationale of Group Decision-making[J]. Journal of Political Economy, 1948, 56(1):23–34.

[156]   KEMENY J G. Mathematics without numbers[J]. Daedalus, 1959, 88(4):577–591.

[157]   YOUNG H P, LEVENGLICK A. A consistent extension of condorcet's election principle[J]. SIAM Journal on Applied Mathematics, 1978, 35(2):285–300.

[158]   TIDEMAN T N. Independence of clones as a criterion for voting rules[J]. Social Choice & Welfare, 1987, 4(3):185–206.

[159]   BARATA J C A , Hussein M S. The moore–penrose pseudoinverse: A tutorial review of the theory[J].Brazilian Journal of Physics, 2012, 42(1):146-165.

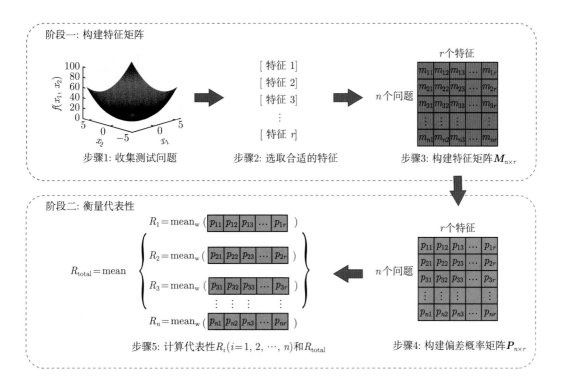

图 5.2　Ⅲ 型代表性问题的计算流程图

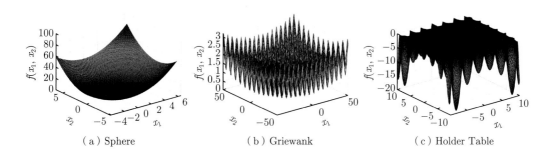

图 5.3　Sphere、Griewank 和 Holder Table 函数的图像

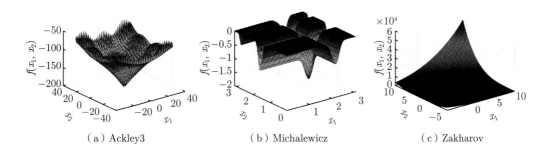

图 5.4　Ackley3、Michalewicz 和 Zakharov 函数的图像

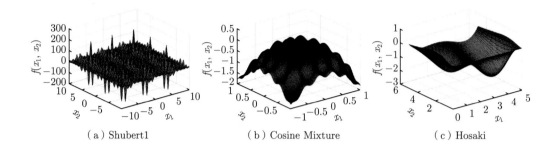

图 5.5 Shubert1、Cosine Mixture 和 Hosaki 函数的图像

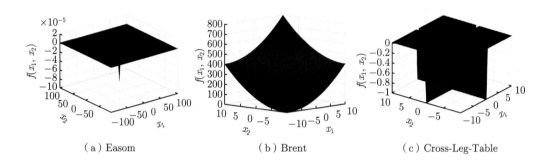

图 5.6 Easom、Brent 和 Cross-Leg-Table 函数的图像

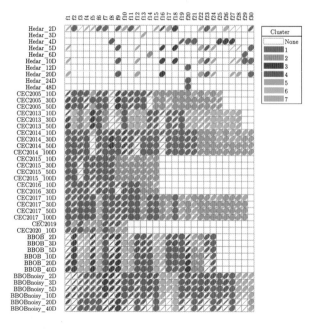

图 5.12 常用测试问题集的聚类结果示意图,横轴是问题的编号,纵轴是问题集合。不同的颜色表示不同的类别,白色表示该测试问题不存在。每个测试问题的代表性用一个椭圆形色块表示,色块面积越大,代表性越高。反之,越小的色块说明代表性越低

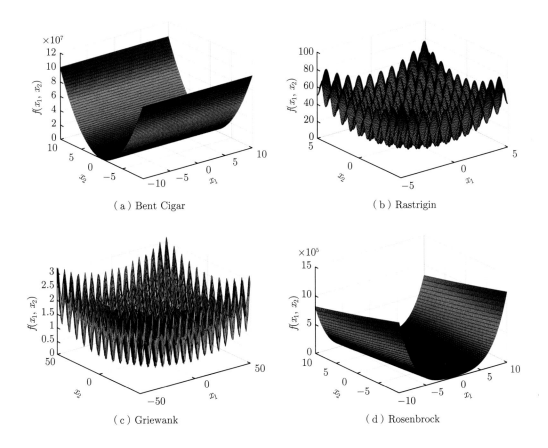

图 5.13　Bent Cigar、Rastrigin、Griewank 以及 Rosenbrock 的函数图像

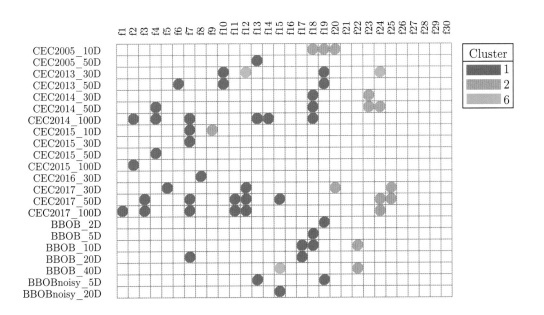

图 5.14　包含 57 个测试问题的 HR 测试集及其来源与构成

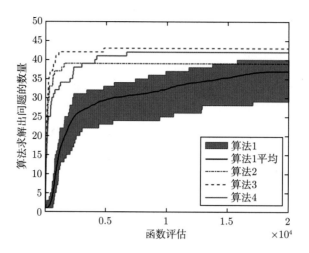

图 6.7 operational zones 的一个示例